ライブラリ理工新数学=T3

理工系のための
基礎と応用 微分積分
― 計算を中心に ―

山本昌宏 著

サイエンス社

サイエンス社のホームページのご案内
http://www.saiensu.co.jp
ご意見・ご要望は　rikei@saiensu.co.jp　まで．

はしがき

　本書はライブラリ理工新数学の1冊として，姉妹編『数理系のための 基礎と応用　微分積分 I, II』(金子晃著)と共に微分積分を学ぶ大学1年生のためにかかれたものである．

　最近の大学におけるカリキュラムの多様化により，微分積分の講義に関しても厳密な理論展開に基づいて行われるコースとは別に，論理の流れよりは計算や応用に重点をおいたコースが用意され，学生が選択できるようになっている場合が多いようである．このような情勢から，前者のコース向けには金子晃氏の本が用意されている．本書は後者の観点に立って，微分積分学において実際の問題に対して答えを出すことを目標としている．そのため，重要な定理の証明などは省略してある．しかしながら，大学で学ぶ微分積分学は単なる計算のテクニックに留まるものではなく，数学全体を支える根本的な考え方である．そのためには定理や公式をそのまま当てはめて計算練習をするだけでは，将来遭遇するであろう個々の問題を解決するために役立つ知識を習得することは不可能である．したがって本書でも計算中心を標榜はしているものの，微分積分の根幹に直結している場合には証明にもふれた．

　微分積分学は物理学の発展と分かちがたく発展してきた歴史的背景から，本来は力学などと絡めて解説するのが筋かもしれないが，微積分がなによりもまず大学で(さらには卒業後も)学ぶ数学の根幹であることから本書では物理学への応用にはふれずに，大学2年生以降に学ぶであろう他の数学の科目の基礎となることを心がけて，さまざまな計算や評価を行うことができるようになることを第一目標とした．

　微分積分学と線形代数学の知識は自然科学にとって絶対に必要不可欠なものであり，これらの知識や思考方法の会得なしでは他の数学の分野の学習も不可能である．微積分の確実な知識なしにいわゆる高等数学を学ぶことは極めて危

ういことである．そのようなわけで，今後の学習に必要な知識を広くカバーするように心がけて題材を選んだつもりである．また，微分積分学の起源は古いものであるが，決して過去の遺物ではない．それは例えば現代数学の研究にも不可欠な知識であり考え方である．時間が限定されたカリキュラムではそのような微分積分学の活き活きした姿を取り込むことは困難であり，大学生が講義から受ける微積分の印象は古ぼけた骨董品のような感じのものかもしれない．本書ではなるべく多様な応用にも触れるように努めた．

　本書の内容は東京大学教養学部，明治大学理工学部，茨城大学理学部や日本大学生産工学部で筆者が行ってきた講義の経験を下敷きにしている．なお，ページ数の都合で演習問題が極めて限定されてしまった．これについては参考文献であげた演習書などで補ってほしい．

　本書はアルキメデス以来の過去の偉大な先達の仕事に根本的に依存していることは勿論であるが，筆者のこれまでの15年にわたる大学の教員生活において，日常的に接することができた先生方，同僚，さらには聴講してくれた学生との議論や意見などにも大きくよっている．ここに感謝を申し上げたい．最後に，この企画を推進していただき，筆者のたびたびのわがままを受け入れて下さったサイエンス社の田島伸彦氏と鈴木綾子氏に心より感謝をしたい．

　　　　2004年11月22日

山本昌宏

本書の使い方

　本書では定義，定理，命題，例題，例に分けて章ごとに番号を付けた．例えば定理2.3，例題2.3は第2章のそれぞれ3番目の定理，例題を意味している．引用するときも例えば，第2章の定理1などとせずに単に定理2.1などとしてある．

　命題と定理の区別はあまり明確ではないが，やや軽いものを命題として見出しをつけた．同じように例と例題の区別も絶対的なものではないが，独立した問題としてなるべく自分で解いてもらいたい（またはその努力をしてもらいたい）ものを例題とした．

　章末の問題の解答はウェブサイト（`http://www.saiensu.co.jp`）において利用できるようにする予定である．

目　　次

第0章　はじめに　　1
- 0.1　一般的な注意 …… 1
- 0.2　記　号 …… 6
- 0.3　一般のべきと指数法則 …… 7

第1章　数列と極限　　9
- 1.1　数列と極限 …… 9
- 1.2　極限の性質と求め方 (その1) …… 13
- 1.3　極限の求め方 (その2) …… 18
- 1.4　コーシーの収束判定条件 …… 21
- 1.5　上界・下界と実数の連続性の公理 …… 23
- 章末問題 …… 26

第2章　級　数　　28
- 2.1　基本的な事項 …… 28
- 2.2　正項級数 …… 31
- 2.3　絶対収束級数 …… 38
- 2.4　応用：自然対数の底 …… 39
- 2.5　交代級数 …… 42
- 章末問題 …… 43

第3章　関数と極限　　44
- 3.1　関数の極限の例 …… 44
- 3.2　関数の表現 …… 45
- 3.3　関数の極限 …… 49

- 3.4 初等関数 50
- 3.5 極限の基本的な性質 60
- 3.6 重要な関数の極限と極限の求め方 62
- 3.7 連続関数 65
- 3.8 命題 3.3 の証明 (補足) 70
- 章末問題 72

第4章　微分法　　73

- 4.1 定義と基本性質 73
- 4.2 導関数の計算 81
- 4.3 初等関数の微分 − その1：三角関数の微分 82
- 4.4 初等関数の微分 − その2：逆関数の微分 83
- 4.5 初等関数の微分 − その3：指数関数と対数関数の微分 .. 86
- 4.6 高階導関数 89
- 章末問題 93

第5章　微分法の応用　　94

- 5.1 平均値の定理 94
- 5.2 関数の増減 96
- 5.3 関数の微分法による特徴づけ 104
- 5.4 平均値の定理を用いた極限 106
- 5.5 関数の凸性 109
- 5.6 逐次近似法 114
- 章末問題 121

第6章　積分の計算　　122

- 6.1 不定積分 122
- 6.2 積分の計算法 (基礎編その1) 123
- 6.3 積分の計算法 (基礎編その2) 126
- 6.4 積分の計算法 (基礎編その3) − 部分分数分解 138
- 6.5 積分の計算法 (中級編：部分分数分解の後で) 143
- 6.6 積分の計算法 (上級編) 147

目次

6.7	定積分	153
	章末問題	159

第7章　積分法の応用　161

7.1	定積分の意味付け	161
7.2	定積分の基本的な性質	164
7.3	面積の求め方 (その1)	167
7.4	曲線	169
7.5	面積の求め方 (その2)	177
7.6	体積と側面積	180
7.7	広義積分 (特異積分)	183
7.8	その他の応用	193
7.9	補遺	202
	章末問題	205

第8章　関数の級数　207

8.1	関数の一様収束	207
8.2	関数の級数	211
8.3	べき級数	214
8.4	テイラー級数	219
8.5	テイラー級数の求め方	225
8.6	テイラーの公式やテイラー級数の応用	227
	章末問題	229

第9章　多変数関数の微積分要論　231

9.1	多変数の関数	231
9.2	偏微分	234
9.3	全微分	236
9.4	合成関数の微分	238
9.5	テイラーの定理	242
9.6	極値問題	245
9.7	パラメータを含む関数の積分と微分の順序交換	250

9.8	2 重積分	252
9.9	3 重積分	258
章末問題		262

付録 1　3 次元空間におけるベクトル解析　264

A.1	重要な偏微分演算子	264
A.2	線積分	265
A.3	面積分	266
A.4	3 重積分と面積分 (部分積分)	267
A.5	面積分と線積分	269

付録 2　簡単な微分方程式の解法　269

B.1	変数分離形	269
B.2	同次形	270
B.3	1 階線形微分方程式	271

参考文献　272

索引　274

第0章

はじめに

■ 0.1 一般的な注意

1. これから学ぶ定理の2つのタイプ.

　大学で学ぶ数学は微積分，線形代数学をはじめいろいろなものがある．高校までに学んできた数学と較べてどのような特徴があるのかについて説明し，大学数学への1つの手引きとしたい．

　大学で学ぶ数学は高校までに学習してきた数学を発展させたものといえる．また内容もより多彩なものである．しかし，内容的な面もさることながら，まず感じることは数学の講義や本の書き方のスタイルがなんとなくいままでと違っていることではないであろうか？

　数学の教科書などの説明の仕方が，与えられた練習問題を解いて答を求めるよりも，何かより一般的な性質を追求しているようである．また，大学で学ぶ数学で定理として述べられる事実には，与えられた性質をもつような関数や数が存在するとか，そのようなものはあるとすればただ一つしかない，というような存在や一意性を主張するタイプの定理がこれまで以上に見受けられるであろう．

　本書で取り扱う分野とは直接関係はないが，"代数学の基本定理"とよばれる定理がある：

> **定理 0.1** 　複素数とよばれる数を係数にもつ代数方程式は複素数の範囲に必ず解をもつ．つまり，解はすべて複素数の範囲におさまる．

　定理の内容の理解のためには用語の多少の説明が必要であろう．複素数ということばが出てきたが，なじみのない場合は複素数とは実数を含むより広い範

囲の数であると了解して読み進んでもとりあえず支障はない．

少し詳しくいうと，2乗して-1になるような仮想的な数をとりあえず考えて，これをiまたは$\sqrt{-1}$で表して，a,bを勝手な実数として$a+bi$のかたちでかくことができる数xを複素数とよぶのである．aをxの実部，bをxの虚部とよぶ．ここで特に$b=0$の場合，実数aと一致すると考えることにすると複素数は実数を含む広い範囲の数ということになる．仮想的な数といったが，数直線と対応する複素数平面とよばれるものを用いて，幾何的に表現することもできる．また，2つの複素数 $x_1=a_1+b_1i, x_2=a_2+b_2i$ (a_1,a_2,b_1,b_2は実数とする) について x_1 と x_2 が等しいとは $a_1=a_2$，かつ $b_1=b_2$ のことと定めておく．x_1 と x_2 の和，差，積，商はiを含む文字式の計算として，i^2が出てきたら-1でおきかえることとして次のようになる：

$$x_1+x_2=(a_1+a_2)+(b_1+b_2)i, \quad x_1-x_2=(a_1-a_2)+(b_1-b_2)i$$
$$x_1x_2=(a_1a_2-b_1b_2)+(a_1b_2+a_2b_1)i$$
$$\frac{x_1}{x_2}=\frac{a_1a_2+b_1b_2}{a_2{}^2+b_2{}^2}+\frac{a_2b_1-a_1b_2}{a_2{}^2+b_2{}^2}i \quad (\text{ただし } a_2+b_2i\neq 0).$$

このように四則演算の結果も $A+Bi$ (A,Bは実数) の型にかけることがわかり，複素数全体の集合も数の集合としての普通の性質をもっている．

さらに代数方程式といったが，これは

$$x^n+a_1x^{n-1}+\cdots+a_{n-2}x^2+a_{n-1}x+a_n=0$$

ただし，$a_1,\cdots,a_n$ は与えられた複素数，のかたちで表されるものである．特にnが2のときは $x^2+a_1x+a_2=0$ となり，二次方程式になる．ここで係数 $a_1,\cdots,a_n$ が必ずしも実数ではなく複素数になる場合を考えている．さて，係数が実数であってもその解が実数の範囲におさまるとは限らない．例えば，$x^2+1=0$ を考えれば，勝手な実数は $x^2\geq 0$ を満たすので，この方程式を満たすような実数xは存在しないことがわかる．したがって，実数の世界しか知らないとしてそこで二次方程式を解こうとすると，解が求まらない（解が実数の範囲におさまらないので）ことがある．しかし，実数の世界を複素数の世界にまで広げておくと，代数方程式の解はつねに複素数の世界でみつけることができる，ということを定理0.1は保証している．それでは，代数方程式が例えば二次方程式 $x^2+a_1x+a_2=0$ であるときに解をどのようにして求めること

ができるか？この問いかけに関して代数学の基本定理はとりあえず何の手がかりも与えてくれない．解が複素数の世界のどこかにあることを保証しているだけである．

解を求める1つの（もちろんこれだけではないが）手がかりとして次の二次方程式の解の公式がある．

> **定理 0.2** $x^2 + a_1 x + a_2 = 0$ を満たす x は
> $$x = \frac{-a_1 \pm \sqrt{a_1^2 - 4a_2}}{2}$$
> で与えられる．

定理0.1と異なり，これは二次方程式という限られた対象ではあるが，解を求める具体的な手順を与えている．そのような手順をアルゴリズムとよぶこともある．同じ定理という名前がついているが，この2つの定理の性格はずいぶんと違う．さらに平面幾何で学んだ三角形の重心などに関する定理も答を求める具体的な手順を与えるというよりも，すべての三角形に共通する一般的な性質を記述している．数学で学ぶ大事な定理には上で述べたように

存在などのある性質が成り立つことを保証するもの

問題を解く手がかり（アルゴリズム）を与えるもの

の2つの種類があるといえる．扱う問題がある程度簡単であれば，解が本当にあるのかどうか確かめることなく，アルゴリズムにしたがって求めてしまえばすべては解決されてしまう．しかし，解を具体的に求めることが困難であったり，解の公式がない場合には，あらかじめ解の存在が保証されているかどうかは大事である．存在が保証されていれば，ないものを何とか求めようとして無駄な努力をしているわけではないのだという確信をもつことができる．別の例であるが，次数が5以上の代数方程式には解の公式が存在しないという有名な定理がアーベル(Abel)とガロワ(Galois)によって証明されたが，その証明にいたるまでに実に250年以上にわたって解の公式を求める努力が繰り返されたのである．そのような努力が無駄なものであったわけではないが，あるはずのないものを探していたわけである．このような意味で定理0.1のような一般的な性格をもった定理は重要である．

このように大学で学ぶ数学や本書で扱う微積分には，解をどのように求めるのかを示す定理とならんでそのような手続きを与えることなく解が存在する（または存在しない）事実をいわば超越的なやり方で一挙に主張する定理にしばしば遭遇する．この 2 つの異なった方向性が大学数学の 1 つの大きな特徴である．数学はこのような 2 つの方向性に沿って発展してきたし，そのうちの一方の興味に集中しすぎた場合には数学の活動が停滞したという歴史的な事実もある．

定理 0.2 のようなアルゴリズム的な数学を理解することは中学以来慣れてきたこともあり，なじみやすいと思う．一方で，定理 0.1 のような性格をもった数学もこれまで述べてきたことからわかるように重要であるが，なかなか親しみがもてないかもしれない．そこで，理解を深めるためには具体的な例で考えてみるとか，もしそのような定理がないとどのような不便が生じるのかといったことを考えてみよう．

2. なぜ超越的な性格の定理も学ぶ必要があるのか？

本書は計算中心の微積分とはいえ，1. で述べたような一般的な性格をもった定理も解説する．今後，諸君がそれぞれの状況にあって問題を独力で解決しなくてはいけない局面に立ち至った場合に，重要であるからである．現実に現れる問題には答が本当にあるのかどうか（入学試験の問題などと異なり）わからないことがある．要は，問題設定自体も含めて自分の頭で考えないといけないのである．1. のような一般的な性格をもった定理は，その意味でより深い自主的な理解をするためにおおいに有用である．だから，本書のそのような部分の解説も，当たり前のことではないかとか，すぐに役に立たないではないか，それに難しいではないかなどとしてはじめから避けることなく少なくとも理解しようと努力だけはしてほしい．それでもわからなければそのときは飛ばして先に進んでも結構である．

3. 本書の使い方

本書ではまず言葉の意味を説明し（定義という），それに関連した大事な性質を定理や命題としてを述べ，具体例などを説明するかたちで進むことが多い．本書が微積分の計算に習熟することを主目的としていることを考慮して，定理などの証明は完全につけていない．しかし，微積分の実践に役立つ論法などを用いている場合，その証明をつけた．とりあえず，計算ができることを目指す

場合は，証明は飛ばしてもよいから，定理の内容を，例，例題などと一緒にして理解していただきたい．

なお，定理の証明をどう理解するばよいかであるが，とりあえず書かれている証明を一行一行追うことができればよい．さらに，なぜそのようにするのかという証明の動機づけまで理解できれば完全であり，これは自分ではじめから何を見なくても証明を書き下すことができることを意味する．しかし，そのような理解に到達するためには，やはりある程度の時間（年単位が普通！）と努力，忍耐が必要である．もちろんそのような境地に達すれば微積分における理論の自然な流れをつかめるのである．そのようなわけで，はじめのうちはかかれている証明をそのまま読んで理解できれば全く十分である．

定義－定理－例 の繰り返しというこのような書き方は，はじめはとっつきにくいかもしれない．しかし数学の書き方としては普通である．多くの先人たちがいろいろやってみて到達した効率のよい数学の解説の仕方であり，やはりとりあえず慣れてほしいものである．

4. **微積分は不等式の数学でもある．**

本書は計算を中心とした微積分ということになっている．ここで計算というのは，公式にあてはめて等式の変形を繰り返して答を出す"等式の数学"だけをさしているのではない！ そもそも微積分学といった解析学とよばれる分野では極限の取り扱いが中心なのであり，そのためには直接捉えることができない量を大きめに見積もったり，または小さめに見積もったりするといった"不等式の数学"なのであり，等式の変形だけで答が出ることはむしろ例外的なのである．現実の世界においては量の測定やその決定には誤差がつきものであることを考えると，解析学におけるこのような見積もりが実際に大事であると理解できよう．そこで，本書では不等式をうまく用いて細かい見積もりをすることもある．そのようなことは高校ではあまりなじみがなかったかもしれないが，不等式の数学こそが解析学の真髄なのである．

0.2 記号

大学以降で学ぶ数学では，以下のような記号を使う．それぞれの文字や記号は特に断り書きがないときは次のような意味をもつのでここでまとめて書いておこう．

> **記号**
>
> $\mathbf{N}$：自然数全体，すなわち，$\{1, 2, 3, 4, 5, \cdots\}$
>
> $\mathbf{Z}$：整数全体，すなわち，$\{\cdots, -3, -2, -1, 0, 1, 2, 3, \cdots\}$
>
> $\mathbf{Q}$：有理数全体，すなわち $\dfrac{n}{m}$，ただし $m, n \in \mathbf{Z}$, $m \neq 0$，で表される数の全体
>
> $\mathbf{R}$：実数全体，すなわち $\mathbf{Q}$ に無理数をつけ加えた数全体
>
> $\mathbf{C}$：複素数全体，すなわち a, b を実数，$i^2 = -1$ として $a + bi$ の型にかける数全体
>
> $n!$：自然数 n の階乗で $n! = n(n-1)(n-2) \cdots 3 \cdot 2 \cdot 1$ である．さらに $0! = 1$ と約束する．
>
> $x \in S$：x は集合 S の要素 (元) または x は S に属する．
>
> $A \subset B$：集合 A の要素は集合 B に属する．A は B の部分集合である．
>
> $A \cup B$：A または B に属する要素全体の集合．A と B の和集合である．
>
> $A \cap B$：A にも B にも属する要素全体の集合．A と B の共通部分である．
>
> $\mathrm{A} \Rightarrow \mathrm{B}$：A が成り立つとき B が成り立つ．
>
> $(a, b) = \{x ; a < x < b\}$，開区間　　（以下 $a < b$ とする）．
>
> $[a, b] = \{x ; a \leq x \leq b\}$，閉区間
>
> $(a, b] = \{x ; a < x \leq b\}$, $[a, b) = \{x ; a \leq x < b\}$，半開区間

考えている文脈によって開区間 (a, b) と平面内の点の座標を区別すること．開区間，閉区間，半開区間をまとめて，有限区間とよぶ．次も考える：

$$(-\infty, b) = \{x ; x < b\}, \quad (a, \infty) = \{x ; x > a\},$$

これらをまとめて，無限区間とよぶ．$(-\infty, \infty)$ は $\mathbf{R}$ と同じである．$-\infty$ や ∞ も含むような区間 $[-\infty, b), (a, \infty]$ は普通考えない．

また，次のギリシア文字の小文字も必要に応じて用いる：

$$\alpha\ (\text{アルファ}), \quad \beta\ (\text{ベータ}), \quad \gamma\ (\text{ガンマ}),$$
$$\delta\ (\text{デルタ}), \quad \varepsilon\ (\text{イプシロン}), \quad \zeta\ (\text{ゼータ}),$$
$$\eta\ (\text{イータ}), \quad \theta\ (\text{シータ}), \quad \lambda\ (\text{ラムダ}),$$
$$\mu\ (\text{ミュー}), \quad \nu\ (\text{ニュー}), \quad \xi\ (\text{クシー}),$$
$$\rho\ (\text{ロー}), \quad \sigma\ (\text{シグマ}), \quad \tau\ (\text{タウ}),$$
$$\phi\ (\text{ファイ}), \quad \psi\ (\text{プサイ}), \quad \omega\ (\text{オメガ}).$$

さらに次の二項定理も重要である：

$$(a+b)^n = \sum_{k=0}^{n} {}_n\mathrm{C}_k a^k b^{n-k} = \sum_{k=0}^{n} {}_n\mathrm{C}_k a^{n-k} b^k$$

ここで ${}_n\mathrm{C}_k = \dfrac{n!}{k!(n-k)!}$ とおき，二項係数とよぶ．

注意 数学においてはいかに記号法に慣れるかということも内容自体の理解とともに大事である．優れた記号を用いることはまさに 1 つの定理をみつけることにも匹敵することがある．以上の記号は必要最低限のものである．

■ 0.3 一般のべきと指数法則

すでに学んだかもしれないが，一般の実数のべきについて簡単に説明しておく．$a > 0$ とする．そのとき，$n \in \mathbf{N}$ に対して a^n は a を n 回かけたものとして定まることはいうまでもない．$a^0 = 1$ と約束する．さて，$n \in \mathbf{Z}$ とする．そのとき，

$$a^{-n} = \frac{1}{a^n}$$

で定める．

次に $n \in \mathbf{N}$ に対して $a^{\frac{1}{n}}$ を n 乗したら a になる 0 以上の数と定義する：

$$a = a^{\frac{1}{n}} \times \cdots \times a^{\frac{1}{n}} \ (n\ \text{回かける})$$

$m, n \in \mathbf{N}$ に関しては

$$a^{\frac{m}{n}} = (a^{\frac{1}{n}})^m = a^{\frac{1}{n}} \times \cdots \times a^{\frac{1}{n}} \quad (m\ \text{回かける}), \quad a^{-\frac{m}{n}} = \frac{1}{a^{\frac{m}{n}}}$$

とおく．このようにすると，勝手な $a, b > 0$ と有理数 q_1, q_2, q に対して，指数法則が満たされることがわかる：

$$a^{q_1+q_2} = a^{q_1} a^{q_2}$$
$$(a^{q_1})^{q_2} = a^{q_1 q_2}$$
$$(ab)^q = a^q b^q.$$

最後に q が無理数のとき，a^q を定義する．それには第1章で説明する収束と実数の基本的な性質が必要であるがここでまとめて解説してしまおう．勝手な無理数 q に対して，それに収束するような有理数だけからなる数列を選ぶことができる (定理1.10)： $\lim_{n \to \infty} q_n = q, q_n \in \mathbf{Q}, n \in \mathbf{N}$．このとき，

$$a^q = \lim_{n \to \infty} a^{q_n}$$

と定める．ここで，この極限が存在し，しかも q に収束する有理数の列のとり方によらないことを証明することができる（ここでは証明しない）．以上のようにしてべきを定義すると勝手な $a, b > 0$ と勝手な実数 s, t に対して，指数法則が成り立つ：

$$a^{s+t} = a^s a^t$$
$$(a^s)^t = a^{st}$$
$$(ab)^s = a^s b^s.$$

第 1 章

数列と極限

1.1 数列と極限

　微積分の対象は関数であるが，まず数列からはじめる．

数列の例　あるバクテリアが 1 秒間に 1 回ずつ 2 つに分裂するとする．はじめにバクテリアは 1 つあったとして，n 秒後のバクテリアの個体数を a_n で表す（バクテリアは死ぬことなく分裂を繰り返すとする－実際にはありえない設定である－．話を簡単にするためにこうしよう）．最初の時刻で $a_0 = 1$ として a_n を求めると，$a_1 = 2, a_2 = 2^2, a_3 = 2^3, a_4 = 2^4, \cdots$ なので $a_n = 2^n$ となる．このように数が限りなく並べたものを（無限）数列とよび $a_n, n \in \mathbf{N}$ または $a_n, n = 1, 2, 3, \cdots, \{a_n\}_{n \in \mathbf{N}}$ などとかく．

　このような状況での興味はバクテリアの個体数がどのように時間とともに変化していくのか？ 時間が十分たったあとで個体数は結局どのような値になっていくのか？ ということであろう．

　このうち 2 番目の問では n が限りなく大きくなるとき，a_n がどのような振る舞いをするのかということである．そのような振る舞いを調べることは重要である．というのも実際の現象は多くの要因からなっており，そのなかで，ある要因は短期的には大きく効いているが，長期的には無視できるかもしれない．そこで最も卓越している要因に目をつけることは重要であり，理想化して n を限りなく大きくすることによってそのような要因による結果をあぶり出すことが常套手段であるからである．例えば数列

$$\left(\frac{101}{100}\right)^{n-1} \times \frac{1}{n^3}$$

を考える．n を限りなく大きくしていくと，1 番目の因子は 2 番目の因子の影

響を打ち消すほど大きくなっていく．

このように n を限りなく大きくしていくと現象を支配している多くの要因のうちで最も大きな原因による効果だけをうまく抜き出すことができる．そこで極限という考え方が普通に出てくるのである．その意味で極限を求めることは，現象の特徴の 1 つだけを抜き出して物事を単純化して考えることでもある．

さて，前のバクテリアの例に戻ろう．もちろんこの場合 a_n の式は簡単なのでバクテリアの個体数はどんどん増えていき，限りなく多くなっていくことがすぐわかる．

しかし，現象が複雑になり（1 秒間に 2 つに分裂し，しかもバクテリアは永遠に死なず分裂し続けるなどという現実にはありそうもないきわめて単純な現象とは異なり），a_n を表す式がこみいったものになり，その振る舞いが簡単にわからないような場合には a_n がどのような値に限りなく近づくのか？あるいは"限りなく"といってもそもそもこれはどのようなことを意味しているのか？という疑問も出てこよう．そこで，極限に関して意味づけを行おう．

数列の極限は高校以来とりあえず次のように理解してきたであろう：

$a_n, n = 1, 2, 3, \cdots$ という数列が a に収束するとは，n を限りなく大きくしたとき

$$|a_n - a| \text{ が限りなく小さくなること．}$$

このような理解で大体間に合うのであるが，以下に述べるような極限の基本的な性質を証明したり，極限を求めることが微妙である場合には，このような直観的な極限の定義ではすぐさま破綻する．そこで，数列の極限を次のように定めることが普通である．

定義 1.1 $\varepsilon > 0$ をどのように小さくとっても，番号 N を ε に応じてうまくとると

$$n \geq N \implies |a_n - a| < \varepsilon$$

とできるとき，$a_n, n \in \mathbf{N}$ は a に**収束する**といい，$\lim_{n\to\infty} a_n = a$ とかく．a を数列 $a_n, n \in \mathbf{N}$ の極限とよぶ．

また，a_n が収束しないときに，その数列は**発散する**という．

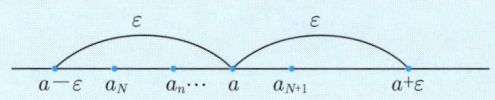

このような定義を ε(イプシロン)-δ(デルタ) 論法とよぶ.

注意 $\lim_{n\to\infty} a_n$, $\lim_{m\to\infty} a_m$, $\lim_{k\to\infty} a_{N+k}$ （N は勝手に固定された自然数）などはどれも同じ極限を表す. 要は a につけられた添え字が限りなく大きくなっていけばどのような記号を用いても同じ意味である. 以下でもこのような事実は断りなく用いられる.

本書で扱う範囲では，数列の極限に関する目標は結局のところ

> **目標** (1) 極限があるのかないのか？
> (2) あるとしたら値は？

である！

そのために次節で収束の判定条件をいくつか解説するが，その前に極限の基本的な性質を述べておく. 証明は本書の性格上省くが興味がある読者は金子晃著「数理系のための 基礎と応用 微分積分 I, II」などを参照してほしい.

> **定理 1.1** (i) (極限の一意性) 数列 $a_n, n \in \mathbf{N}$ が収束すればその極限は 1 つしかない.
> (ii) (収束数列の有界性) $a_n, n \in \mathbf{N}$ が収束数列ならば，ある数 $M > 0$ をうまく（どれくらいかは問わないことにして十分大きく）とるとすべての $n \in \mathbf{N}$ に対して $|a_n| \leq M$ とできる.

注意 (i) はあたり前のように思われるかもしれないが厳密にいえば，収束の定義に戻って証明すべきことがらである.
(ii) の逆は不成立. 例として $a_n = (-1)^n$ とすると $|a_n| = 1$ で $M = 1$ ととれるが収束しない.

(ii) の結論："ある数 $M > 0$ をうまくとるとすべての $n \in \mathbf{N}$ に対して $|a_n| \leq M$ とできる" を満たす数列を**有界数列**という.

> **定義 1.2** $\lim_{n\to\infty} a_n = \infty$ とは，$M > 0$ をどのように大きくとっても，番号 N を十分大きくとると
> $$n \geq N \implies a_n > M$$
> となることを意味する. このとき，数列 $a_n, n \in \mathbf{N}$ は $n \to \infty$ のとき限りなく大きくなる，または ∞ に発散するという.

$\lim_{n\to\infty} a_n = -\infty$ とは，$M > 0$ をどのように大きくとっても，番号 N を十分大きくとると

$$n \geq N \implies a_n < -M$$

となることを意味する．このとき，数列 $a_n, n \in \mathbf{N}$ は $n \to \infty$ のとき限りなく小さくなる，または $-\infty$ に発散するという．

数列の振る舞いについてまとめると次のようになる．

$$\begin{cases} \text{収束} & \lim_{n\to\infty} a_n = a \text{（極限は } a \text{ である）} \\ \text{発散} & \begin{cases} \lim_{n\to\infty} a_n = \infty \text{（}\infty \text{ に発散）} \\ \lim_{n\to\infty} a_n = -\infty \text{（}-\infty \text{ に発散）} \\ \lim_{n\to\infty} a_n \text{は不確定（振動するともいう）} \end{cases} \end{cases}$$

直観的にわかる例として次がある．2 番目の極限については次の節で厳密に確かめる．

収束する例： $a_n = \dfrac{1}{n}$

∞ に発散する例： $a_n = 2^n$

$-\infty$ に発散する例： $a_n = -n^2$

振動する例： $a_n = (-2)^n$

次の事実も証明なしで認める．直観的に理解しやすい．

命題 1.1 $\lim_{n\to\infty} a_n = \infty$ とすると，$\lim_{n\to\infty} \dfrac{1}{a_n} = 0$．

1.2 極限の性質と求め方(その1)

定理 1.2 数列 $a_n, b_n, n \in \mathbf{N}$, がともに収束して, $\lim_{n\to\infty} a_n = a$, $\lim_{n\to\infty} b_n = b$ とする. ただし, $-\infty < a, b < \infty$ とする.

(i) $\lim_{n\to\infty} (a_n + b_n) = \lim_{n\to\infty} a_n + \lim_{n\to\infty} b_n$

(ii) $\lim_{n\to\infty} (ca_n) = c \lim_{n\to\infty} a_n$ ただし, c は定数とする.

(iii) $\lim_{n\to\infty} (a_n b_n) = \left(\lim_{n\to\infty} a_n\right) \left(\lim_{n\to\infty} b_n\right)$

(iv) $b \neq 0$ とすると $\lim_{n\to\infty} \left(\dfrac{a_n}{b_n}\right) = \dfrac{\lim_{n\to\infty} a_n}{\lim_{n\to\infty} b_n}$

(v) $\lim_{n\to\infty} |a_n| = |a|$

(vi) $s \in \mathbf{R}, a_n \geq 0$ のとき $\lim_{n\to\infty} a_n^s = a^s$

注意 a_n, b_n ともに収束しないと結論は成り立たない. 例えば, (i) は $a_n = (-1)^n, b_n = -(-1)^n$ に対しては不成立. なお (iv) では $b \neq 0$ なので十分大きな n に対して $b_n \neq 0$ がわかるので $\dfrac{a_n}{b_n}$ を考えることができる.

定理 1.3 (はさみうちの原理) $b_n \leq a_n \leq c_n, n \in \mathbf{N}$ とする.
$$\lim_{n\to\infty} b_n = \lim_{n\to\infty} c_n = a \text{ とする.} \implies \lim_{n\to\infty} a_n = a$$

定理 1.4 (比較原理)

(i) $\lim_{n\to\infty} a_n, \lim_{n\to\infty} b_n$ が存在し, $b_n \leq a_n, n \in \mathbf{N}$
$\implies \lim_{n\to\infty} b_n \leq \lim_{n\to\infty} a_n$

(ii) $a_n \geq b_n, n \in \mathbf{N}$ とする. $\lim_{n\to\infty} b_n = \infty \implies \lim_{n\to\infty} a_n = \infty$

(iii) $a_n \leq b_n, n \in \mathbf{N}$ とする. $\lim_{n\to\infty} b_n = -\infty \implies \lim_{n\to\infty} a_n = -\infty$

例 1.1 $b_n = 0, a_n = 1/n$ を考えると, $b_n < a_n$ であるがともに 0 に収束し, $\lim_{n\to\infty} b_n \leq \lim_{n\to\infty} a_n$ であるが, $\lim_{n\to\infty} b_n < \lim_{n\to\infty} a_n$ は成り立たない.

すなわち, 極限をとると, 等号を抜きにした大小関係が保存されるわけでない.

これらの定理は極限を求めるために便利である．一方で証明で使われる推論は極限の定義に基づくもので，それなりに典型的なものであるがここでは省略する．

数列 $a_n, n \in \mathbf{N}$ が **単調増加列** とは

$$a_1 \leq a_2 \leq a_3 \leq \cdots$$

となることをいう．さらに **単調減少列** とは

$$a_1 \geq a_2 \geq \cdots$$

となることをいう．

また単調増加列で等号を除いた条件が成り立つとき，**狭義単調増加列** という：

$$a_1 < a_2 < a_3 < \cdots$$

さらに **狭義単調減少列** とは

$$a_1 > a_2 > \cdots$$

となることをいう．単調増加列と単調減少列をあわせて **単調列** とよぶ．

次は実数の基本的な性質の一つである．

定理 1.5 有界な単調列は収束する．

次に **部分列** について述べる．数列 $a_n, n \in \mathbf{N}$ に対して

$$n_1 < n_2 < n_3 < \cdots$$

となる自然数の列 $n_1, n_2, n_3, \cdots$ を考える．ここで選んだ番号に対応する項のみをもとの数列から抜き出して作った数列 $a_{n_1}, a_{n_2}, a_{n_3}, \cdots$ を数列 $a_n, n \in \mathbf{N}$ の部分列という．1つの数列に対してその部分列をいくらでも作ることができる．ここで部分列といった場合はもとの数列の同じ項を続いて抜き出したり，有限項でとめてしまうことは考えていない．

例 1.2 $a_n = (-1)^n$ を考える．このとき

$$a_2, a_4, a_6, a_8, \cdots \qquad a_1, a_3, a_5, a_7, \cdots$$

はそれぞれ $a_n, n \in \mathbf{N}$ の部分列である．前者は番号が偶数の項だけ抜き出して並べたものであり，後者は奇数の番号だけを抜き出して作った部分列である．

次の定理は数列が収束しないことの検証にも用いられる．

1.2 極限の性質と求め方 (その 1)

> **定理 1.6** 数列の部分列で収束しないものがあるか，部分列が収束したとしても部分列のとり方で極限が異なってしまえば，もとの数列は収束しない．

例 1.2 では部分列のとり方によって，部分列の極限が 1 になったり，-1 になったりするので $a_n = (-1)^n$ は収束しない．

この定理は (対偶) をとって，

> "$\lim_{n \to \infty} a_n = a$ ならば，勝手な部分列も同じ a に収束する"

のかたちで述べられることも多い．ここで「A ならば B である」という命題があるとき「B でなければ A でない」をもとの命題の**対偶**とよぶ．もとの命題が正しければその対偶も正しい．

定理 1.1(ii) の逆は成立しないことはすでに注意した．しかし，もし部分列をうまくとれば収束することがある．すなわち，次の定理が実数の基本的な性質として知られている．

> **定理 1.7** 有界な数列（それ自体収束しなくても）は収束する部分列を含む．

例えば

$$a_n = (-1)^n, \quad n \in \mathbf{N}$$

は有界なので例えば偶数項だけ抜き出して部分列を作ればすべての項は 1 なので 1 に収束する．

次に基本的な極限を述べる．これらはより複雑な式で表される極限を求めるときによく使われる基礎となるものである．覚えておこう．

> **命題 1.2** （等比数列の極限）
> $$\lim_{n \to \infty} r^n = \begin{cases} \infty, & r > 1, \\ 1, & r = 1, \\ 0, & -1 < r < 1, \\ 振動, & r \leq -1. \end{cases}$$

極限を求めるという"計算"は，小学生以来慣れ親しんできた等式の世界のものではなく，はさみうちの原理や比較によるものである．これは，大きくなる量より大きい量はなおさら大きい，とか小さくなる量より小さい量はなおさら小さいとかとかいったもので，定理 1.3, 1.4 の内容である．このような発想に慣れるためにこれらの基本的な極限の求め方を説明しておこう．いずれも極限が 0 または ∞ となることがすぐにわかる数列をうまく作って比較によって証明するもので，解析では非常によく使う手である．

命題 1.2 の証明のために，次の不等式を準備する．この不等式はべきやかけ算で表される数列の極限を求める際にしばしば用いられ，慣れておくとあとあと役に立つ．

命題 1.3 (ベルヌーイ（Bernoulli）の不等式)
もし，$h \geq -1$ かつ $n \in \mathbf{N}$ ならば
$$(1+h)^n \geq 1 + nh.$$

証明 命題 1.3 の証明：数学的帰納法による．まず，$n = 1$ のときは左辺 = 右辺で成り立つ．次に n のとき成り立つとして $n+1$ のときも成り立つことを次のようにして示そう．すなわち，$(1+h)^n \geq 1 + nh$ と $h \geq -1$ によって
$$(1+h)^{n+1} = (1+h)(1+h)^n \geq (1+h)(1+nh) = 1+(n+1)h+nh^2 \geq 1+(n+1)h$$
が得られる．よって $n+1$ のときもこの不等式は正しい．よって数学的帰納法によってすべての自然数 n に対してベルヌーイの不等式が成立することが示された．□

証明 命題 1.2 の証明：$r > 1$ とする．そのとき $h > 0$ なる h をうまくとると $r = 1 + h$ とできる．ベルヌーイの不等式から
$$r^n = (1+h)^n \geq 1 + nh.$$
$n \to \infty$ のとき，$h > 0$ より nh は限りなく大きくなるので，右辺 $\to \infty$．よって定理 1.4(ii) より $\lim_{n \to \infty} r^n = \infty$ がわかった．次に $-1 < r < 1$ とすると $|1/r| > 1$ なので，ある h を用いて $|1/r| = 1 + h$ とおけば
$$|1/r|^n = (1+h)^n \geq 1 + nh.$$
よって
$$0 \leq |r^n| \leq \frac{1}{1+nh}.$$
$n \to \infty$ のとき，右辺 $\to 0$．よって，はさみうちの原理（定理1.3）により $\lim_{n \to \infty} r^n = 0$ がわかった．$r = 1$ のときは明らか．□

1.2 極限の性質と求め方 (その1)

例題 1.1 $\lim_{n\to\infty} \alpha^{1/n} = 1$, ただし, $\alpha > 0$ とする.

解答 $\alpha = 1$ のときは明らか. $\alpha > 1$ の場合を考える. $a_n = \alpha^{1/n} - 1$ とおく. そのとき, $1 + a_n = \alpha^{1/n}$, $\alpha^{1/n} > 1$ なので, $a_n > 0$. 命題 1.3 より

$$\alpha = (1 + a_n)^n \geq 1 + na_n.$$

よって, $\alpha - 1 \geq na_n$. すなわち $0 \leq a_n \leq \dfrac{\alpha - 1}{n}$.
はさみうちの原理より, $\lim_{n\to\infty} a_n = 0$, よって $\lim_{n\to\infty} \alpha^{1/n} = 1$.
次に $0 < \alpha \leq 1$ とする.

$$\alpha^{1/n} = \frac{1}{(1/\alpha)^{1/n}}$$

である (実際, 0.3 節で紹介した指数法則を用いると 右辺 $= \left(\dfrac{1}{\alpha}\right)^{-1/n} = (\alpha^{-1})^{-1/n} = \alpha^{1/n}$). したがって, 証明したばかりの $\alpha > 1$ の場合から $\lim_{n\to\infty} \left(\dfrac{1}{\alpha}\right)^{1/n} = 1$ がわかる. よって定理 1.2 (iv) から, 証明が終了する. □

例題 1.2 $\lim_{n\to\infty} n^{1/n} = 1$.

解答 $a_n = n^{1/n} - 1$ とおく. このとき, $n^{1/n} = a_n + 1$ で二項定理より $n = (a_n + 1)^n = 1 + na_n + \dfrac{n(n-1)}{2} a_n^2 + \cdots + a_n^n$ で $a_n \geq 0$ より, 右辺の a_n の 2 次の項のみ残すと $n \geq \dfrac{n}{2}(n-1)a_n^2$, $a_n^2 \leq \dfrac{2}{n-1}$, したがって,

$$0 \leq a_n \leq \sqrt{\frac{2}{n-1}} \to 0 \quad (n \to \infty).$$

ゆえに, はさみうちの原理より, $\lim_{n\to\infty} a_n = \lim_{n\to\infty} (n^{1/n} - 1) = 0$. □

例題 1.3 $\lim_{n\to\infty} (2^n + 3^n + 4^n)^{1/n}$ を求めよ.

解答 $(2^n + 3^n + 4^n)^{1/n} = 4 \left(\left(\dfrac{1}{2}\right)^n + \left(\dfrac{3}{4}\right)^n + 1 \right)^{1/n}.$

$n \in \mathbf{N}$ に対して $1 \leq \left(\frac{1}{2}\right)^n + \left(\frac{3}{4}\right)^n + 1 \leq \frac{1}{2} + \frac{3}{4} + 1 = \frac{9}{4}$ なので

$$1 \leq \left(\left(\frac{1}{2}\right)^n + \left(\frac{3}{4}\right)^n + 1\right)^{1/n} \leq \left(\frac{9}{4}\right)^{1/n}.$$

例題 1.2 より $\lim_{n\to\infty} \left(\frac{9}{4}\right)^{1/n} = 1$. はさみうちの原理より

$$\lim_{n\to\infty} \left(\left(\frac{1}{2}\right)^n + \left(\frac{3}{4}\right)^n + 1\right)^{1/n} = 1.$$

よって極限は 4. □

例題 1.4 $\lim_{n\to\infty} \dfrac{3^n - 1}{3^n + 1}$ を求めよ.

解答 分母と分子で限りなく大きくなる因子 3^n に注目して分母，分子を割る：

$$\frac{3^n - 1}{3^n + 1} = \frac{1 - \left(\frac{1}{3}\right)^n}{1 + \left(\frac{1}{3}\right)^n}.$$

命題 1.2 より $\lim_{n\to\infty} \left(\frac{1}{3}\right)^n = 0$. よって定理 1.2 (iv) を用いて，$\lim_{n\to\infty} \dfrac{3^n - 1}{3^n + 1} = 1$. □

例題 1.5 (式の変形：分子の有理化) $\lim_{n\to\infty} (\sqrt{n} - \sqrt{n-1})$ を求めよ.

解答 $\sqrt{n} - \sqrt{n-1} = \dfrac{(\sqrt{n} - \sqrt{n-1})(\sqrt{n} + \sqrt{n-1})}{\sqrt{n} + \sqrt{n-1}} = \dfrac{1}{\sqrt{n} + \sqrt{n-1}} \to 0$

$(n \to \infty)$. ここで命題 1.1 も用いた. □

■ 1.3 極限の求め方 (その 2)

定理 1.8 (i) 自然数 N と $0 < r < 1$ である定数 r をうまくとると $n \geq N$ となるすべての n に対して

$$n \geq N \implies |a_{n+1} - a| \leq r|a_n - a|$$

が成り立つとする．そのとき，$\lim_{n\to\infty} a_n = a$.

1.3 極限の求め方 (その 2)

(ii)
$$\lim_{n\to\infty}\left|\frac{a_{n+1}}{a_n}\right|<1$$

が成り立つならば $\lim_{n\to\infty} a_n = 0$.

この定理の応用として

例題 1.6 (漸化式で定義される数列の極限)
$$a_1 = 1, \qquad a_{n+1} = \frac{a_n + 2}{a_n + 1}, \quad n \in \mathbf{N}$$
で定められる a_n に対して $\lim_{n\to\infty} a_n$ を求めよ.

解答 極限が存在するとしてそれを a と表す. a_n の作り方から $a_n > 0$ なので, 定理 1.4(i) で $b_n = 0$ として $a \geq 0$ でなくてはならない. さらに漸化式で $n \to \infty$ として a は $a = \dfrac{a+2}{a+1}$ を満たさなくてはならない. a について解いて $a \geq 0$ より $a = \sqrt{2}$. a_n が $\sqrt{2}$ に収束することを示そう. そのため,

$$\left|a_{n+1} - \sqrt{2}\right| = \left|\frac{a_n + 2}{a_n + 1} - \sqrt{2}\right| = \left|\frac{a_n + 2 - \sqrt{2}a_n - \sqrt{2}}{a_n + 1}\right|$$
$$= \left|\frac{(1-\sqrt{2})(a_n - \sqrt{2})}{a_n + 1}\right| = \frac{|1-\sqrt{2}|}{a_n + 1}\left|a_n - \sqrt{2}\right|.$$

$a_n > 0$ より $\left|\dfrac{1-\sqrt{2}}{a_n + 1}\right| \leq \sqrt{2} - 1$. よって $\left|a_{n+1} - \sqrt{2}\right| \leq (\sqrt{2} - 1)\left|a_n - \sqrt{2}\right|$. $|1 - \sqrt{2}| < 1$ なので, 定理 1.8 (i) より $\lim_{n\to\infty} a_n = \sqrt{2}$. □

例題 1.6 のような極限は第 5 章の微分法の応用による手法でも解くことができる.

例題 1.7 $\lim_{n\to\infty} r^n/n! = 0$, ただし r は勝手な定数とする.

解答 $a_n = r^n/n!$ とおく. $n \to \infty$ のとき,
$$\left|\frac{a_{n+1}}{a_n}\right| = \left|\frac{r^{n+1}}{(n+1)!}\frac{n!}{r^n}\right| = \frac{r}{n+1} \to 0$$
なので定理 1.8 (ii) からわかる. □

例題 1.8 $\lim_{n\to\infty} n^\alpha r^n = 0$, ただし α は勝手な定数で r は $-1 < r < 1$ を満たす.

解答 $n \to \infty$ のとき,

$$\left|\frac{(n+1)^\alpha r^{n+1}}{n^\alpha r^n}\right| = \left(1 + \frac{1}{n}\right)^\alpha |r| \to |r| < 1$$

なので, 定理 1.8 (ii) からただちにわかる. □

さて, 定理 1.8 の証明をつけておく. (ii) では収束の定義 1.1 を用いるが (i) の証明はそれ自身よく使われる方法によるものであり, 等比数列との比較がポイントである.

証明 **定理 1.8 の証明：**(i) 定理の仮定より

$$|a_{N+1} - a| \leq r|a_N - a|, \quad |a_{N+2} - a| \leq r|a_{N+1} - a|.$$

第 1 の不等式の両辺に r をかけて

$$r|a_{N+1} - a| \leq r^2|a_N - a|$$

を得る. よって第 2 の不等式に代入して

$$|a_{N+2} - a| \leq r^2|a_N - a| \tag{1}$$

を得る. 次に仮定より

$$|a_{N+3} - a| \leq r|a_{N+2} - a|.$$

(1) をこれに代入して

$$|a_{N+3} - a| \leq r^3|a_N - a|$$

がわかる. 同様にして

$$|a_{N+k} - a| \leq r^k|a_N - a|$$

が $k = 1, 2, 3, \cdots$ に対してわかる. したがって, $|r| < 1$ より $\lim_{k\to\infty} r^k = 0$ であって, はさみうちの原理から, $k \to \infty$ として $\lim_{n\to\infty} a_n = a$ がわかる.

(ii) $\lim_{n\to\infty} \left|\frac{a_{n+1}}{a_n}\right| = \rho$ とおくと, $0 \leq \rho < 1$. $n \to \infty$ のとき, 仮定より $\left|\frac{a_{n+1}}{a_n}\right|$ は ρ にいくらでも近づく. $\rho < 1$ より $\rho + \varepsilon$ が 1 より小さくなるくらい ε を十分小さ

くとってそれに応じて N を十分大きくとると，定義 1.1 より

$$n \geq N \implies \left|\frac{a_{n+1}}{a_n}\right| < \rho + \varepsilon < 1$$

すなわち $|a_{n+1}| \leq (\rho+\varepsilon)|a_n|$ とできる．ゆえに定理 1.8 (i) で $a=0, r=\rho+\varepsilon$ とおいた不等式なのでこれで $\lim_{n\to\infty} a_n = 0$ がわかった．□

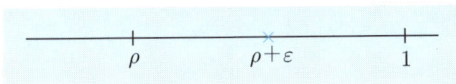

1.4 コーシーの収束判定条件

実数の大事な性質として完備性にふれる．まず，数列 $a_n, n \in \mathbf{N}$ が a に収束するとする．そのとき，絶対値の性質（三角不等式）より

$$|a_n - a_m| \leq |a_n - a| + |a - a_m|$$

であり，$n, m \to \infty$ のとき $|a_n - a| \to 0$ で $|a - a_m| \to 0$ なので m, n をどのようなやり方で限りなく大きくしていっても $|a_n - a_m|$ は限りなく 0 に近づく．すなわち，$\lim_{m,n\to\infty} |a_n - a_m| = 0$ がわかる．ここで "どんなやり方でも" というのは n, m を勝手に動かして限りなく大きくしていくことを意味する．

$\lim_{n\to\infty} |a_n - a| = 0$ なので，記号をおきかえて $\lim_{m\to\infty} |a_m - a| = 0$ も正しいことに注意しよう．

定義 1.3 $\lim_{m,n\to\infty} |a_n - a_m| = 0$ が成立するとき，$a_n, n \in \mathbf{N}$ をコーシー (**Cauchy**) 列とよぶ．

注意 $\lim_{n,k\to\infty} |a_n - a_{n+k}| = 0$ などとかいても同じ．

ここの用語にしたがうと，収束列はコーシー列であるということになる．コーシー列とは，数列の間隔が先へ行けば行くほど限りなく近くなっていくことを意味している．収束列とは，ある一定の数との距離が先へ行けば行くほど限りなく小さくなっていくことなので，収束列がコーシー列であることは納得しやすい．

この主張の逆を考えてみよう．

"数列がコーシー列ならばある数に収束するか？"

これが正しいかは明らかではないが，実数の範囲で考える限り正しい．すなわち，

> **定理 1.9** (コーシーの収束判定条件)
>
> 数列 $a_n, n \in \mathbf{N}$ が収束する． $\iff$ $\displaystyle\lim_{m,n\to\infty} |a_n - a_m| = 0$.

注意 有理数の世界では，この判定条件は不成立．これを理解するために，無理数 $\sqrt{3}$ に収束するような有理数の列をとる．例えば，$\sqrt{3}$ の小数展開から次のような数列を考える．$a_1 = 1, a_2 = 1.7, a_3 = 1.73, a_4 = 1.732, a_5 = 1.7320, a_6 = 1.73205,\cdots$，すなわち，$a_n$ は $\sqrt{3}$ の小数第 n 位を切り捨てたものである．$\mathbf{R}$ で考えて，$a_n, n \in \mathbf{N}$ は $\sqrt{3}$ に収束するのでコーシー列．しかし，極限は $\sqrt{3}$ で，有理数からはみ出てしまう．

このような性質を**実数の完備性**とよび，実数を特徴づける (有理数とは決定的に異なる) 基本的な性質である．

コーシーの収束判定条件は大変便利であり，完備性は解析全般にわたってキーとなる性質である！数列の収束を示すために，もし収束の定義に戻って考えるとするとその極限がわかっていなくてはならない．しかし，完備性を用いれば極限の値は必要でない．

例えば，不動点の逐次近似法 (5.6 節) のところでふれるが，ある方程式の解を近似的に数列の極限として構成することは常套手段である．普通は，解の公式もないし，具体的かつ直接的に解を求めることは不可能であるからである．そこで，もともとわからない解を極限として求めようとしているので，適当な方法で作った数列が解に近づくかを判定するためにはこの完備性が大変役に立つ．このように完備性が成立する集合は，はかりしれないほど重要であり，解析の舞台として必要不可欠のものである．

最後に実数の他の基本的な性質として

> **定理 1.10** (有理数の稠密性) 勝手な実数は有理数でいくらでもよく近似できる．いいかえると，勝手な実数 a に対して，有理数だけからなる $a_n, n \in \mathbf{N}$ があって（一通りとは限らない），$\displaystyle\lim_{n\to\infty} a_n = a$ とできる．

1.5 上界・下界と実数の連続性の公理

定義 1.4 $S \subset \mathbf{R}$ とする.実数 a が S の上界であるとは

$$x \in S \implies x \leq a$$

となること.

すべての $x \in S$ に対して $x \leq a$ となる数 a といっても同じことである.
いいかえれば,上界とは,実数の集合を上から(数直線上で右から)仕切っているような数のことである.

例 1.3 $S = [1, 2] = \{x; 1 \leq x \leq 2\}$ の上界について考えてみる.
$a = 2, 2.5, 4, \cdots$ などはすべて S の上界となる.
$a = 1.5$ は上界でない.S を上から仕切るためにはなるべく大きい数をもってくればたやすくできるが,これでは小さすぎる.

例 1.4 $S = \{x; x^2 < 3\}$. $\sqrt{3}$ は上界.

この例からわかるように S の上界は S に属さないかもしれない.
上界はたくさんある.a が S の上界ならば a より大きい数は上界.したがって,上界であるという性質をどこまで小さくできるか? いいかえればなるべく小さい上界が大事(より興味がある)ということになる.

定義 1.5 上界のうちで最小のものを**上限**または**最小上界**とよび,$\sup S$ または $\sup_{x \in S} x$ とかく.

注意 集合 S の上限はあるとすればただ 1 つしかないこともわかる.

例 1.3 の S の上限は 2
例 1.4 の S の上限は $\sqrt{3}$

例 1.5 $S = \{x; x \geq 1\}$ には上界はない.
一方 $\max S$ ($\max_{x \in S} x$ ともかく)とは S の要素のなかで値が最大になる場合である.$\sup S$ と $\max S$ は同じこともあるし,ちがうこともある.例 1.3 では

$\sup S = \max S = 2$, 例 1.4 では $\sup S = \sqrt{3}$ であったが, $\max S$ は存在しない (最大値をとる x が S のなかにないので).

これらの例からもわかるように上限があったとしても, 上限がまたもとの集合 S にはいるかどうかは一般にはわからない. 場合によっては S の要素でないことがある. さらに実数の勝手な集合をとってきたときにその上限が本当にあるのかどうかは明らかなことではない. 実数の勝手な集合といっているので, 普通に考えるような区間ばかりとは限らないことに注意しよう.

さて, 次に実数の集合を上から仕切るのではなく, 下から仕切ることを考えよう:

定義 1.6 a が S の**下界**とは

$$x \in S \implies x \geq a$$

となること.

S に下界があるとき, 最大のものを S の**下限**または**最大下界**とよび, $\inf S$ または $\inf_{x \in S} x$ とかく.

下限もあるとすればただ 1 つしかないこともわかる.

例 1.6 $\inf [1, 2] = 1$, しかし, $\inf \{x ; x < \sqrt{3}\}$ は存在しない. もともと $\{x ; x < \sqrt{3}\}$ の下界はない (どんな小さな数 a をとってきても a より小さい数が考えている集合内にある).

上限を上界のうちで最も小さいものとして定めたので, 少しでも小さな数をもってくればもはやそれは上界にはならないことが納得できるであろう. そこで, ここでは上限の大事な特徴づけをあげておく:

---

a が S の上限である.

$\iff \begin{cases} \text{(i)} \ x \in S \implies x \leq a \ \text{かつ} \\ \text{(ii)} \ \varepsilon > 0 \text{ を勝手にとったとき}, x > a - \varepsilon \text{ となる } S \text{ の要素 } x \text{ がある}. \end{cases}$

1.5 上界・下界と実数の連続性の公理

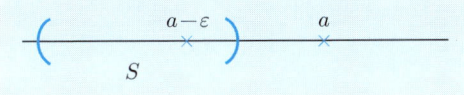

このことから

a が S の上限であれば，a にいくらでも近い S の要素がある．

すなわち，S の上限は S の要素でいくらでもよく近似できる！

下限についても同様である：

> a が S の下限である．
> $\iff \begin{cases} \text{(i)}\ x \in S \Longrightarrow x \geq a \quad \text{かつ} \\ \text{(ii)}\ \varepsilon > 0 \text{ を勝手にとったとき,}\ x < a + \varepsilon \text{ となる } S \text{ の要素 } x \text{ がある．} \end{cases}$

このことから S の下限は S の要素でいくらでもよく近似できることもわかる．

以下で次のような言い方もする：

> **定義 1.7** 考えている集合 S に上界が存在するとき S は**上に有界**であるとよぶ．
> 下界が存在するとき S は**下に有界**であるとよぶ．
> 上界，下界がともに存在する集合を**有界**であるとよぶ．

さて，上に有界であるとして本当に上限があるであろうか？ すなわち，上界のうちで最小のものをいつもとることができるか？ ということを考えてみよう．そのような最小の上限はいかにもとれそうであるが，いざ証明しようとするとやさしいものではないことがわかる．実はこのことが実数を特徴づける根本的な性質なのであり，微積分学を支える土台となっており，定理 1.9 とある意味で等価であることが知られている．

> **実数の連続性の公理**
> S の上界があれば，S の上限は (実数の集合のなかに) 必ず存在する．さらに S の下界があれば，S の下限は (実数の集合のなかに) 必ず存在する．

有理数全体にはこのような性質はない．有理数の集合で上限が有理数でなくなるものはいくらでもある．例えば区間 $(1, \sqrt{2})$ を考えればこのことはわかるであろう．

さて，自然数，整数，有理数については小学生以来，なじみがあるであろう．さらに $\sqrt{2}$ などのような無理数もなんとなくわかっているような気がしているかもしれないし，数直線も実数が隙間なく並んでいるというようなイメージで理解できているかもしれない．"隙間なく"というのが，感覚的にわかっているつもりでも実は曲者なのである．このことを厳密に理解するためには結局，実数とは何かという根源的な問いかけに答えなくてはならないのである．実数が隙間なく並んでいるという性質はいろいろな形で表現できるが，その1つがここで紹介した連続性の公理である．

実数の連続性についてはなじめそうにないようであれば飛ばして，次の章に進んでもかまわない．金子晃氏による姉妹編「数理系のための 基礎と応用 微分積分Ⅰ－理論を中心に－」も手にとっていただきたい．

章末問題

問題 1 次の数列の極限を求めよ．ただし，$n \in \mathbf{N}$ とする．

(i) $a_n = \dfrac{n^2+1}{3n^2+4}$ (ii) $a_n = \sqrt{n}(\sqrt{n+1} - \sqrt{n})$ (iii) $a_n = \dfrac{n - [\sqrt{n}]}{n}$

注意：ガウスの記号 $[a]$ は a を超えない最大の整数を表す．

問題 2 $-1 < r < 1, \alpha \in \mathbf{R}$ とする．このとき，

$$\lim_{n \to \infty} \frac{\alpha(\alpha-1)\cdots(\alpha-n+1)}{(n-1)!} r^n = 0$$

となることを証明せよ．

問題 3 a_1, c を勝手に与えるとして，漸化式

$$a_{n+1} = ra_n + c, \quad n \in \mathbf{N}$$

で数列 $a_n, n \in \mathbf{N}$ を定める．ただし $0 < r < 1$ とする．

(i) この数列が収束するとして極限を求めよ．
(ii) 実際に収束することを証明せよ．（ヒント：定理 1.8）

問題 4 $a_1 = 1, a_{n+1} = \sqrt{2 + a_n}, n \in \mathbf{N}$ で数列 a_n を定めるとする．

(i) この数列が収束するとして極限を求めよ．
(ii) 実際に収束することを証明せよ．

問題 5 $a_1 = \sqrt{3}, a_{n+1} = \sqrt{3a_n}, n \in \mathbf{N}$ で数列 $a_n, n \in \mathbf{N}$ を定める．このとき，
 (i) 数学的帰納法ですべての $n \in \mathbf{N}$ に対して $a_n > 0$ であって $a_n, n \in \mathbf{N}$ が単調増加列であることを示せ．
 (ii) $\lim_{n \to \infty} a_n$ を求めよ．

問題 6 $\lim_{n \to \infty} a_n = a$ ならば，
$$\lim_{n \to \infty} \frac{a_1 + a_2 + \cdots + a_n}{n} = a$$
となることを収束の定義 1.1 を用いて証明せよ．ただし $a \neq \infty, -\infty$ であるとする．

問題 7 数列 $a_n = \dfrac{2n}{2n+3}, n \in \mathbf{N}$ が 1 に収束することを定義 1.1 にしたがって確かめよ．すなわち，勝手に与えられた $\varepsilon > 0$ に対して，$n \geq N$ ならば $|a_n - 1| < \varepsilon$ となるような N を 1 つ求めよ．

問題 8 以下の集合の上限，下限をそれぞれ求めよ： $\sup_{n \in \mathbf{N}} \dfrac{1}{n}$, $\inf_{n \in \mathbf{N}} \dfrac{1}{n}$．ただし，記号 $\sup_{n \in \mathbf{N}} \dfrac{1}{n}$ は集合 $\left\{1, \dfrac{1}{2}, \dfrac{1}{3}, \ldots\right\}$ の上限を表す．この集合の要素のうちで最大なもの，最小なものは存在するか？存在するとすれば求めよ．

第 2 章

級　数

■ 2.1　基本的な事項

数列 $a_n, n \in \mathbf{N}$ に対して無限級数 $\sum_{n=1}^{\infty} a_n$ を次で定める：

まず，第 N 部分和 S_N を

$$S_N = a_1 + \cdots + a_N = \sum_{n=1}^{N} a_n$$

で定義する．このようにして作られた数列 $S_N, N \in \mathbf{N}$ が収束（発散）するとき無限級数 $\sum_{n=1}^{\infty} a_n$ は**収束（発散）する**という．

すなわち，$S = \sum_{n=1}^{\infty} a_n$ とかいたら，次の意味である：

$$S = \lim_{N \to \infty} S_N$$

無限級数の収束・発散はつねにこのようにして数列の収束・発散で考えることに注意する．

無限級数の極限については数列と同様に次のようにまとめることができる．

$$\begin{cases} \text{収束} & \sum_{n=1}^{\infty} a_n = S\,(\text{和は } S \text{ である}) \\ \text{発散} & \begin{cases} \sum_{n=1}^{\infty} a_n = \infty\,(\text{和が } \infty \text{ に発散}) \\ \sum_{n=1}^{\infty} a_n = -\infty\,(\text{和が } -\infty \text{ に発散}) \\ \sum_{n=1}^{\infty} a_n \text{は不確定（振動するともいう）} \end{cases} \end{cases}$$

2.1 基本的な事項

無限級数は数列の収束を元に定められているので，数列の極限と同様な基本性質が成り立つ．

定理 2.1 級数 $\sum_{n=1}^{\infty} a_n, \sum_{n=1}^{\infty} b_n$ がともに収束するとする．このとき

(i) $\sum_{n=1}^{\infty} ca_n = c \sum_{n=1}^{\infty} a_n$, ただし，$c$ は定数とする．

(ii) $\sum_{n=1}^{\infty} (a_n + b_n) = \sum_{n=1}^{\infty} a_n + \sum_{n=1}^{\infty} b_n$.

定理 2.2 すべての $n \in \mathbf{N}$ について $a_n \leq b_n$ とする．

(i) 級数 $\sum_{n=1}^{\infty} a_n, \sum_{n=1}^{\infty} b_n$ がともに収束するとする．このとき

$$\sum_{n=1}^{\infty} a_n \leq \sum_{n=1}^{\infty} b_n.$$

(ii) $\sum_{n=1}^{\infty} a_n = \infty$ ならば $\sum_{n=1}^{\infty} b_n = \infty$ である．

(iii) $\sum_{n=1}^{\infty} b_n = -\infty$ ならば $\sum_{n=1}^{\infty} a_n = -\infty$ である．

定理 2.3 $\lim_{n \to \infty} a_n \neq 0$ ならば，級数 $\sum_{n=1}^{\infty} a_n$ は発散する．

注意 この定理は発散の判定に便利である．逆は成り立たない．2.2 節で示すように

$$\sum_{n=1}^{\infty} \frac{1}{n} = \infty$$

であるが $\lim_{n \to \infty} \frac{1}{n} = 0$ である．

この定理は $\sum_{n=1}^{\infty} a_n$ が収束すれば $\lim_{n \to \infty} a_n = 0$ であるといいかえてもよい．

定理 2.4 (コーシーの収束判定条件)

$$\lim_{m,n \to \infty} |a_n + a_{n+1} + \cdots + a_m| = 0$$

ならば，級数 $\sum_{n=1}^{\infty} a_n$ は収束する．ただし $m > n$ とする．

無限級数を考える際の注意事項　無限級数はあくまで極限をとる操作なので有限個の和を求める場合に許される操作を拡大解釈して適用してはいけない.

してよいこと：(1) 有限個の（それのみ）項の足す順番を変えること.

例えば $a_1 + a_2 + \cdots + a_{10} + a_{11} + \cdots$ を求めるときに $a_{10} + a_9 + a_8 + a_7 + \cdots + a_1 + a_{11} + \cdots$ としても同じ（a_{12} 以降の順番は変えない）.

(2) 収束する級数に限っては括弧を自由につけてよい（同じ和に収束する）. 発散する級数に関しては括弧をつけたりはずしてはいけない. $\sum_{n=1}^{\infty} a_n$ が収束すれば, 例えば,

$$S = a_1 + a_2 + a_3 + \cdots = (a_1 + a_2) + (a_3 + a_4 + a_5) + (a_6 + a_7 + a_8 + a_9) + \cdots$$

してはいけないこと：(1) 括弧を勝手につけたり, はずすこと.

例えば $a_n = (-1)^n$ とする. そのとき $\sum_{n=1}^{\infty} a_n$ は発散する（定理 2.3 を用いてもわかる）. それにも関わらず $(a_1 + a_2) + (a_3 + a_4) + (a_5 + a_6) + \cdots$ としたり, $a_1 + (a_2 + a_3) + (a_4 + a_5) + \cdots$ などとしてはいけない（無限級数として全く違うものを考えていることになる）.

(2) 項の順序を無限個にわたって変えること.

例 2.1
$$\sum_{n=1}^{\infty} (-1)^{n-1} \frac{1}{n}$$

を考える. 2.5 節でみるように収束することを証明することができる. しかし, 足す順序を勝手に変えると, 収束しなくなったり, 収束しても和が変わってしまうことが知られている.

数列の場合と同様の主要な関心は

与えられた無限級数が和をもつのか？

その和は何か？ということである.

具体的に和を求めるためには定積分を利用するやり方 (7.8 節) やテイラー級数 (8.4, 8.5 節) フーリエ級数などの方法があり, 本ライブラリのあとの巻でも解説されるであろうが, ここでは初等的なやり方で和が求めることができる例を 1 つだけ解説する.

例題 2.1　（部分分数分解）　$\sum_{n=1}^{\infty} \dfrac{1}{4n^2 - 1}$.

解答
$$\frac{1}{4n^2-1} = \frac{1}{(2n-1)(2n+1)} = \frac{1}{2}\left(\frac{1}{2n-1} - \frac{1}{2n+1}\right),$$

$$\sum_{n=1}^{N} \frac{1}{4n^2-1} = \frac{1}{2}\left(1-\frac{1}{3}\right) + \frac{1}{2}\left(\frac{1}{3}-\frac{1}{5}\right) + \cdots + \frac{1}{2}\left(\frac{1}{2N-1}-\frac{1}{2N+1}\right)$$
$$= \frac{1}{2} - \frac{1}{2}\frac{1}{2N+1} \to \frac{1}{2} \quad (N \to \infty).$$

同様に $\sum_{n=1}^{\infty} \frac{1}{n(n+1)(n+2)}$ も

$$\frac{1}{n(n+1)(n+2)} = \frac{1}{2}\left(\frac{1}{n(n+1)} - \frac{1}{(n+1)(n+2)}\right)$$

より

$$\sum_{n=1}^{N} \frac{1}{n(n+1)(n+2)} = \frac{1}{2}\left(\frac{1}{1\times 2} - \frac{1}{(N+1)(N+2)}\right)$$

より $\sum_{n=1}^{\infty} \frac{1}{n(n+1)(n+2)} = \frac{1}{4}$. □

和を具体的に求めることと並んで無限級数の収束の判定は大事な課題である. 定理 2.3 は発散するための 1 つの十分条件をいっているだけでこれだけでは役にあまり立たない. そこで, これら一般の基本性質をもとに次節で収束の判定についてさらに解説をし, 有効な判定法を紹介する.

2.2 正項級数

$a_n \geq 0, n \in \mathbf{N}$ のとき $\sum_{n=1}^{\infty} a_n$ を**正項級数**とよぶ. 正項級数の収束・発散の判定はより単純である. 例えば, 無限級数の定義から正項級数について, 第 N 部分和 S_N はつねに正で N とともに増加する数列なので定理 1.5 より収束するか ∞ に発散するかのいずれかであり, $-\infty$ に発散したり, 振動したりすることはない.

もし, ある項が 0 であればそのような項を飛ばして級数を考えればよいので, 各項が正の場合を考えれば十分である. さらに, 無限級数の有限個の項は級数全体の収束・発散に影響を与えないので正項級数について以下に述べる性質は, (すべての項ではなく) ある番号から先の項が正であるような級数にもあてはまる.

ここまでで述べたことをまとめると,

> **定理 2.5** 正項級数 $\sum_{n=1}^{\infty} a_n$ が収束する $\iff S_N, N \in \mathbf{N}$ が上に有界. それ以外は ∞ に発散する.

さらに,

> **定理 2.6** (比較判定法) $a_n, b_n > 0, n \in \mathbf{N}$ とし, すべての $n \in \mathbf{N}$ について $a_n \leq b_n$ とする.
> (i) 級数 $\sum_{n=1}^{\infty} b_n$ が収束するならば, $\sum_{n=1}^{\infty} a_n$ も収束.
> (ii) $\sum_{n=1}^{\infty} a_n = \infty$ ならば, $\sum_{n=1}^{\infty} b_n = \infty$.

定理 2.6 は比較によって級数の収束・発散を判定するものであるが, 実際には比較の基準となる単純な級数で収束・発散がわかっているものが必要である. そのような級数として次を使うことが多い.

> **命題 2.1**
> (i) (無限等比級数) $\sum_{n=1}^{\infty} r^n = \begin{cases} \dfrac{r}{1-r}, & -1 < r < 1 \\ \text{発散}, & r \geq 1 \text{ または } r \leq -1 \end{cases}$
> (ii) $\sum_{n=1}^{\infty} \dfrac{1}{n^\alpha} = \begin{cases} \text{収束}, & \alpha > 1 \\ \infty, & \alpha \leq 1 \end{cases}$

$\sum_{n=1}^{\infty} \dfrac{1}{n^2} = \dfrac{\pi^2}{6}$ のように α によっては具体的に和を求めることができる場合もある.

命題 2.1 の確かめはあとまわしにしてまずは応用問題として

> **例題 2.2** $\sum_{n=1}^{\infty} \dfrac{n+2}{n^2+3}$
> の収束・発散を判定せよ.

2.2 正項級数

解答 n が大きいと $\dfrac{n+2}{n^2+3}$ はだいたい $\dfrac{n}{n^2} = \dfrac{1}{n}$, $\sum_{n=1}^{\infty} \dfrac{1}{n} = \infty$ なので発散するであろう．より厳密には，次のようにして下から見積もる．
$n^2 + 3 \leq 3n^2$, $n + 2 \geq n$ より

$$\frac{n+2}{n^2+3} \geq \frac{n}{3n^2} = \frac{1}{3n}$$

により命題 2.1 (ii) と定理 2.6 (ii) を用いて，発散する．□

例題 2.3 $\displaystyle\sum_{n=1}^{\infty} \frac{1}{n}(\sqrt{n+2} - \sqrt{n+1})$

の収束・発散を判定せよ．

解答 例題 1.5 と同様にして

$$\frac{1}{n}(\sqrt{n+2} - \sqrt{n+1}) = \frac{1}{n} \frac{1}{\sqrt{n+2} + \sqrt{n+1}}$$

は $\dfrac{1}{n^{3/2}}$ と同じ程度になるので収束．より厳密には

$$\left| \frac{1}{n}(\sqrt{n+2} - \sqrt{n+1}) \right| = \frac{1}{n} \frac{1}{\sqrt{n+2} + \sqrt{n+1}} \leq \frac{1}{n\sqrt{n}}$$

として命題 2.1 (ii) と定理 2.6 (i) を用いればよい．□

証明 命題 **2.1** の証明：(i) $S_N = \displaystyle\sum_{n=1}^{N} r^n = r + r^2 + \cdots + r^N$,

よって $rS_N = r^2 + r^3 + \cdots + r^{N+1}$，よって辺々引いて $(1-r)S_N = r - r^{N+1}$. $r \neq 1$ のとき，$S_N = \dfrac{r(1-r^N)}{1-r}$. $-1 < r < 1$ のとき $N \to \infty$ とすると，命題 1.2 より $r^N \to 0$ なので $\displaystyle\lim_{N \to \infty} S_N = \dfrac{r}{1-r}$.
$r \geq 1$ または $r \leq -1$ のとき $\displaystyle\lim_{n \to \infty} r^n \neq 0$ なので定理 2.3 より $\displaystyle\sum_{n=1}^{\infty} r^n$ は発散する．

(ii) 定積分を用いてもできるが (例題 7.21 と例題 7.22)，ここでは次のようにして示す．
$\alpha = 1$ の場合：

$$S_{2^{m+1}} = 1 + \frac{1}{2} + \left(\frac{1}{3} + \frac{1}{4}\right) + \left(\frac{1}{5} + \cdots + \frac{1}{8}\right) + \cdots + \left(\frac{1}{2^m + 1} + \cdots + \frac{1}{2^{m+1}}\right)$$
$$> 1 + \frac{1}{2} + 2 \times \frac{1}{4} + 4 \times \frac{1}{8} + \cdots + 2^m \times \frac{1}{2^{m+1}} = \frac{1}{2}(m + 3).$$

よって，$\lim_{m\to\infty} S_{2^m+1} = \infty$. どんな大きな $M > 0$ をとっても $N \in \mathbf{N}$ をうまくとると $N > 2^{m+1}$ とできて，$S_N > S_{2^m+1}$ なので $n \geq N \Longrightarrow S_n \geq M$ とできるので $\sum_{n=1}^{\infty} \frac{1}{n} = \infty$.

$\alpha < 1$ の場合：$\frac{1}{n^\alpha} \geq \frac{1}{n}$，$n \in \mathbf{N}$ と $\sum_{n=1}^{\infty} \frac{1}{n} = \infty$ より，定理 2.6（比較判定法）を用いて，$\sum_{n=1}^{\infty} \frac{1}{n^\alpha} = \infty$.

$\alpha > 1$ の場合：$n \geq 2$ なる自然数に対して，$2^m > n$ となる $m \in \mathbf{N}$ をとると，

$$\begin{aligned}
S_n \leq S_{2^m - 1} &= 1 + \left(\frac{1}{2^\alpha} + \frac{1}{3^\alpha}\right) + \left(\frac{1}{4^\alpha} + \cdots + \frac{1}{7^\alpha}\right) \\
&\quad + \cdots + \left(\frac{1}{(2^{m-1})^\alpha} + \cdots + \frac{1}{(2^m - 1)^\alpha}\right) \\
&< 1 + \frac{2}{2^\alpha} + \frac{4}{4^\alpha} + \cdots + \frac{2^{m-1}}{(2^{m-1})^\alpha} \\
&= 1 + \frac{1}{2^{\alpha-1}} + \left(\frac{1}{2^{\alpha-1}}\right)^2 + \cdots + \left(\frac{1}{2^{\alpha-1}}\right)^{m-1}.
\end{aligned}$$

$\alpha > 1$ より，$0 < \frac{1}{2^{\alpha-1}} < 1$. よって無限等比級数の収束（命題 2.1）と定理 2.6 (i) より $\sum_{n=1}^{\infty} \frac{1}{n^\alpha} < \infty$. □

収束の判定のためにはこのような比較による方法をいろいろあてはめるよりも次の判定法をつかった方が手っ取り早いことが多い．それらの判定法は，無限等比級数に定理 2.6 を適用した結果を定理のかたちで述べただけであるが，明快な形をしており覚えておくと大変便利である．

定理 2.7　（ダランベール (d'Alembert) の判定法）

$$\lim_{n\to\infty} \frac{a_{n+1}}{a_n} = \rho$$

が存在するとする．ただし，$\rho = \infty$ でもよい．このとき

(i) $\rho < 1 \Longrightarrow \sum_{n=1}^{\infty} a_n$ は収束．　　(ii) $\rho > 1 \Longrightarrow \sum_{n=1}^{\infty} a_n = \infty$.

2.2 正項級数

注意 $\rho = 1$ の場合は収束するかは発散するかはこの定理では判定できない．$\rho = 1$ の場合は定理 2.9 で判定できることがある．また $\lim_{n \to \infty} \dfrac{a_{n+1}}{a_n}$ が存在しないときはこの判定法ではなんらの結論も得られない．

定理 2.8 （コーシーの判定法）

$$\lim_{n \to \infty} a_n^{1/n} = \rho$$

が存在するとする．ただし，$\rho = \infty$ でもよい．このとき，

(i) $\rho < 1 \Longrightarrow \sum_{n=1}^{\infty} a_n$ は収束．　　(ii) $\rho > 1 \Longrightarrow \sum_{n=1}^{\infty} a_n = \infty$．

注意 $\rho = 1$ の場合は収束するか発散するか判定できない．$\lim_{n \to \infty} a_n^{1/n}$ が存在しないときはこの判定法ではなんらの結論も得られない．

警告 $\sum_{n=1}^{\infty} r^n$ の収束・発散の判定も定理 2.7 または 2.8 で行うことができるが，これはよくない．それは定理 2.7, 2.8 の証明（以下を参照）が $\sum_{n=1}^{\infty} r^n$ の収束・発散をもとにしているので堂々めぐりになるからである．

例題 2.4 次の無限級数の収束・発散を判定せよ．

(i) $\sum_{n=0}^{\infty} \dfrac{a^n}{n!}$．ただし a は勝手な定数とする．

(ii) $\sum_{n=0}^{\infty} \dfrac{n^\alpha}{n!}$．ただし α は勝手な定数とする．

(iii) $\sum_{n=1}^{\infty} r^{n^2} s^n$．ただし $0 < r < 1, s \in \mathbf{R}$ とする．

解答 (i) $\lim_{n \to \infty} \dfrac{a^{n+1}}{(n+1)!} \dfrac{n!}{a^n} = \lim_{n \to \infty} \dfrac{a}{n+1} = 0$ なので定理 2.7 より収束．

(ii) $\lim_{n \to \infty} \dfrac{(n+1)^\alpha}{(n+1)!} \dfrac{n!}{n^\alpha} = \lim_{n \to \infty} \left(1 + \dfrac{1}{n}\right)^\alpha \dfrac{1}{n+1} = 0$ より定理 2.7 を用いて収束．

(iii) $(r^{n^2} s^n)^{1/n} = r^n s$ より，$0 < r < 1$ に注意して $\lim_{n \to \infty} (r^{n^2} s^n)^{1/n} = 0$．よって定理 2.8 を用いて収束．　□

定理 2.7, 2.8 の証明を以下で行う．基本的な考え方は等比級数などとの比較によるものである．これらの定理を公式として問題を解くことも大事であるが，余裕があればその証明も理解してほしい．定理 1.8 の証明と同じく解析特有の「不等式の数学」を味わうことができる．

証明 定理 2.7 の証明：$\rho < 1$ とする．r を $0 < \rho < r < 1$ であって ρ に十分近くとる．

$$\lim_{n \to \infty} \frac{a_{n+1}}{a_n} = \rho$$

なので $N \in \mathbf{N}$ を十分大きく選べば，a_{n+1}/a_n を ρ にいくらでも近くできるので $\rho < r$ より

$$\frac{a_{n+1}}{a_n} < r, \quad n \geq N$$

とできる．よって，

$$a_{N+1} < ra_N, \quad a_{N+2} < ra_{N+1}, \quad \cdots$$

ゆえに

$$a_{N+2} < ra_{N+1} < r(ra_N) = r^2 a_N.$$

同様にして $a_{N+3} < r^3 a_N$．これを繰り返すと $a_{N+k} < r^k a_N, k \in \mathbf{N}$ が得られる．$0 < r < 1$ より $\sum_{k=1}^{\infty} r^k a_N$ は収束するので (命題 2.1 (i))，定理 2.6 (i) より $\sum_{k=1}^{\infty} a_{N+k}$ も収束する．したがって $\sum_{n=1}^{\infty} a_n$ も収束する．よって $\rho < 1$ のときの証明が終わる．

次に $\rho > 1$ とする．r を $1 < r < \rho$ かつ ρ に十分近くとる．
$\lim_{n \to \infty} \frac{a_{n+1}}{a_n} = \rho$ なので $N \in \mathbf{N}$ を十分大きく選べば，a_{n+1}/a_n を ρ にいくらでも近くできるので $\rho > r$ より

$$r < \frac{a_{n+1}}{a_n}, \quad n \geq N$$

である．よって，

$$a_{N+1} > ra_N, \quad a_{N+2} > ra_{N+1}, \quad \cdots$$

ゆえに

$$a_{N+2} > ra_{N+1} > r(ra_N) = r^2 a_N.$$

同様にして $a_{N+3} > r^3 a_N$．これを繰り返すと $a_{N+k} > r^k a_N, k \in \mathbf{N}$ が得られる．したがって，$r > 1$ なので命題 2.1(i)，定理 2.6 (ii) より

$$\lim_{n \to \infty} a_n = \lim_{k \to \infty} a_{N+k} \geq \lim_{k \to \infty} r^k a_N = \infty.$$

よって定理 2.3 より $\rho > 1$ のときの証明が終わる．□

2.2 正項級数

> **証明** 定理 2.8 の証明：まず，$\rho < 1$ とする．$\rho < r < 1$ となるような r をとる．この r に対して $N \in \mathbf{N}$ を十分大きくとると $\lim_{n \to \infty} a_n^{1/n} = \rho$ なので

$$a_n^{1/n} < r, \quad n \geq N$$

とできる．すなわち $a_n < r^n, n \geq N$．$0 < r < 1$ なので $\sum_{n=N}^{\infty} r^n$ は収束する．よって定理 2.6 (i) より $\sum_{n=N}^{\infty} a_n$ も収束する．

$\rho > 1$ とする．$1 < r < \rho$ となるような r をとる．この r に対して $N \in \mathbf{N}$ を十分大きくとると

$$\lim_{n \to \infty} a_n^{1/n} = \rho$$

なので

$$a_n^{1/n} > r, \quad n \geq N$$

とできる．すなわち $a_n > r^n, n \geq N$．$r > 1$ なので $\sum_{n=N}^{\infty} r^n$ は発散する．よって定理 2.6 (ii) より $\sum_{n=N}^{\infty} a_n$ も発散する． □

補足 定理 2.7 で $\rho = 1$ となる場合を補うものとして次のラーベによる判定法がある (証明は省略)．だいたいは定理 2.7, 2.8 で判定ができるであろう．

定理 2.9 (ラーベ (**Raabe**) の判定法)

$$\lim_{n \to \infty} \left(\frac{a_{n+1}}{a_n} - 1 \right) n = \rho$$

が存在するとする．ただし，$\rho = \infty$ でもよい．このとき，

(i) $\rho < -1 \implies \sum_{n=1}^{\infty} a_n$ は収束． (ii) $\rho > -1 \implies \sum_{n=1}^{\infty} a_n = \infty$．

注意 仮定から $\lim_{n \to \infty} \frac{a_{n+1}}{a_n} = 1$ でなくてはならない（さもないと仮定の極限は存在しない）．この判定法では，定理 2.7 において判定できなかった場合 $\lim_{n \to \infty} \frac{a_{n+1}}{a_n} = 1$ を取り扱うことができるが，やはり万能ではない，すなわち，$\rho = -1$ のときや，ρ が存在しないときはこの方法では判定不能．

例題 2.5 $\displaystyle\sum_{n=1}^{\infty} \frac{\left(n-\frac{1}{2}\right)\left(n-\frac{3}{2}\right)\cdots\frac{1}{2}}{n!}$ の収束を調べよ．

解答 $a_n = \dfrac{\left(n-\frac{1}{2}\right)\left(n-\frac{3}{2}\right)\cdots\frac{1}{2}}{n!}$ とおく．

$$\frac{a_{n+1}}{a_n} = \frac{n+\frac{1}{2}}{n+1} \to 1 \quad (n\to\infty)$$

なので定理 2.7 では判定できない．しかし，

$$\left(\frac{a_{n+1}}{a_n} - 1\right)n = \left(\frac{n+\frac{1}{2}}{n+1} - 1\right)n = -\frac{1}{2}\frac{n}{n+1} \to -\frac{1}{2}$$

より，定理 2.9 を適用して

$$\sum_{n=1}^{\infty} \frac{\left(n-\frac{1}{2}\right)\left(n-\frac{3}{2}\right)\cdots\frac{1}{2}}{n!} = \infty. \quad \square$$

2.3 絶対収束級数

正項級数は前節で扱ったように，収束判定はかなりうまく行うことができる．そこで一般の級数に対して各項の絶対値をとった級数を考えてみよう．そのとき，次が知られている．

定理 2.10 $\displaystyle\sum_{n=1}^{\infty} |a_n|$ が収束すると $\displaystyle\sum_{n=1}^{\infty} a_n$ も収束する．

それでは $\displaystyle\sum_{n=1}^{\infty} a_n$ が収束すれば $\displaystyle\sum_{n=1}^{\infty} |a_n|$ も収束するであろうか？これは次の例からわかるように一般には不成立．

例 2.2 $\displaystyle 1 - \frac{1}{2} + \frac{1}{3} - \frac{1}{4} + \frac{1}{5} - \cdots = \sum_{n=1}^{\infty} (-1)^{n-1}\frac{1}{n}$

は 2.5 節でみるように収束するが，

$$\sum_{n=1}^{\infty} \left|(-1)^{n-1}\frac{1}{n}\right| = \sum_{n=1}^{\infty} \frac{1}{n}$$

で命題 2.1 (ii) より発散する．

> **定義 2.1** $\sum_{n=1}^{\infty} |a_n|$ が収束するとき，$\sum_{n=1}^{\infty} a_n$ は**絶対収束**するという．

例 2.2 の級数は収束するが，絶対収束しない．絶対収束は（もともとの）収束より強い意味の収束である．絶対収束の判定は 2.2 節の正項級数のものを使うことができる．

絶対収束級数には次にあげるような顕著な性質がある．

> **定理 2.11** ある級数が絶対収束すれば，その項を勝手に入れかえて得られる級数はやはり絶対収束して，その和は変わらない．

2.1 節で指摘したように，一般に足す項の順番を勝手に変更してはいけないのであるが，絶対収束級数に限ってはそれが許される（収束に関して何らの影響を与えない）．このような性質は第 8 章で扱うべき級数に対しても重要になる．

注意 次の事実が知られている：ある級数が収束するが，絶対収束しないとする．そのとき，勝手に与えられた実数に対して項の順序を適当に入れかえるとその値に収束させることができる．しかも，項の順序を適当に入れかえると ∞ に発散させることも $-\infty$ に発散させることもできる．

この定理からわかるように絶対収束しない級数の項の順番を入れかえることはとんでもないことがわかる！

2.4 応用：自然対数の底

本節では，正項級数の収束の判定の 1 つの応用として自然対数の底とよばれる数 e を定義し，その性質を調べてみよう．e は指数関数と関連して微積分で極めて重要な役割を演じるものである．

まず，正項級数
$$\sum_{n=0}^{\infty} \frac{1}{n!}$$
が収束することはダランベールの判定条件 (定理 2.7) からわかる．実際，$n \to \infty$ のとき，$a_n = 1/n!$ とおいて
$$\frac{a_{n+1}}{a_n} = \frac{n!}{(n+1)!} = \frac{1}{n+1} \to 0 < 1.$$

そこでその和を e でかく:
$$e = \sum_{n=0}^{\infty} \frac{1}{n!}.$$
そのとき，e は別の形の極限としても表される．

定理 2.12
$$\lim_{n \to \infty} \left(1 + \frac{1}{n}\right)^n = e.$$

証明 $a_n = \left(1 + \frac{1}{n}\right)^n$ とおく．証明は，まず $\lim_{n \to \infty} a_n$ の存在を示し，次に $\lim_{n \to \infty} a_n \leq e$ を証明し，最後に $\lim_{n \to \infty} a_n \geq e$ を示すことによってなされる．ここでも等式の証明のために不等式が用いられる．すなわち，上と下から見積もる不等式を示すことによって等号を示していることに注意．要は不等式の数学なのである．

(1) $(1+1)^1 = 2$, $\left(1 + \frac{1}{2}\right)^2 = \frac{9}{4}$, $\left(1 + \frac{1}{3}\right)^3 = \frac{64}{27}$ から推測されるように，a_n は単調増加．実際には次のようにして確かめられる．

$$\frac{a_n}{a_{n-1}} = \frac{\left(1 + \frac{1}{n}\right)^n}{\left(1 + \frac{1}{n-1}\right)^{n-1}} = \frac{(n+1)^n}{n^n} \frac{(n-1)^{n-1}}{n^{n-1}}$$

$$= \frac{n+1}{n} \frac{(n+1)^{n-1}}{n^{n-1}} \frac{(n-1)^{n-1}}{n^{n-1}} = \left(1 + \frac{1}{n}\right)\left(\frac{n^2 - 1}{n^2}\right)^{n-1}$$

$$= \left(1 + \frac{1}{n}\right)\left(1 - \frac{1}{n^2}\right)^{n-1} \geq \left(1 + \frac{1}{n}\right)\left(1 - \frac{n-1}{n^2}\right)$$

$$= \left(1 + \frac{1}{n}\right)\left(\frac{n^2 - n + 1}{n^2}\right) = \frac{n^3 + 1}{n^3} \geq 1.$$

最後から 2 番目の行でベルヌーイの不等式 (命題 1.3) を用いた．よって，$\frac{a_n}{a_{n-1}} \geq 1$, すなわち，$a_n \geq a_{n-1}$.

(2) $a_n \leq e \left(= \sum_{n=0}^{\infty} \frac{1}{n!}\right)$ を示す．二項定理より

$$a_n = \left(1 + \frac{1}{n}\right)^n = \sum_{k=0}^{n} \frac{n!}{(n-k)!\, k!} \frac{1}{n^k} = \sum_{k=0}^{n} \frac{1}{k!} \frac{n(n-1)\cdots(n-k+1)}{n^k}$$

$$= \sum_{k=0}^{n} \frac{1}{k!} \left(\frac{n-1}{n}\right) \cdots \left(\frac{n-k+1}{n}\right) \leq \sum_{k=0}^{n} \frac{1}{k!} \leq \sum_{k=0}^{\infty} \frac{1}{k!} = e.$$

ゆえに $a_n \leq e$, よって (1) も用いて定理 1.5 より $a = \lim_{n \to \infty} a_n$ は存在し，$\lim_{n \to \infty} a_n \leq e$ がわかる．

2.4 応用：自然対数の底

(3) $\lim_{n\to\infty} a_n \geq e$ を示す．N を固定する．$n \geq N$ とする．

$$a_n = \left(1 + \frac{1}{n}\right)^n = \sum_{k=0}^{n} \frac{n!}{(n-k)!\,k!} \left(\frac{1}{n}\right)^k \geq \sum_{k=0}^{N} \frac{n(n-1)\cdots(n-k+1)}{k!} \left(\frac{1}{n}\right)^k$$

$$= \sum_{k=0}^{N} \frac{1}{k!} \frac{n}{n} \frac{n-1}{n} \cdots \frac{n-k+1}{n}$$

$$= \sum_{k=0}^{N} \frac{1}{k!} \left(1 - \frac{1}{n}\right)\left(1 - \frac{2}{n}\right)\cdots\left(1 - \frac{k-1}{n}\right)$$

$$\geq \sum_{k=0}^{N} \frac{1}{k!} \left(1 - \frac{k-1}{n}\right)^k \geq \sum_{k=0}^{N} \frac{1}{k!} \left(1 - \frac{N-1}{n}\right)^k.$$

よって N を固定したとして，$n \geq N$ のとき，$a_n \geq \sum_{k=0}^{N} \frac{1}{k!} \left(1 - \frac{N-1}{n}\right)^k$．

$$a = \lim_{n\to\infty} a_n \geq \lim_{n\to\infty} \sum_{k=0}^{N} \frac{1}{k!} \left(1 - \frac{N-1}{n}\right)^k = \sum_{k=0}^{N} \frac{1}{k!} = S_N.$$

ゆえに $a \geq S_N$ が勝手な N に対して成立する．$N \to \infty$ とすると，定理 1.4 (i) を $b_N = S_N, a_N = a$ として用いて $a \geq \sum_{k=0}^{\infty} \frac{1}{k!} = e$．□

> **＜まとめ＞**
> $$e = \sum_{n=0}^{\infty} \frac{1}{n!} = \lim_{n\to\infty} \left(1 + \frac{1}{n}\right)^n.$$

$e \cong 2.718281828459\cdots$ であり，e は無理数である．しかも e は有理数に根号や四則演算を組み合わせても表せない (有理数を係数としてもつような，n 次方程式の解にはならない)．このような数を超越数とよぶ．他に π も超越数であることが知られている．

例題 2.6
$$\lim_{n\to\infty}\left(1 - \frac{1}{n}\right)^n = \frac{1}{e}.$$

解答
$$\lim_{n\to\infty}\left(1 + \frac{1}{n}\right)^n = e$$

なので

$$\lim_{n\to\infty}\left(1-\frac{1}{n}\right)^n = \frac{1}{\lim_{n\to\infty}\left(1+\frac{1}{n}\right)^n},$$

すなわち，定理 1.2 (iv) より

$$\lim_{n\to\infty}\left(1-\frac{1}{n}\right)^n \lim_{n\to\infty}\left(1+\frac{1}{n}\right)^n = 1$$

を示せば十分である．命題 1.3 より

$$\left(1-\frac{1}{n}\right)^n\left(1+\frac{1}{n}\right)^n = \left(1-\frac{1}{n^2}\right)^n \geq 1+n\left(-\frac{1}{n^2}\right) = 1-\frac{1}{n}.$$

$0 < r < 1$ のとき $r^n \leq 1$ なので $r = 1 - \dfrac{1}{n^2}$ として

$$1-\frac{1}{n} \leq \left(1-\frac{1}{n^2}\right)^n \leq 1.$$

はさみうちの原理 (定理 1.3) より，

$$\lim_{n\to\infty}\left(1-\frac{1}{n}\right)^n\left(1+\frac{1}{n}\right)^n = 1. \quad \square$$

■ 2.5 交代級数

級数において項の符号が一定でない級数の収束は大変厄介であり，正項級数に対するような有効な収束判定法はない．本書では以下あまり登場することはないが簡単にふれておく．

正の項と負の項が交互に現れる級数を考える．このような級数は**交代級数**と呼ばれる．このような交代級数に限っては次のような判定条件が知られている．

> **定理 2.13** $0 < a_1 \leq a_2 \leq a_3 \leq \cdots \to \infty$ のとき
>
> $$\sum_{n=1}^{\infty}(-1)^{n-1}\frac{1}{a_n} = \frac{1}{a_1} - \frac{1}{a_2} + \frac{1}{a_3} - \frac{1}{a_4} + \cdots$$
>
> は収束する．

例 2.3 $1 - \dfrac{1}{2} + \dfrac{1}{3} - \dfrac{1}{4} + \dfrac{1}{5} - \cdots$ は収束する．

章 末 問 題

問題 1 次の級数の収束，発散を判定せよ．
$$\sum_{n=1}^{\infty} \frac{(-1)^n \sqrt{n}}{\sqrt{n+1}}.$$

問題 2 次の級数の和を求めよ．

(i) $1 + \dfrac{1}{1+2} + \dfrac{1}{1+2+3} + \cdots$

(ii) $\dfrac{1}{2} - \dfrac{1}{3} + \dfrac{1}{4} - \dfrac{1}{6} + \dfrac{1}{8} - \dfrac{1}{12} + \cdots$．（ヒント：$S_{2n}, S_{2n-1}$ を考えよ．）

問題 3 次の級数の収束，発散を判定せよ．

(i) $\displaystyle\sum_{n=1}^{\infty} \frac{1}{n(2n-1)}$ (ii) $\displaystyle\sum_{n=1}^{\infty} \frac{1}{\sqrt{n(n+2)}}$ (iii) $\displaystyle\sum_{n=1}^{\infty} \frac{\sqrt{n}}{n^2+1}$.

問題 4 次の級数の収束，発散を判定せよ．

(i) $\displaystyle\sum_{n=1}^{\infty} \frac{n^2}{2^n}$ (ii) $\displaystyle\sum_{n=1}^{\infty} \frac{n!}{3 \cdot 5 \cdots (2n+1)}$.

問題 5 次の級数の収束，発散を判定せよ：
$$\sum_{n=1}^{\infty} \left(\frac{n}{2n+1}\right)^n.$$

問題 6 次の級数の収束，発散を判定せよ：
$$\sum_{n=1}^{\infty} \frac{r(r+1)\cdots(r+n-1)}{n!},$$

ただし，r は勝手な実数である．（ヒント：定理 2.9 をあてはめよ．）

問題 7 次の級数の収束，発散を判定せよ．

(i) $\displaystyle\sum_{n=1}^{\infty} \frac{(n-1)!}{n^{n+1}}$ (ii) $\displaystyle\sum_{n=1}^{\infty} \frac{(n+1)^{n-1}}{n^{n+1}}$ (iii) $\displaystyle\sum_{n=1}^{\infty} \left(1+\frac{1}{n}\right)^{-n^2}$.

（ヒント：例題 1.2 や定理 2.12 も用いよ．(ii) は $\displaystyle\sum_{n=1}^{\infty} \frac{1}{n^2}$ と比較する．）

問題 8 次の級数の収束，発散を判定せよ．

(i) $\displaystyle\sum_{n=1}^{\infty} \frac{(-1)^n}{\sqrt{n+1}}$ (ii) $\displaystyle\sum_{n=1}^{\infty} \left|\frac{(-1)^n}{\sqrt{n+1}}\right|$.

第3章

関数と極限

　第1章で数列の極限を学んだ．数列は，n が $1, 2, 3, \cdots$ のようにとびとびの値をとったときに，そのような n の値に対してある数 a_n が定まるというものであった．

　本章からは関数を取り扱う．多くの現象を考察する際に，とびとびの変数の値に応じて数が決まるという対応関係を表す数列よりは，連続的に切れ目なく変数が変化していくような状況を考えた方が便利である．

3.1　関数の極限の例

例 3.1　質点の自由落下を考えよう．大きさが無視できるくらいに小さな物体は質点と考えることができる．ここで，x-座標を図のように定めるものとする．初期時刻 $t = 0$ のとき，x-座標が 0 の場所にあった質点が重力だけの影響で落下することを考える．さらに初期時刻 $t = 0$ で物体は静止しているものとする（これは，物体を "静かに" に落とすことを意味する）．長さなどに適当な単位を採用し重力加速度を g と表すこととして時刻 t での物体の位置を $x(t)$ で表すと，

$$x(t) = \frac{1}{2}gt^2$$

となる．このような現象では，時間 t としてはとびとびの値 $1, 2, 3,$ $\cdots$ だけではなく連続的に動く変数を考えることが普通である．

　さて，質点がどれくらいの速さで落ちているかを考察してみよう．そのために例えば時刻 $t = 1$ から 2 まで間の平均の速度を考えてみよう．これは移動した距離をかかった時間で割ったものになる：

$$\frac{x(2)-x(1)}{2-1} = \frac{3}{2}g.$$

次に $t=1$ から $1+\frac{1}{2}$ までの間の平均速度は

$$\frac{x\left(\frac{3}{2}\right)-x(1)}{\frac{3}{2}-1} = \frac{5}{4}g$$

となる．一般に $h>0$ として $t=1$ から h だけ時間が経過した $1+h$ までの平均の速度は

$$\frac{x(1+h)-x(1)}{h} = \frac{1}{2}g(h+2)$$

によって計算することができる．さらに，時刻 1 での瞬間の速度というものを考えようとすれば h を限りなく小さくしたときの 1 から $1+h$ までの平均速度の極限を考えればよいということになるであろう．すなわち，$\frac{x(1+h)-x(1)}{h} = \frac{1}{2}g(h+2)$ は g が定数なので h が限りなく 0 に近づけば g に限りなく近づく．

このように極限を考えるときも，$1,2,3,\cdots$ といった値だけをとってある値に限りなく近づけるのではなく，ここでの h のように連続的に数直線上で変化させることが多い．次章以降で微分法を考察するためにも本章で関数とその極限を考えよう．なお，本書の性格を考慮して第 2 章までとは異なり，極限などについてより直観的に理解して話を進める．

■ 3.2 関数の表現

具体的な関数にふれる前に，関数を表す際の基本的な約束や言葉使いを述べておく．便利なものであるので慣れてほしい．

変化する数を x,y と表し，x に対して一定の規則で y が定まっているものとする．多くの場合，対応の規則は式のかたちで表示されるが，そうでなくてもよい．そのとき，y は x の関数であるとよび，対応の規則を f で表して $y=f(x)$ とかく．

例 3.2 一次関数：$y=f(x)=2x+1$，二次関数：$y=f(x)=x^2+3x+1$．これらは式で表される関数である．

例 3.3 $f(x) = [x]$. ここで $[x]$ はガウス (Gauss) の記号を表す. すなわち, $[x]$ は x を超えない最大の整数を表すものとする. 正数の場合はこれは小数部分を切り捨てて整数部分を取り出す操作を表す. 例えば $[2.9] = 2$, $[\sqrt{2}] = 1$, $[-1.3] = -2$. $[x]$ は勝手な実数に対して 1 つの数を対応させる規則であり, 関数である.

このように関数は, 式のかたちで定義されていなくても構わない.

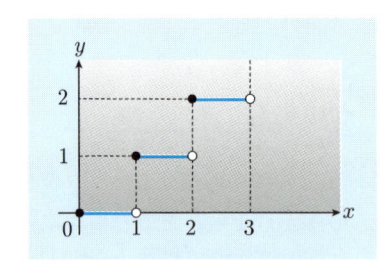

ガウス記号による関数 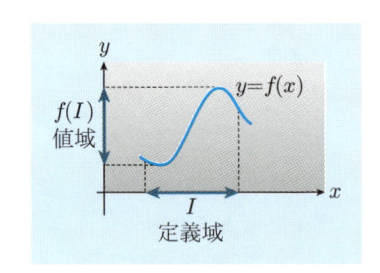　　　　　　定義域と値域

厳密にいうと $f(x)$ は x に対応する値そのものを表すが, これも関数 $f(x)$ といって, 対応の規則そのものを表すものとする. さて, x, y はともに変化する量であるが, y は x に応じて変化するものであるので働きは違う. そのような性格の違いを考慮して x を**独立変数**, y を**従属変数**とよぶ. さらに, 独立変数が動く範囲を関数 f の**定義域**, 対応する従属変数が動く範囲を**値域**とよぶ. 定義域を I で表すとき, f の値域を $f(I)$ とかく.

関数といった場合には, 対応の規則だけではなく, そのような規則を "どこで" 考えるのかという定義域まで含めて考えることが普通である. しかし, 前後の関係から定義域が明らかな場合はいちいち表示しないこともある. また, 例えば関数 $f(x)$ といった場合は特に断りがない場合は, $f(x)$ が定まるような一番広い範囲を考えることが慣わしである. また定義域が $\mathbf{R}$ 全体でないときでも無限区間などを含めて, 定義域は区間を考えることが普通である.

例 3.4 関数 $y = \sqrt{x}$, $x \geq 0$ と関数 $y = \sqrt{x}$, $x \geq 1$ は一応別のものとして考える.

例 3.5 関数 $y = x^2 + 3x + 1$ といったら, 特に断りがない限り, 定義域はすべての実数である.

3.2 関数の表現

関数の合成　2つの関数 g, f を考える．f の値域が g の定義域に含まれるとき，$f(x)$ に対して g を作用させることができる．このとき，最初の出発点である f の定義域に属する x に対して，数 $g(f(x))$ が対応している：

$$x \longrightarrow f(x) \longrightarrow g(f(x)).$$

これを1つの関数とみて g と f との**合成**とよぶ．$g(f(x))$ の定義域は f の定義域と同じである．

例 3.6　$f(x) = x^2 + 3x + 1$, $g(x) = 2x + 1$ とおく．そのとき，$g(f(x)) = 2f(x) + 1 = 2(x^2 + 3x + 1) + 1 = 2x^2 + 6x + 3$, $f(g(x)) = (2x+1)^2 + 3(2x+1) + 1 = 4x^2 + 10x + 5$ である．一般に合成する順番をかえると結果も異なる：$g(f(x)) \neq f(g(x))$.

単調関数　関数 f が独立変数の大小関係をいつも保つとき，すなわち $x_1 < x_2$ ならばつねに $f(x_1) < f(x_2)$ が成り立つとき，$y = f(x)$ を**狭義単調増加関数**とよぶ．また，ここで等号も含めて成り立つとき，すなわち，$x_1 \leq x_2 \implies f(x_1) \leq f(x_2)$ ならば，関数 f を**単調増加関数**とよぶ．

また，大小関係がいつも逆転する場合を考えて，$x_1 < x_2 \implies f(x_1) > f(x_2)$ が成り立つとき，f は**狭義単調減少関数**という．また $x_1 \leq x_2 \implies f(x_1) \geq f(x_2)$ のときは f は**単調減少関数**とよぶ．狭義単調増加関数のグラフは右上りとなり，狭義単調減少関数のグラフは右下りとなる．

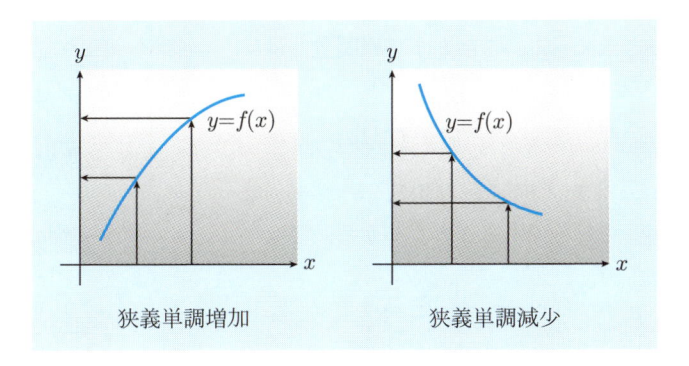

狭義単調増加　　　　　狭義単調減少

例 3.7　$f(x) = x^2$ は $x \geq 0$ で狭義単調増加，$x \leq 0$ で狭義単調減少，しかし $\mathbf{R}$ 全体ではそうではない．定数関数 $y = 1$ は単調増加でもあり，単調減少でもあるが，狭義単調増加でも狭義単調減少でもない．

1対1関数　　関数 $y=f(x)$ を考える．このとき，f が定義域 I の異なる独立変数をやはり異なる従属変数 y に写すとき，I で **1対1** であるとよぶ．
$$x_1 \neq x_2 \text{かつ} x_1, x_2 \in I \implies f(x_1) \neq f(x_2)$$
といっても同じである．

例 3.8　関数 $f(x) = x^2$（ただし定義域は $x \geq 0$）は 1 対 1．しかし，対応の規則 $y = x^2$ が同じでも定義域の違う関数 $y = x^2, x \in \mathbf{R}$ は 1 対 1 ではない．

もし，関数が考えている定義域で狭義単調増加であるか，または狭義単調減少であるならば，1 対 1 である (前ページの図参照)．

次の例からわかるように I で 1 対 1 であってもそこで狭義単調増加または狭義単調減少であるとは限らない．

例 3.9　$f(x) = \begin{cases} 1-x, & 0 \leq x \leq 1 \\ x, & -1 \leq x < 0 \end{cases}$

は $[\,1,1]$ で 1 対 1 だが，単調増加でも単調減少でもない．

1対1しかし単調でない関数

逆関数　　1 対 1 の関数 f を考える．これは x に y を対応させるものであるが，1 対 1 なので行き先が y である x は 1 つしかないので y に x を対応させることもできる．これを f の **逆関数** とよび記号で f^{-1} とかく：
$$y = f(x) \iff x = f^{-1}(y).$$
$y = f(x)$ のグラフと $y = f^{-1}(x)$ のグラフは $y = x$ に関して対称であることもわかる．

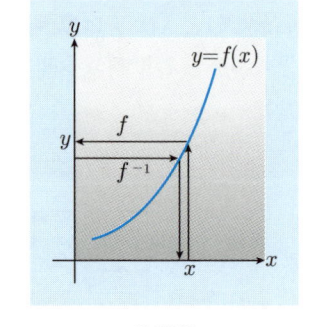

逆関数

例 3.10　$y = f(x) = x^2$. 定義域を $x \geq 0$ とすると 1 対 1 で逆関数は $x = f^{-1}(y) = \sqrt{y}, y \geq 0$ である．

逆関数をもとの関数と切り離して独立に考えるときは x, y を入れかえて $x = f^{-1}(y)$ のかわりに $y = f^{-1}(x)$ とかく．

注意 $f^{-1}(x)$ は逆関数を表す記号．もし，$f(x)^{-1}$ という記号が出てきたらこれは $\frac{1}{f(x)}$ の意味ととるべきであるが，本書では混乱を避けるため $f(x)^{-1}$ とかかずに $\frac{1}{f(x)}$ とかく．

3.3 関数の極限

開区間 I で定義された関数 f を考える．ここで $I = (a,b)$ とおく．

$c \in I$ として，x が c に限りなく近づくとき，$f(x)$ がある値 α に限りなく近づくとき

$$\lim_{x \to c} f(x) = \alpha$$

とかく．α を $x \to c$ のときの f の**極限**とよぶ．ここで $x \to c$ は $x \neq c$ として x を c に近づけることを意味する．このとき x の c への近づき方がどのようなものであっても，$f(x)$ はあ

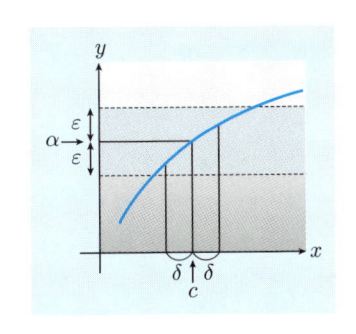

$|x - c| < \delta \implies |f(x) - \alpha| < \varepsilon$

る値に限りなく近づき，しかもその値が近づける方法によらず一定であることを意味する．

注意 関数の極限も数列の極限と同じように厳密に定義することもできる:

勝手に与えられた $\varepsilon > 0$ に対して，$\delta > 0$ を選ぶことができて
$x \in I$ で $0 < |x - c| < \delta$ ならば $|f(x) - \alpha| < \varepsilon$
とできる．

次の節以降で解説するような極限の基本的な性質を証明するためには数列の場合と同様にこのような定義が必要であるが，本書ではこれ以上詳しくふれずに先を急ぐこととする．

さて，次のように特別の近づけ方をしたときの極限を考えることが便利なことがある．$x > c$ を保ちつつ，x を c に近づけたとき，$f(x)$ が α に近づく場合に，$\lim_{x \to c, x > c} f(x) = \alpha$ とかいて，**右側極限**とよぶ．記号としては $\lim_{x \to c+0} f(x) = \alpha$, $\lim_{x \downarrow c} f(x) = \alpha$ などともかく．

さらに $x < c$ を保ちつつ，x を c に近づけたとき，$f(x)$ が α に近づく場合に，$\lim_{x \to c, x < c} f(x) = \alpha$ とかいて，**左側極限**とよぶ．記号としては $\lim_{x \to c-0} f(x) = \alpha$, $\lim_{x \uparrow c} f(x) = \alpha$ などともかく．

命題 3.1 $\lim_{x \to c, x > c} f(x) = \lim_{x \to c, x < c} f(x) \; (= \alpha)$ のとき，$\lim_{x \to c} f(x) = \alpha$ が成立する．

注意　$I = [c, b)$ のときは，$x \to c$ のときの極限としては右側極限 $x \to b$ のときは左側極限しか考えない．そうでないと x が定義域 I の外側にはみ出てしまう．

例 3.11 $\lim_{x \to 0, x > 0} \sqrt{x} = 0$. $y = \sqrt{x}$ の定義域は普通 $x \geq 0$ であることに注意する．したがって $\lim_{x \to 0, x < 0} \sqrt{x}$ は普通考えない．

さらに，x が限りなく大きくなっていくとき ($x \to \infty$ とかく)，$f(x)$ がある一定の値 α に限りなく近づくならば，$\lim_{x \to \infty} f(x) = \alpha$ とかく．また，x が限りなく大きくなるとき，$f(x)$ も限りなく大きくなるならば，$\lim_{x \to \infty} f(x) = \infty$ とかく．$\lim_{x \to -\infty} f(x) = \alpha$, $\lim_{x \to -\infty} f(x) = -\infty$, $\lim_{x \to -\infty} f(x) = \infty$ なども同様に約束しておく．

例 3.12 例 3.3 で紹介したガウスの記号を考えよう．このとき，$\lim_{x \to 1} [x]$ は存在しない．$\lim_{x \to 1, x > 1} [x] = 1$, $\lim_{x \to 1, x < 1} [x] = 0$ で 1 への近づき方をかえると，$[x]$ の近づく値も異なる．

3.4 初等関数

微積分学のそもそもの目標の 1 つは自然現象を定量的に（ということは数学的にキチンと考えるということ）考察することであり，そのためには複雑な現象をモデル化する必要があり，具体的な関数が必要となる．必要とされる関数は，おびただしい種類に及ぶがここで述べるような**初等関数**とよばれる関数が基本となる（初等関数に続くものは特殊関数とよばれる関数である．本書では第 8 章の最後でほんの少しふれるだけである）．

そこで本節では，それらの関数をまとめて説明する．

1. まず，簡単な関数として

$$y = ax^n$$

を考える．ここで n は自然数，$a \neq 0$ は定数とする．定義域は特に断りがないときは実数全体 $\mathbf{R}$ である．

3.4 初等関数

2. 多項式関数 1. で考えた関数を足し合わせた関数である：

$$y = a_n x^n + a_{n-1} x^{n-1} + \cdots + a_1 x + a_0$$

ただし，n は自然数で $a_0, a_1, \cdots, a_{n-1}, a_n$ は定数で，同時に 0 にならないものとする（もし，すべて 0 になったら $y = 0$ となって，つねに 0 を対応させる関数で特に考える必要がなくなる）．定義域は特に断りがないときは $\mathbf{R}$ である．

3. 分数関数
$$y = \frac{\text{多項式関数}}{\text{多項式関数}}$$

で表される関数である．特に断りがないときは定義域は分母の多項式が 0 にならないような x 全体である．

例 3.13 $y = \dfrac{1}{x}$ の定義域は $x \neq 0$ となる x すべて．

$y = \dfrac{x+1}{x^2+1}$．すべての実数 x に対して分母は決して 0 にならないので定義域は実数全体．

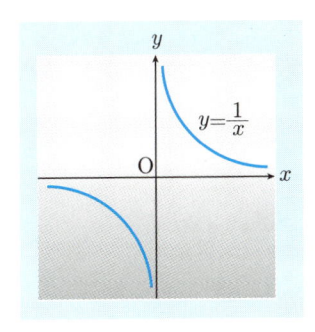

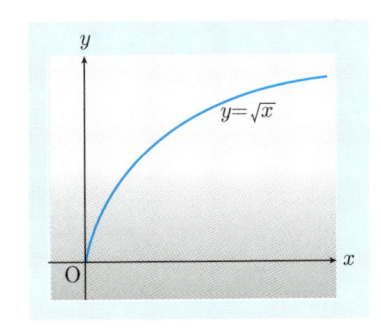

$y = 1/x$ のグラフ

$y = \sqrt{x}$ のグラフ

4. 無理関数 根号を含む関数である．

例 3.14 $y = \sqrt{x}$（定義域は $x \geq 0$），$y = (x^2+1)^{1/3}$（定義域は $\mathbf{R}$）．

さらに，y に関する 2 次方程式 $y^2 + ay = x$ の解 y を求めようとするとき解の公式を用いると，2 つの無理関数が登場する：

$$y = \frac{-a + \sqrt{a^2 + 4x}}{2}, \qquad y = \frac{-a - \sqrt{a^2 + 4x}}{2}.$$

ただし，定義域はともに $a^2 + 4x \geq 0$ となる x 全体，すなわち $x \geq -\dfrac{a^2}{4}$ とする．

さて，ここからが今まで現れてきた関数と趣を異にする．定義のしかたも直接的ではなく，とっつきにくいかもしれない．しかし，指数関数は急速に増加（または減少）する現象を，三角関数は周期的に変化する現象を考察する際にきわめて大事である．

5. べき関数
$$y = x^\alpha.$$
ただし，α を定数とする．一般の α に対して考察するときは定義域は $x > 0$ とする ($x \geq 0$ とすることもある)．α が自然数のときはすべての実数に対して考える．α が自然数のときは 1. ですでに紹介済みである．さらに，一般の実数 α に対して x^α の意味づけはすでに 0.3 節でしておいた．α が有理数 $\dfrac{m}{n} (m, n \in \mathbf{Z}, n \neq 0)$ のときは 4. の無理関数となる．

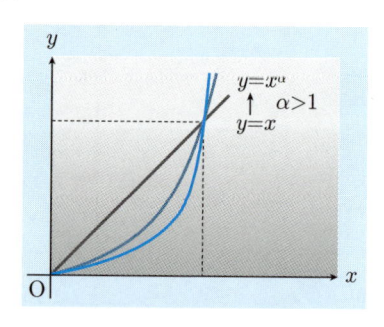

べき関数のグラフ

6. 指数関数 5. のべき関数で x と α の立場を入れかえて得られるような指数関数を考える：
$$y = a^x.$$
ただし，a は $a > 0$, $a \neq 1$ となる定数で，x は実数全体を動く（すなわち，定義域は実数全体）．$a = 1$ としてもよいが，そのとき $y = 1$ となり，特に興味ある関数ではないので普通は $a > 0$ かつ $a \neq 1$ を仮定する．a として 2.4 節で定めた e という数に対する指数関数 $y = e^x$ は重要である．

3.4 初等関数

指数関数の重要な性質として次がある：

命題 3.2

(i) $a > 1$ のとき $y = a^x$ は狭義単調増加関数，
$$\lim_{x \to \infty} a^x = \infty, \quad \lim_{x \to -\infty} a^x = 0.$$

(ii) $0 < a < 1$ のとき $y = a^x$ は狭義単調減少関数，
$$\lim_{x \to \infty} a^x = 0, \quad \lim_{x \to -\infty} a^x = \infty.$$

(iii) $a^0 = 1$

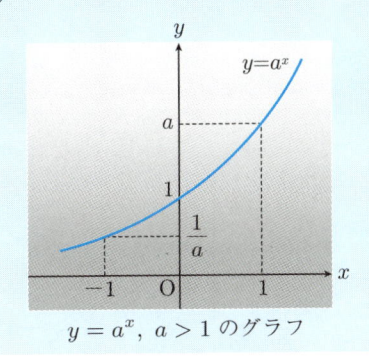

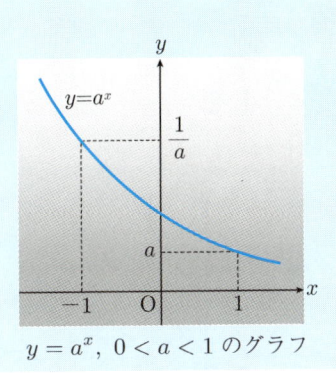

$y = a^x$, $a > 1$ のグラフ $y = a^x$, $0 < a < 1$ のグラフ

$e > 1$ ($e = 2.7182818284\cdots$) なので $y = e^x$ は狭義単調増加関数であり，$\lim_{x \to \infty} e^x = \infty$, $\lim_{x \to -\infty} e^x = 0$.

e^x は 5. のべき関数の立場で定めることもできるが，あまり直接的ではない．そこでここでは，定理 2.12 と類似の考え方による e^x の特徴づけを述べておく．

命題 3.3 は 3.8 節で，命題 3.4 は例題 8.2 でそれぞれ示される．

命題 3.3
$$e^x = \lim_{n \to \infty} \left(1 + \frac{x}{n}\right)^n.$$

命題 3.4 すべての $x \in \mathbf{R}$ に対して
$$e^x = \sum_{n=0}^{\infty} \frac{x^n}{n!}.$$

ここで $0! = 1$ と約束したことに注意する．

7. 対数関数 指数関数は狭義単調増加または狭義単調減少関数なので，1対1である（下図参照）．すなわち，a を $a \neq 1$ なる正数のとき a^x を考えると，$a > 1$ ならば $y = a^x$ は狭義単調増加，$0 < a < 1$ ならば $y = a^x$ は狭義単調減少である．したがって，いずれの場合も1対1で，逆関数を考えることができる．それを $x = \log_a y$ とかく．このとき，a を**対数の底**とよぶ．y を対数 x の真数とよぶこともある．

特に底が e のとき，単に $x = \log y$ とかいて**自然対数**とよぶ（$x = \ln y$ ともかく）．

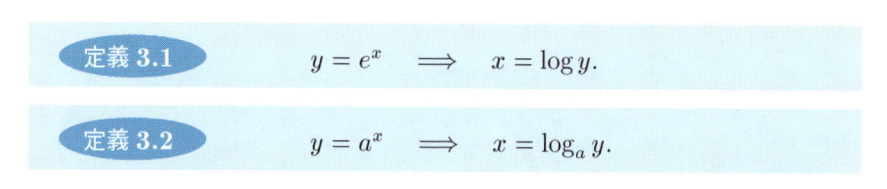

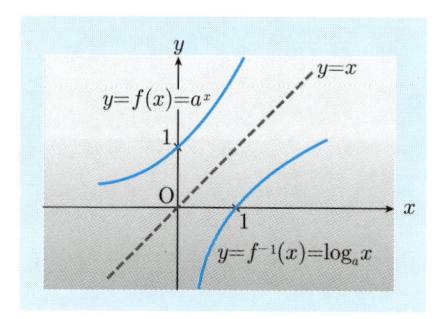

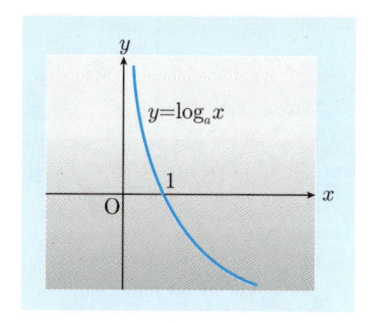

> **定義 3.1** $\quad y = e^x \implies x = \log y.$

> **定義 3.2** $\quad y = a^x \implies x = \log_a y.$

$y = \log_a x$ と $y = a^x$ のグラフ
$(a > 1)$：$y = x$ に関して対称

$y = \log_a x,\ 0 < a < 1$ のグラフ

特に $x = \log y$ は e を x 乗したら y になるような x のことである．例えば

$$\log e^\alpha = \alpha.$$

$y = a^x$ でつねに $y > 0$ なので，$\log_a y$ は $y > 0$ に対してのみ定義されている（複素変数の範囲で考えるときはそうではないが，本書の範囲ではつねに $y > 0$ である）．

対数関数の性質を以下にまとめておく．$a > 0, \neq 1,\ x, x_1, x_2 > 0,\ \gamma \in \mathbf{R}$ とする．

3.4 初等関数

命題 3.5

(i) $a>1$ のとき $y=\log_a x$ は $x>0$ で定義された狭義単調増加関数，
$$\lim_{x\to\infty}\log_a x=\infty,\quad \lim_{x\to 0, x>0}\log_a x=-\infty.$$

(ii) $0<a<1$ のとき $y=\log_a x$ は $x>0$ で定義された狭義単調減少関数，
$$\lim_{x\to\infty}\log_a x=-\infty,\quad \lim_{x\to 0, x>0}\log_a x=\infty.$$

(iii) $\log_a 1=0,\ \log_a a=1$.

(iv) $\log(x_1 x_2)=\log x_1+\log x_2,\quad \log_a\left(\dfrac{x_1}{x_2}\right)=\log_a x_1-\log_a x_2$.

(v) $\log_a x^\gamma=\gamma\log_a x$.

(vi) (**底の変換公式**)　$\log_a x=\dfrac{\log_b x}{\log_b a}$. ただし $b>0,\ \neq 1$ とする.

(iv) では x_1, x_2 ともに正でなければならないことに特に注意. 例えば $\log_a((-1)\times(-1))=\{\log_a(-1)\}^2$ とするのは間違い.

8. 双曲線関数
$$\cosh x=\frac{e^x+e^{-x}}{2},\quad \sinh x=\frac{e^x-e^{-x}}{2},$$
$$\tanh x=\frac{\sinh x}{\cosh x}=\frac{e^x-e^{-x}}{e^x+e^{-x}}$$

とおいて，独立した関数として扱うと便利である.

9. 三角関数　角は度数で測ることもあるが，微積分では以下で説明するような弧度法で測ることが一般的である. xy-座標平面で原点 O を中心とした半径 1 の円周を考える. このような円周を**単位円**とよぶ. さて, 単位円上を点 P が A(1,0) を出発して反時計回りに回っているものとする.

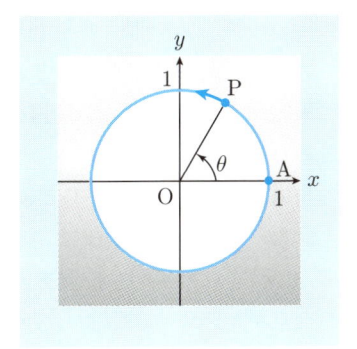

注意　数学では，反時計回りが基準である.

このとき，(1,0) から出発した点が図のような位置にあるとき，角 ∠POA を弧長 θ で定める. したがって，度数で測った角との関係は以下の通りとなる:

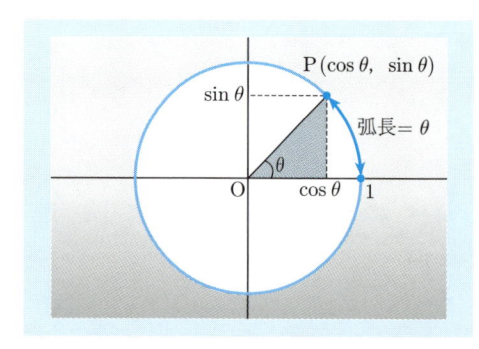

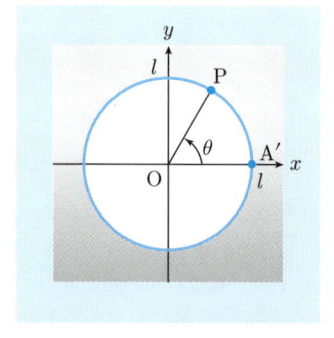

$$0° = 0, \quad 30° = \frac{\pi}{6}, \quad 45° = \frac{\pi}{4},$$
$$60° = \frac{\pi}{3}, \quad 90° = \frac{\pi}{2}, \quad 180° = \pi, \quad 270° = \frac{3\pi}{2}, \quad 360° = 2\pi.$$
一般に $t° = \dfrac{t}{180}\pi$.

$\theta,\ \cos\theta,\ \sin\theta$

このような角の測り方を**弧度法**とよぶ．弧度法で測った角 θ には度などのような単位はつけない．つけたいときは θ ラジアンとよぶが，本書では以下，角はすべて弧度法で測るものとし，単に θ とよぶ．これで 0 から 2π まで（度数でいえば 0 度から 360 度まで）の角が定まることになる．上図右のように，半径が l の円周上の点に対して，$\angle\mathrm{POA'}$ が θ のとき，弧長は $l\theta$ となることは定義と相似形を考えると納得できる．さらに扇形 $\mathrm{OA'P}$ の面積は $\theta = 2\pi$ のときの円の面積 $l^2\pi$ を考えると $l^2\pi \times \frac{\theta}{2\pi} = \frac{1}{2}l^2\theta$ となる．

さらに三角関数を考えるときは，単位円上の点の運動を 1 周しただけの範囲に限定せずに考える方が便利なので，弧度法による測り方をもう少し一般的にとることとする．すなわち，点 P が 1 周して点 $\mathrm{A}(1,0)$ を越えて移動したときの角は $\theta + 2\pi$ と考えることにする．一般に n 周したあとで同じ位置にあるときは角としては $\theta + 2n\pi$ と考えることと約束する．これらの移動後の点は，図の上ではまったく同じ位置を占めており，区別はつかないが，$\mathrm{A}(1,0)$ から出発した点がどのように運動してそのような点に到達したのかという意味では異なる．さらに，$\mathrm{A}(1,0)$ から時計回りに測った角はマイナスをつけて $-\theta$ と表すことにする．$-\theta + 2\pi$ と $-\theta$ などとは図の上では位置は全く同じである．このようにして，弧度法による角の大きさは実数全体を動くことになる．このように

3.4 初等関数

して考えて測る角のことを**一般角**とよぶ．

> 図の上での角 $\theta \implies$ 一般角としては $\theta + 2n\pi$, ただし $n \in \mathbf{Z}$.

さて，前ページの左の図で θ が一般角を表すものとして単位円上の点 P の x-座標，y-座標をそれぞれ $\cos\theta$, $\sin\theta$ と表し，それぞれ**余弦関数**，**正弦関数**とよぶ．したがって，

$$\cos\theta = \cos(\theta + 2n\pi), \quad \sin\theta = \sin(\theta + 2n\pi), \quad n \in \mathbf{Z}$$

が成り立つ．さらに正三角形や直角二等辺三角形を考えれば

$$\cos\tfrac{\pi}{6} = \tfrac{\sqrt{3}}{2}, \quad \sin\tfrac{\pi}{6} = \tfrac{1}{2}$$
$$\cos\tfrac{\pi}{4} = \tfrac{1}{\sqrt{2}}, \quad \sin\tfrac{\pi}{4} = \tfrac{1}{\sqrt{2}}$$
$$\cos\tfrac{\pi}{3} = \tfrac{1}{2}, \quad \sin\tfrac{\pi}{3} = \tfrac{\sqrt{3}}{2}$$

もわかる．cos, sin は周期 2π をもつという．定義から次もわかる：

命題 3.6
(i) $\quad \cos(-\theta) = \cos\theta, \quad \sin(-\theta) = -\sin\theta,$
(ii) $\quad \cos^2\theta + \sin^2\theta = 1,$
(iii) $\quad \cos\theta = 0 \iff \theta = \dfrac{\pi}{2} + n\pi, \quad n \in \mathbf{Z},$
$\quad\quad \sin\theta = 0 \iff \theta = n\pi, \quad n \in \mathbf{Z}.$

さらに

$$\tan\theta = \frac{\cos\theta}{\sin\theta}$$

とおく．$\tan\theta$ を**正接関数**とよぶ．$\tan\theta$ は $\cos\theta = 0$ となる θ, すなわち $\theta \neq \dfrac{\pi}{2} + n\pi$, $n \in \mathbf{Z}$ に対して定義されている．

それぞれの関数のグラフは以下の通りである．

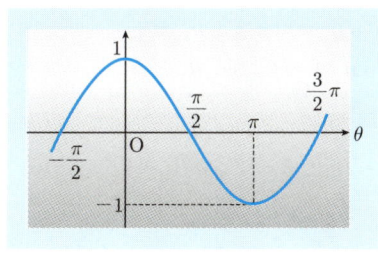

$\cos\theta$ のグラフ

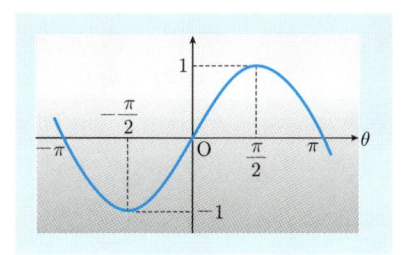

$\sin\theta$ のグラフ

$\tan\theta$ のグラフ

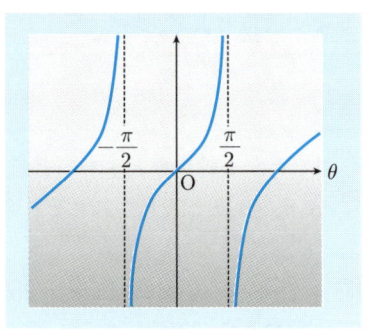

注意 場合によっては

$$\cot\theta = \frac{1}{\tan\theta}, \quad \sec\theta = \frac{1}{\cos\theta}, \quad \operatorname{cosec}\theta = \frac{1}{\sin\theta}$$

とおいて1つの関数として扱うこともある．それぞれ，余接関数，正割関数，余割関数とよぶ．

　三角関数の公式はいろいろあるが，特に**加法定理**がきわめて重要であり，決して忘れてはいけない！

命題 3.7 (加法定理)

$$\sin(\theta_1 + \theta_2) = \sin\theta_1 \cos\theta_2 + \sin\theta_2 \cos\theta_1,$$
$$\cos(\theta_1 + \theta_2) = \cos\theta_1 \cos\theta_2 - \sin\theta_2 \sin\theta_1.$$

例題 3.1 加法定理から，極限の計算や積分の計算で便利に使われる公式を導き出すことができる．自分で確かめてみることを薦める．

加法定理の変形：

$$\sin(\theta_1 - \theta_2) = \sin\theta_1 \cos\theta_2 - \sin\theta_2 \cos\theta_1,$$
$$\cos(\theta_1 - \theta_2) = \cos\theta_1 \cos\theta_2 + \sin\theta_2 \sin\theta_1.$$

倍角公式：

$$\sin 2\theta = 2\cos\theta \sin\theta,$$
$$\cos 2\theta = \cos^2\theta - \sin^2\theta = 1 - 2\sin^2\theta = 2\cos^2\theta - 1,$$
$$\cos^2\theta = \frac{\cos 2\theta + 1}{2}, \quad \sin^2\theta = \frac{-\cos 2\theta + 1}{2}.$$

3.4 初等関数

注意 以下，三角関数の独立変数は普通の関数にならって θ ではなく x などを用いる：$\cos x$, $\sin x$.

10. 逆三角関数 さて，$\cos x$, $\sin x$ は，定義域を $\mathbf{R}$ とすると，1 対 1 ではないが，定義域をそれぞれ $0 \leq x \leq \pi$, $-\frac{\pi}{2} \leq x \leq \frac{\pi}{2}$ に制限すると 1 対 1 になることがグラフからわかる．さらに，$\tan x$ は $-\frac{\pi}{2} < x < \frac{\pi}{2}$ に定義域を制限するとやはり 1 対 1 になる．そこで，それらの逆関数を考えることができる：

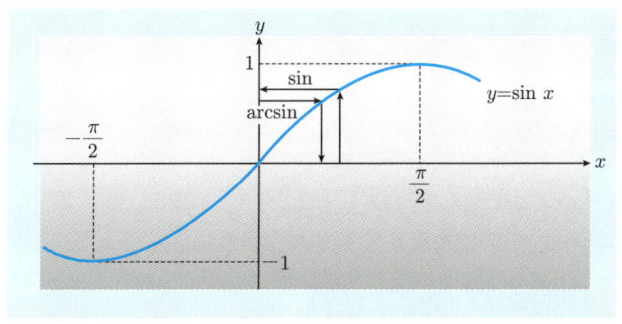

$y = \arcsin x$ の考え方

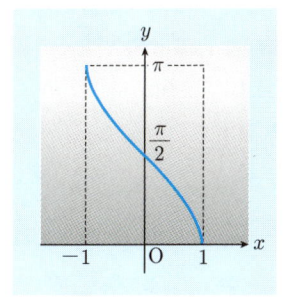

$y = \arccos x$ のグラフ

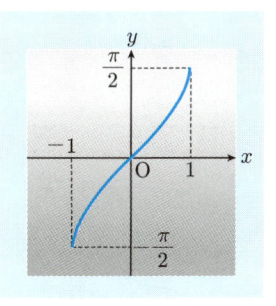

$y = \arcsin x$ のグラフ

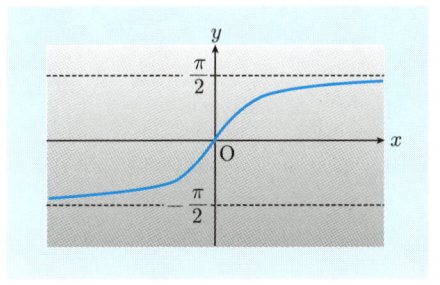

$y = \arctan x$ のグラフ

> **定義 3.3**
>
> $y = \arccos x \iff x = \cos y, \quad 0 \leq y \leq \pi, \quad -1 \leq x \leq 1,$
>
> $y = \arcsin x \iff x = \sin y, \quad -\dfrac{\pi}{2} \leq y \leq \dfrac{\pi}{2}, \quad -1 \leq x \leq 1,$
>
> $y = \arctan x \iff x = \tan y, \quad -\dfrac{\pi}{2} < y < \dfrac{\pi}{2}, \quad x \in \mathbf{R}.$

$y = \arctan x$ では y は $\frac{\pi}{2}$ にも $-\frac{\pi}{2}$ にもなれないことに注意せよ（もともと $\tan y$ は $y = \frac{\pi}{2}, -\frac{\pi}{2}$ では定義できない！）．

ここで普通の逆関数の通常の表記にしたがって x と y を入れかえていることに注意．本によっては $\mathrm{Arccos}, \cos^{-1}$ などとかくこともある．

例 3.15 $\sin x = \frac{1}{2}$ を満たす x は $\frac{\pi}{6} + 2n\pi, \frac{5\pi}{6} + 2n\pi, n \in \mathbf{Z}$，と無数にあるが，$x$ を $-\frac{\pi}{2} \leq x \leq \frac{\pi}{2}$ に制限してあるので $\arcsin \frac{1}{2} = \frac{\pi}{6}$ である．

■ 3.5 極限の基本的な性質

関数の極限についても数列に関する極限の性質と類似の性質が成り立つ．以下，c は考えている関数 f, g の定義域に含まれているものとする．さらに f, g の定義域が区間 $[c, a]$ のときは特に断りがなければ，$\lim\limits_{x \to c}$ は $\lim\limits_{x \to c, x > c}$ のことを意味し，$\lim\limits_{x \to a}$ は $\lim\limits_{x \to a, x < a}$ を意味するものとみなす．

> **定理 3.1** $\lim\limits_{x \to c} f(x) = \alpha, \lim\limits_{x \to c} g(x) = \beta$ とする（α, β は有限の確定した値とする）．
>
> (i) $\lim\limits_{x \to c}(f(x) + g(x)) = \alpha + \beta$
>
> (ii) $\lim\limits_{x \to c} \gamma f(x) = \gamma \alpha$. ただし，$\gamma$ は定数．
>
> (iii) $\lim\limits_{x \to c} f(x)g(x) = \alpha \beta$
>
> (iv) $\beta \neq 0$ とする．$\lim\limits_{x \to c} \dfrac{f(x)}{g(x)} = \dfrac{\alpha}{\beta}$.
>
> さらに $\lim\limits_{x \to c} f(x) = \lim\limits_{x \to c} g(x) = \infty$ とする．そのとき，
>
> (v) $\lim\limits_{x \to c}(f(x) + g(x)) = \infty$

(vi) $\displaystyle\lim_{x \to c} \gamma f(x) = \begin{cases} \infty, & \gamma > 0 \\ -\infty, & \gamma < 0 \end{cases}$

(vii) $\displaystyle\lim_{x \to c} f(x)g(x) = \infty.$

$\displaystyle\lim_{x \to c} f(x) = \infty, \lim_{x \to c} g(x) = -\infty$ のときは $\displaystyle\lim_{x \to c} f(x)g(x) = -\infty$ でさらに，$\displaystyle\lim_{x \to c} f(x) = \lim_{x \to c} g(x) = -\infty$ のときは $\displaystyle\lim_{x \to c} f(x)g(x) = \infty$ となる．

定理 3.2 (関数の極限の比較定理) c の十分近くのすべての x について $f(x) \leq g(x)$ であるとする．

(i) $\displaystyle\lim_{x \to c} f(x) = \alpha, \lim_{x \to c} g(x) = \beta$ ならば $\alpha \leq \beta$ である．

特に $f(x) \leq \beta$ ならば $\displaystyle\lim_{x \to c} f(x) \leq \beta$． $f(x) \geq \beta$ ならば $\displaystyle\lim_{x \to c} f(x) \geq \beta$．

(ii) $\displaystyle\lim_{x \to c} f(x) = \infty$ ならば $\displaystyle\lim_{x \to c} g(x) = \infty$ である．

(iii) $\displaystyle\lim_{x \to c} g(x) = -\infty$ ならば $\displaystyle\lim_{x \to c} f(x) = -\infty$ である．

注意 数列の場合と同様に $f(x) < g(x)$ であるからといって $\displaystyle\lim_{x \to c} f(x) < \lim_{x \to c} g(x)$ とは限らない．極限をとると "$<$" は保存されないが "$\leq$" は保存される．

定理 3.3 (はさみうちの原理) $\displaystyle\lim_{x \to c} g(x) = \lim_{x \to c} h(x) = \alpha$, c の近くでつねに $g(x) \leq f(x) \leq h(x)$ ならば $\displaystyle\lim_{x \to c} f(x) = \alpha$．

定理 3.4 (単調関数の極限) 関数が開区間 (a, b) で有界で，単調増加または単調減少ならば $\displaystyle\lim_{x \to a, x > a} f(x), \lim_{x \to b, x < b} f(x)$ がともに存在する．

ここで，関数が区間 I で**有界**であるとは，定数 $M > 0$ を十分大きくとると，I のすべての x に対して $|f(x)| \leq M$ とできることをいう．

または 1.5 節で導入した上限 (sup) を用いて

$$\sup_{x \in I} |f(x)| < \infty$$

とかいても同じことである．

この最後の定理は単調数列の極限の存在を主張する定理 1.5 を関数に対して述べたものである．

3.6　重要な関数の極限と極限の求め方

　関数の極限を求めるためには，第 5 章で学ぶ平均値の定理などを用いると効率よいが，本節では微分法によらない方法やより基本的で重要な極限について解説をする．いくつかの極限についてはすでに 3.4 節でグラフから直観的にみてとることができるとして証明なしで述べた (命題 3.2(i), (ii)，命題 3.5(i), (ii))．それらも用いて重要な極限を考察しよう．

命題 3.8
$$\lim_{x \to 0} \frac{\sin x}{x} = 1.$$

証明　以下に述べる証明は，よく使われるはさみうちの原理 (定理 3.3) に基づくものである．参考までに証明を述べる．$x > 0$ とする ($x < 0$ のときは $x_1 = -x$ とおいて $\sin x = -\sin x_1$, $\dfrac{\sin x}{x} = \dfrac{\sin x_1}{x_1}$ に注意すると $x_1 > 0$ の場合に帰着できるので省略).

　図より，2 つの直角三角形の面積と扇形の面積を比較することによって次がわかる：

$$\frac{1}{2}\cos x \sin x < \frac{1}{2}x < \frac{1}{2}\frac{\sin x}{\cos x}, \qquad x > 0.$$

$x > 0$ は 0 に近いとして，グラフより $\cos x > 0$ としてよい．したがって，$x > 0$ にも注意して

$$\frac{1}{2}\cos x \sin x \leq \frac{1}{2}x \implies \frac{\sin x}{x} \leq \frac{1}{\cos x},$$

$$\frac{1}{2}x \leq \frac{1}{2}\frac{\sin x}{\cos x} \implies \frac{\sin x}{x} \geq \cos x.$$

以上より
$$\cos x \leq \frac{\sin x}{x} \leq \frac{1}{\cos x}.$$

$\cos x$ の定義から $\lim_{x \to 0} \cos x = 1$ がわかる ($y = \cos x$ のグラフを考えてもよい)．したがって，はさみうちの原理より $\lim_{x \to 0} \dfrac{\sin x}{x} = 1$. □

面積の比較

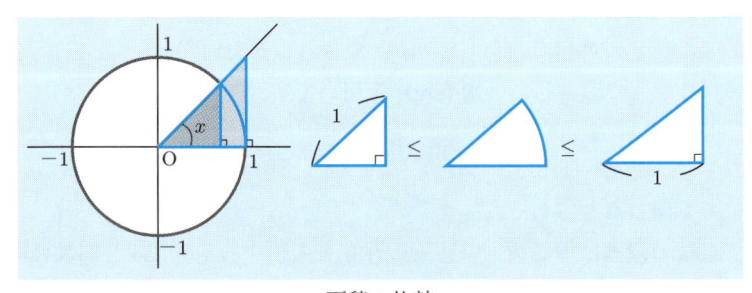

3.6 重要な関数の極限と極限の求め方

関数の極限で微分法によらないで直接的に求めることができる場合をいくつか解説する.

1. 変形する

例題 3.2 $\displaystyle\lim_{h\to 0}\frac{(x+h)^n - x^n}{h}$.

解答 二項定理より
$$\text{分子} = (x^n + {}_nC_1 x^{n-1}h + {}_nC_2 x^{n-2}h^2 + \cdots + {}_nC_{n-1}xh^{n-1} + h^n) - x^n$$
$$= \left({}_nC_1 x^{n-1} + {}_nC_2 x^{n-2}h + \cdots + {}_nC_{n-1}xh^{n-2} + h^{n-1}\right)h,$$

よって
$$\lim_{h\to 0}\frac{(x+h)^n - x^n}{h}$$
$$= \lim_{h\to 0} nx^{n-1} + \lim_{h\to 0} {}_nC_2 hx^{n-2} + \cdots + \lim_{h\to 0} {}_nC_{n-1}xh^{n-2} + \lim_{h\to 0} h^{n-1}$$
$$= nx^{n-1}. \quad\square$$

例題 3.3 $\displaystyle\lim_{x\to\infty}\frac{x^2+1}{x^3+2x+1}$.

解答 分母,分子を最高次の x^3 で割る:
$$\frac{x^2+1}{x^3+2x+1} = \frac{\frac{1}{x}+\frac{1}{x^3}}{1+\frac{2}{x^2}+\frac{1}{x^3}}$$

で,$x\to\infty$ のとき,分母 $\to 1$,分子 $\to 0$ なので定理 3.1 より求める極限は 0 である. $\square$

例題 3.4 $\displaystyle\lim_{x\to\infty}(x^n + a_{n-1}x^{n-1} + \cdots + a_1 x + a_0)$.

解答 x^n でくくる:
$$x^n + a_{n-1}x^{n-1} + \cdots + a_1 x + a_0 = x^n\left(1 + \frac{a_{n-1}}{x} + \cdots + \frac{a_1}{x^{n-1}} + \frac{a_0}{x^n}\right).$$

かっこ内の第 2 項以下は $x\to\infty$ のとき 0 に近づくので極限は ∞ となる. $\square$

第 3 章 関数と極限

例題 3.5 $\displaystyle\lim_{x\to\infty}(\sqrt{x+1}-\sqrt{x})$.

解答 例題 1.5 と同様に分子の有理化を行う．

$$\sqrt{x+1}-\sqrt{x} = \frac{(\sqrt{x+1}-\sqrt{x})(\sqrt{x+1}+\sqrt{x})}{\sqrt{x+1}+\sqrt{x}} = \frac{1}{\sqrt{x+1}+\sqrt{x}}$$

なので，分母 $\to \infty$ より，求める極限は 0 である． □

例題 3.6 $\displaystyle\lim_{x\to 0}\frac{1-\cos x}{x}$.

解答 三角関数の公式を使う．倍角公式 (例題 3.1)：

$$\frac{1-\cos x}{2} = \sin^2\frac{x}{2}$$

はしばしば用いられる：

$$\lim_{x\to 0}\frac{1-\cos x}{x} = \lim_{x\to 0}\frac{2}{x}\frac{1-\cos x}{2} = \lim_{x\to 0}\frac{2}{x}\sin^2\frac{x}{2}$$

$$= \lim_{x\to 0}\frac{\sin\frac{x}{2}}{\frac{x}{2}}\lim_{x\to 0}\sin\frac{x}{2} = 1\times 0 = 0.$$

ここで命題 3.8 で x を $\frac{x}{2}$ とおきかえた結果と $y=\sin x$ のグラフから $\displaystyle\lim_{x\to 0}\sin\frac{x}{2}=0$ を用いた．よって答は 0 である． □

2. 比較やはさみうちの原理による方法 定理 3.2, 3.3 を用いるもので，命題 3.8 を示すときにすでに使っていた．極限が限りなく大きくなる場合や限りなく小さくなる場合にも利用できる．

例題 3.7 $\displaystyle\lim_{x\to\infty}\frac{\sin x}{x}$.

解答 $0 \leq \left|\dfrac{\sin x}{x}\right| \leq \dfrac{1}{x}$ と $\displaystyle\lim_{x\to\infty}\frac{1}{x}=0$ より定理 3.3 より答は 0. □

3.7 連続関数

ある関数 $y = f(x)$ がある点で連続であるとは，そのグラフを描いたときにグラフがその点でつながっているという具合に直観的には理解できる．ここでは次のように定めておく：開区間 I で関数 f が定義されている．このとき，$x_0 \in I$ で，f が**連続**であるとは
$$\lim_{x \to x_0} f(x) = f(x_0)$$
となることをいう．

例 3.16 一次関数，二次関数はすべての点で連続．

例 3.17 ガウスの記号で定められる関数 $y = [x]$ は勝手な整数で連続でない．

注意 連続性をいうためには x_0 で関数値が定まっていなくてはならない．例えば，単に $f(x) = \dfrac{\sin x}{x}$ とかくと，これは，$x = 0$ では定義されていないことになり，そこでの連続性を議論することはできない．しかし，
$$g(x) = \begin{cases} \dfrac{\sin x}{x}, & x \neq 0 \\ 1, & x = 0 \end{cases}$$
で，g を定めると，g は $x = 0$ で連続．なぜなら，$\lim_{x \to 0} \dfrac{\sin x}{x} = 1$ なので．

f が $x = x_0$ で**右側連続**であるとは $\lim_{x \to x_0, x > x_0} f(x) = f(x_0)$ となることで，**左側連続**であるとは $\lim_{x \to x_0, x < x_0} f(x) = f(x_0)$ となることを意味する．

定義域の区間の端の点での連続性は次のように定める．$I = [a,b]$ で，$x = a, b$ における連続性は，それぞれ右側連続性，左側連続性を意味するものとする．区間の端点では，x の近づけ方に制限がついてしまうのでこのように約束することは自然である．

区間 I のすべての点において，f が連続であるとき，f は I で連続であるとよぶ．ただし，区間が閉区間や半開区間であったりして端点が含まれるときは，そこでの連続性は今述べたように解釈しておく．

本書では，いちいち証明しないが，3.4 節で述べた初等関数はその定義域の勝手な点で連続である．すなわち，

> **定理 3.5** 多項式関数,分数関数,無理関数,指数関数 $y = a^x$, 対数関数 $y = \log_a x$, 三角関数 $y = \sin x$, $y = \cos x$, $y = \tan x$, $y = \cot x$ はそれらが定義されているすべての点で連続である.

これらの連続性は実は 3.6 節などですでに用いられていた.このように初等関数の連続性はきわめて基本的で随所で用いられる.

さて,連続関数の基本的な性質を述べる.証明はやはり,$\overset{\text{イプシロン}}{\varepsilon}$-$\overset{\text{デルタ}}{\delta}$ 論法とよばれる関数の極限の定義に基づいてなされるが,本書では省略する.

> **定理 3.6** f, g が I で連続.そのとき:
> (i) $f + g$, αf (α は定数), fg も I で連続.
> (ii) $g(x) \neq 0$ $(x \in I)$ のとき,$\dfrac{f}{g}$ も I で連続.

> **定理 3.7** 以下を仮定する:
> f, g は連続で g は f の値域を含む区間で定義されているとする.そのとき,合成関数 $y = g(f(x))$ も考えている区間で連続.

例 3.18
$$y = f(x) = \sin x, \quad g(y) = e^y$$
とおく.f, g はともに連続なので,その合成関数
$$y = g(f(x)) = e^{\sin x}$$
も連続.

さて,連続関数には以下に述べるような重要な性質がある.最初の 2 つの性質はグラフから直観的にはわかるであろうが,証明のためには 1.5 節で紹介した実数の連続性の公理を使わなくてはならない.

3.7 連続関数

定理 3.8 (連続関数の性質) f が閉区間 $[a,b]$ で連続とする.
(i) $\max_{x\in I} f(x)$, $\min_{x\in I} f(x)$ が存在する.
(ii) (**中間値の定理**) $\max_{x\in I} f(x)$ と $\min_{x\in I} f(x)$ の間の値 c を勝手にとると, $f(x) = c$ となる $x \in I$ が存在.
(iii) (**一様連続性**) $\lim_{d \to 0} \max_{|x_1 - x_2| \leq d, x_1, x_2 \in I} |f(x_1) - f(x_2)| = 0$.

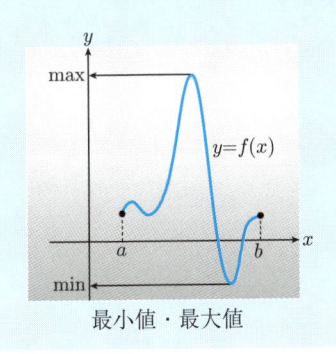

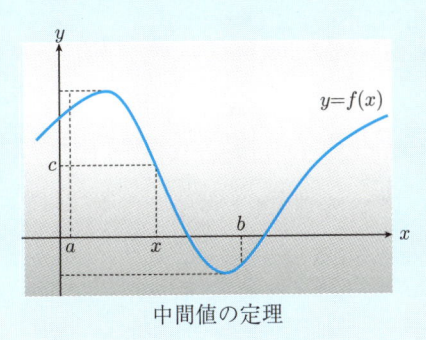

最小値・最大値

中間値の定理

 (iii) は少しわかりにくいかもしれない (飛ばしてもよい) が, 関数の値の振幅が独立変数の変化量 $|x_1 - x_2|$ を小さくしていきさえすれば, x_1, x_2 が I のどこにあっても, 場所に関わりなく限りなく 0 に近づくことをいっている. いいかえれば連続性が閉区間の場所によらないことを示している.

 ここで, $y = f(x)$ が固定された x_0 で連続であるとは次のようにも表現できることに注意すると, 一様連続性との違いがわかるであろう.

 関数 $y = f(x)$ が $x_0 \in I$ で連続
$$\implies \lim_{d \to 0} \max_{|x - x_0| \leq d, x \in I} |f(x) - f(x_0)| = 0.$$

すなわち, 一点 x_0 での連続性では固定した x_0 の周りでの振幅しか考慮していない.

例 3.19 閉区間で考えないと定理 3.8 は成り立たない．I として開区間を考える：$I = (0, 1)$. I で $f(x) = \frac{1}{x}$ を考える．定理 3.5 より $y = f(x)$ は I で連続．しかし，

(i) は不成立：最大値，最小値はない．$\sup_{x \in I} f(x)$ はそもそもない．$\inf_{x \in I} f(x)$ は 1 で下限は存在するが，1 という値を実現する x は 1 であるが，これはもはや $I = (0, 1)$ に属さない．

(iii) は不成立：例えば，$d_n = \frac{1}{n}$, $x_1 = \frac{2}{n}$, $x_2 = \frac{1}{n}$, $n \in \mathbf{N}$, とする．そのとき，

$$\max_{|x_1 - x_2| \leq d_n, x_1, x_2 \in I} \left| \frac{1}{x_1} - \frac{1}{x_2} \right| = \max_{|x_1 - x_2| \leq d_n, x_1, x_2 \in I} \left| \frac{x_1 - x_2}{x_1 x_2} \right| \geq \frac{\left| \frac{2}{n} - \frac{1}{n} \right|}{\frac{2}{n^2}} = \frac{n}{2}.$$

そこで，定理 1.4 より

$$\lim_{d_n \to 0} \max_{|x_1 - x_2| \leq d_n, x_1, x_2 \in I} \left| \frac{1}{x_1} - \frac{1}{x_2} \right| = \infty$$

となってしまう．

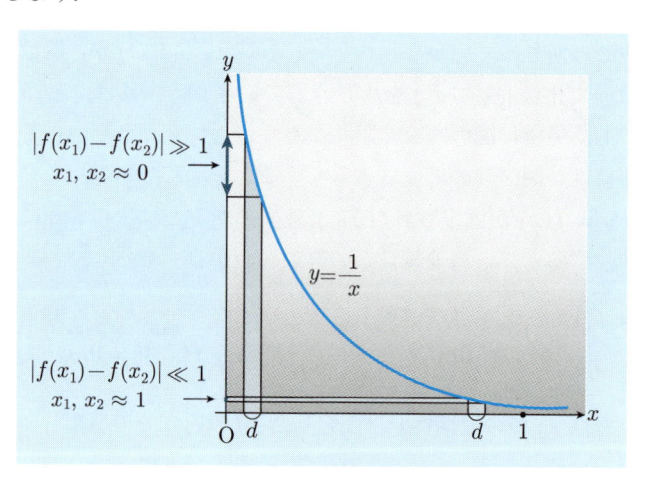

$|x_1 - x_2|$ が同じでも振幅が大きくなる

注意 上限 $\sup_{x \in I} f(x)$ においては，上限の値を実現させるような x_0 が I になくてもよい．一方で，最大値 $\max_{x \in I} f(x)$ を考える場合は，I に含まれるある x_0 でこの値をとらなくてはならないことに注意せよ．同様に下限 $\inf_{x \in I} f(x)$ においては，下限の値を実現

3.7 連続関数

させるような x_0 が I になくてもよい．一方で，最小値 $\min_{x \in I} f(x)$ を考える場合には，ある $x_0 \in I$ でこの値をとらなくてはならないことに注意せよ．

定理 3.8 (ii) を次のような場合に考えてみよう．

関数 $y = f(x)$ は $I = [a,b]$ で連続であって，$f(a)f(b) < 0$ が成り立つとする．そのとき，I の内部に $f(x_0) = 0$ なる点 x_0 が少なくとも 1 つはある．

これを用いて，$f(x_0) = 0$ を満たす $x_0 \in I$ (f の**零点**とよぶ) を求める方法として**二分法**がある．そのアイデアは次のように述べることができる：

(1) $a_1 = \frac{a+b}{2}$ とおく．
(2) $f(a_1)f(b)$ を求める．
(3) $f(a_1)f(b) < 0$ ならば，(a_1, b) の内部に求める零点がある．そこで a_1 を a とみなして操作 (1) - (2) を繰り返す．
(4) $f(a_1)f(b) > 0$ ならば，(a, a_1) の内部に求める零点がある．そこで a_1 を b とみなして操作 (1) - (2) を繰り返す．

この操作を n 回だけ繰り返すと，長さが $\frac{b-a}{2^n}$ の区間のどこかに解があることになるので，f の零点 x_0 のよい近似値が得られる．

もし，操作の途中でたまたま $f(a_1)f(b) = 0$ となったら，a_1 が解であるのでそこで操作をやめる．

二分法は，解を近似的に求める方法であるが，実は定理 3.8 (ii) の中間値の定理の証明の基本的なアイデアでもある．

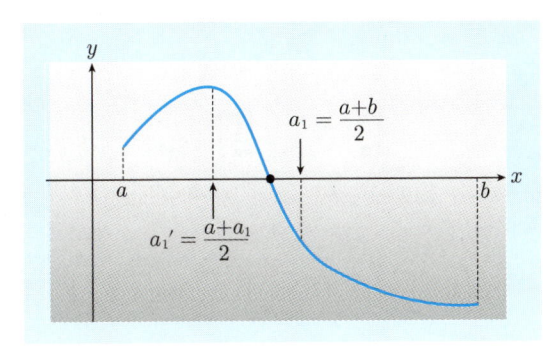

二分法

3.8 命題3.3の証明（補足）

本節では
$$e^x = \lim_{n\to\infty}\left(1+\frac{x}{n}\right)^n$$
を証明してみよう．証明のためには不等式と関数の連続性を駆使する．そのような論法はそれなりによく現れるものであるのでやや長くなるが紹介しよう．この節は飛ばしてもあとあと支障はない．

α を定数として，べき関数 $y = x^\alpha$ の連続性に注意しよう．その結果，勝手に固定した $x \in \mathbf{R}$ に対して，

$$\lim_{n\to\infty} a_n = e \quad \text{ならば} \quad \lim_{n\to\infty} a_n^x = e^x \tag{1}$$

がわかる．

$x = 0$ のときは $e^0 = 1$ から命題 3.3 を証明する必要はない．そこで $x > 0$ または $x < 0$ の場合だけを考えれば十分である．

まず，$x > 0$ を勝手に選んで固定する．定理 2.12 より

$$e = \lim_{n\to\infty}\left(1+\frac{1}{n}\right)^n. \tag{2}$$

このことと，はさみうちの原理から，$x > 0$ のとき

$$e = \lim_{n\to\infty}\left(1+\frac{x}{n}\right)^{n/x} \tag{3}$$

を証明することができる．

証明 (3) の証明：$\alpha > 0$ に対して，ガウスの記号 $[\alpha]$ は α の小数点以下を切り捨てて得られる自然数であることを思い出そう (例 3.3)．すなわち，

$$\left[\frac{n}{x}\right] \le \frac{n}{x} \le \left[\frac{n}{x}\right] + 1 \tag{4}$$

である．$a \ge 1$ のとき，$p \le q$ ならば $a^p \le a^q$（命題 3.2 (i)）なので $a = 1 + \frac{x}{n}$ (≥ 1) として，この事実と (4) から

$$\left(1+\frac{x}{n}\right)^{\left[\frac{n}{x}\right]} \le \left(1+\frac{x}{n}\right)^{\frac{n}{x}} \le \left(1+\frac{x}{n}\right)^{\left[\frac{n}{x}\right]+1} = \left(1+\frac{x}{n}\right)^{\left[\frac{n}{x}\right]}\left(1+\frac{x}{n}\right). \tag{5}$$

一方，(4) の分母と分子をいれかえると，

3.8 命題 3.3 の証明（補足）

$$1 + \frac{1}{1+\left[\frac{n}{x}\right]} \leq 1 + \frac{x}{n} \leq 1 + \frac{1}{\left[\frac{n}{x}\right]}$$

が得られる．次に $m \in \mathbf{N}$ のとき，$b_1 \geq b_2 > 0 \implies b_1^m \geq b_2^m$ に注意して $m = \left[\frac{n}{x}\right]$, $b_1 = 1 + \frac{1}{\left[\frac{n}{x}\right]}$, $b_2 = 1 + \frac{x}{n}$ などとおいてこの事実を用いて，

$$\left(1 + \frac{1}{\left[\frac{n}{x}\right]+1}\right)^{\left[\frac{n}{x}\right]} \leq \left(1 + \frac{x}{n}\right)^{\left[\frac{n}{x}\right]} \leq \left(1 + \frac{1}{\left[\frac{n}{x}\right]}\right)^{\left[\frac{n}{x}\right]}$$

がわかる．これを (5) の両端に適用して

$$\left(1 + \frac{1}{\left[\frac{n}{x}\right]+1}\right)^{\left[\frac{n}{x}\right]} \leq \left(1 + \frac{x}{n}\right)^{\frac{n}{x}} \leq \left(1 + \frac{1}{\left[\frac{n}{x}\right]}\right)^{\left[\frac{n}{x}\right]} \left(1 + \frac{x}{n}\right).$$

すなわち，

$$\left(1 + \frac{1}{\left[\frac{n}{x}\right]+1}\right)^{1+\left[\frac{n}{x}\right]} \left(1 + \frac{1}{\left[\frac{n}{x}\right]+1}\right)^{-1} \leq \left(1 + \frac{x}{n}\right)^{\frac{n}{x}} \leq \left(1 + \frac{1}{\left[\frac{n}{x}\right]}\right)^{\left[\frac{n}{x}\right]} \left(1 + \frac{x}{n}\right).$$

(2) と定理 1.6 から $m_n \to \infty$ となる勝手な自然数の列 m_n, $n \in \mathbf{N}$ に対して

$$\lim_{m_n \to \infty} \left(1 + \frac{1}{m_n}\right)^{m_n} = e$$

がわかるので $\left[\frac{n}{x}\right]$ が自然数であり，$\lim_{n \to \infty} \left[\frac{n}{x}\right] = \infty$ であることから，

$$\lim_{n \to \infty} \left(1 + \frac{1}{\left[\frac{n}{x}\right]+1}\right)^{1+\left[\frac{n}{x}\right]} \left(1 + \frac{1}{\left[\frac{n}{x}\right]+1}\right)^{-1} = \lim_{n \to \infty} \left(1 + \frac{1}{\left[\frac{n}{x}\right]}\right)^{\left[\frac{n}{x}\right]} \left(1 + \frac{x}{n}\right) = e$$

がわかる．はさみうちの原理 (定理 1.3) から (3) が証明された． □

さて，以上の準備をして，e^x の表示式の証明を完結させよう．(3) を用いて $a_n = \left(1 + \frac{x}{n}\right)^{\frac{n}{x}}$ とおくと $\lim_{n \to \infty} a_n = e$. したがって (1) より $\lim_{n \to \infty} a_n^x = e^x$ なので

$$e^x = \lim_{n \to \infty} \left(\left(1 + \frac{x}{n}\right)^{\frac{n}{x}}\right)^x = \lim_{n \to \infty} \left(1 + \frac{x}{n}\right)^n$$

がわかった．$x < 0$ についても例題 2.6 から

$$e^{-1} = \lim_{n \to \infty} \left(1 - \frac{1}{n}\right)^n.$$

なので同様に扱える．

章末問題

問題 1 次の関数の定義域と値域を求めよ．
(i) $y = \sqrt{-x^2 + 3x - 2}$ (ii) $y = \dfrac{1}{x+3}$．

問題 2 $y = f(x) = \sqrt{x^2 + 1}$ と $y = g(x) = x^3 - x$ の合成関数 $f(g(x))$ を求めよ．

問題 3 次の関数の定義域と値域を求め，考えている定義域で狭義単調増加であることを確かめて，逆関数を求めよ．
(i) $y = 1 + \sqrt{x+2}$ (ii) $y = \sqrt{x}$．

問題 4 次の極限を求めよ．
(i) $\displaystyle\lim_{x \to 2} \dfrac{x^2 - 3x + 2}{x^2 - 4}$ (ii) $\displaystyle\lim_{x \to 1, x < 1} \dfrac{x}{\sqrt{1+x} - \sqrt{1-x}}$．

問題 5 極限を求めよ： $\displaystyle\lim_{x \to 0, x < 0} \dfrac{|x|}{\sqrt{a+x} - \sqrt{a-x}}$．ただし $a > 0$ とする．

問題 6 双曲線関数に関する次の等式を証明せよ．
(i) $\cosh^2 x - \sinh^2 x = 1$
(ii) $\sinh(x_1 + x_2) = \sinh x_1 \cosh x_2 + \cosh x_1 \sinh x_2$
(iii) $\cosh(x_1 + x_2) = \cosh x_1 \cosh x_2 + \sinh x_1 \sinh x_2$．

問題 7 それぞれ定義域として $x \geq 0, x \in \mathbf{R}$ を考えたとき，$y = \cosh x, y = \sinh x$ の逆関数を求めよ．

問題 8 (i) 以下の値を求めよ．$\arcsin \dfrac{\sqrt{3}}{2}, \arccos \dfrac{1}{\sqrt{2}}, \arcsin(-1), \arctan \dfrac{1}{\sqrt{3}}$．
(ii) $-1 \leq x \leq 1$ に対して $\arcsin x + \arccos x = \dfrac{\pi}{2}$ を示せ．

問題 9 次の極限を求めよ．
(i) $\displaystyle\lim_{x \to 0} \dfrac{\sin \alpha x}{\sin \beta x} \; (\alpha, \beta > 0)$ (ii) $\displaystyle\lim_{x \to 0} \dfrac{\sin^2 x}{1 - \cos x}$ (iii) $\displaystyle\lim_{x \to \infty} x \sin \dfrac{\alpha}{x} \; (\alpha \neq 0)$
(iv) $\displaystyle\lim_{x \to 0, x > 0} \sqrt{x} \sin \dfrac{1}{x}$ (v) $\displaystyle\lim_{x \to 0} (1 + \alpha x)^{1/x}$ $\left(\text{ヒント：} \displaystyle\lim_{n \to \infty} \left(1 + \dfrac{\alpha}{n}\right)^n.\right)$

問題 10 次の関数は $x = 0$ で連続かどうかを判定せよ．連続でないときは右側連続か左側連続かを調べよ．
$$f(x) = \begin{cases} e^{-1/x}, & x \neq 0 \\ 0, & x = 0 \end{cases}$$

問題 11 $(x^3 - 1)\cos x + \sqrt{2} \sin x = 1$ は $(0, \pi/2)$ で少なくとも 1 つの解をもつことを証明せよ．

第4章

微 分 法

■ 4.1 定義と基本性質

関数 f が開区間 I で定義されているものとする．$y = f(x)$ が I に含まれる点 $x = x_0$ で**微分可能**とは，

$$\lim_{h \to 0} \frac{f(x_0 + h) - f(x_0)}{h} \quad \text{が存在する}$$

ことをいう．このとき，この極限を $f'(x_0)$, $\dfrac{df}{dx}(x_0)$ などとかいて，x_0 における**微分係数**とよぶ．この条件は

$$\lim_{x \to x_0} \frac{f(x) - f(x_0)}{x - x_0} \quad \text{が存在する},$$

と表しても全く同じことである．

例 4.1 $y = f(x) = x^n$ の微分係数を計算してみよう．二項定理より

$$f(x_0 + h) - f(x_0) = (x_0 + h)^n - x_0^n = \sum_{k=1}^{n} {}_n\mathrm{C}_k h^k x_0^{n-k}.$$

したがって，

$$\begin{aligned}
f'(x_0) &= \lim_{h \to 0} \frac{f(x_0 + h) - f(x_0)}{h} = \lim_{h \to 0} \sum_{k=1}^{n} {}_n\mathrm{C}_k h^{k-1} x_0^{n-k} \\
&= n x_0^{n-1} + \lim_{h \to 0} \sum_{k=2}^{n} {}_n\mathrm{C}_k h^{k-1} x_0^{n-k} = n x_0^{n-1}.
\end{aligned}$$

ここで 2 番目の項はすべて h で割り切れるので $h \to 0$ のとき 0 に収束することに注意しよう．

微分係数の図形的な意味　　関数 $y=f(x)$ のグラフを考えよう．点 $\mathrm{A}(x_0, f(x_0))$, $\mathrm{P}(x_0+h, f(x_0+h))$ を考える．図からわかるように，

$$\frac{f(x_0+h)-f(x_0)}{h}$$

は直線 PA の傾きを表す．そこで h を 0 に限りなく近づけたときの極限は（もし存在するとして）$y=f(x)$ のグラフの点 $\mathrm{A}(x_0, f(x_0))$ における接線の傾きを表す．したがって，$y=f(x)$ が $x=x_0$ において微分可能であれば，その点での**接線の方程式**は

$$y-f(x_0)=f'(x_0)(x-x_0)$$

である．

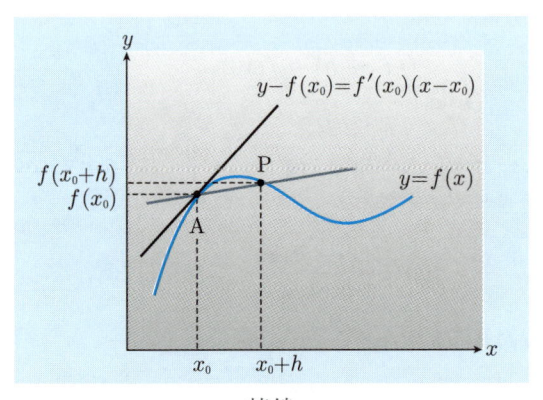

接線

微分係数の物理的な意味　　時間によって変化する物理量があるとする．例えば，t を時刻とし，$f(t)$ が時刻 t における点の位置を表すものとする．そのとき，$f(t_0+h)-f(t_0)$ は t_0 から t_0+h までの点の変位であり，

$$\frac{f(t_0+h)-f(t_0)}{h}$$

は t_0 から t_0+h までの間の点の平均的な速度となる．したがって，$h\to 0$ とすると極限

$$\lim_{h\to 0}\frac{f(t_0+h)-f(t_0)}{h}$$

は，時刻 t_0 における点の瞬間の速度を表すと考えられる．このような物理的な解釈は，ある物体の密度，温度などの物理量が時間 t の関数 $f(t)$ によって決ま

るときにも同様に考えられる．微分係数 $f'(t_0)$ は時刻における物理量の瞬間の変化率を表すものと解釈できる．

さて，微分係数の定義において，極限

$$\frac{f(x_0+h)-f(x_0)}{h}$$

が存在するとは，h を 0 へどのようなやり方で近づけても，極限値が存在して，しかもそれが近づけるやり方に依存しないことを意味する．極限が存在しても近づけ方によって異なる値に収束してしまうときは，その点で微分可能であるとはいわない．

例 4.2 関数 $y=f(x)=|x|$ を考える．そのとき，

$$\lim_{h\to 0, h>0}\frac{f(h)-f(0)}{h}=\lim_{h\to 0, h>0}\frac{h-0}{h}=1,$$

$$\lim_{h\to 0, h<0}\frac{f(h)-f(0)}{h}=\lim_{h\to 0, h>0}\frac{-h-0}{h}=-1$$

である．ここで $x<0$ のとき $|x|=-x$ に注意．したがって，h の 0 への近づけ方によって極限が異なるので $x=0$ で微分係数は存在しない．実際，グラフは原点で角があり（尖点ともいう）接線がうまく決まらない．

導関数 開区間 I で定義された関数 $y=f(x)$ が I の各点で微分可能のとき，$y=f(x)$ は区間 I で微分可能とよぶ．このとき，区間 I の各点にそこでの微分係数を対応させることによって 1 つの関数を定めることができる．これを $y=f(x)$ の**導関数**とよび，

$$f'(x),\quad \frac{df}{dx}(x),\quad \frac{dy}{dx}$$

などとかく．$y=f(x)$ の導関数を求めることを $y=f(x)$ を微分するという．例 4.1 で x_0 は勝手なので $(x^n)'=nx^{n-1}$.

さて，3.7 節で連続性を解説した．連続性と微分可能性の間には次の関係がある．

定理 4.1 関数 $y=f(x)$ が $x=x_0$ で微分可能ならば，そこで連続である．

この定理の逆は成立しない．つまり，$y = f(x)$ が x_0 で連続でもそこで微分可能とは限らない．

例 4.3 $y = |x|$ を考えてみよう．例 4.2 で述べたようにこれは $x = 0$ で微分可能でない．しかし，$x = 0$ で連続である．

さて，$y = f(x)$ が x_0 で微分可能でなくても，h を $h > 0$ または $h < 0$ を保ったまま 0 に近づけて右側極限または左側極限をとることが考えられる：

$$\lim_{h \to 0, h > 0} \frac{f(x_0 + h) - f(x_0)}{h} = f'_+(x_0).$$

$$\lim_{h \to 0, h < 0} \frac{f(x_0 + h) - f(x_0)}{h} = f'_-(x_0).$$

これらが存在するときそれぞれを**右側微分係数**，**左側微分係数**とよぶ．例えば $f(x) = |x|$ のとき $f'_+(0) = 1$ で $f'_-(0) = -1$ である．

命題 4.1 x_0 を開区間の点とする．そのとき：
$f'_+(x_0), f'_-(x_0)$ がともに存在して，$f'_+(x_0) = f'_-(x_0)$

$\iff y = f(x)$ は x_0 で微分可能で，$f(x_0) = f'_+(x_0) = f'_-(x_0)$.

これまで I は開区間としてきたが，以下では半開区間も考える．$I = [a, b)$ のとき，$x = a$ ではもっぱら右側微分係数を考察することとする．$x = a$ で右側微分係数が存在し，勝手な $x_0 \in (a, b)$ で微分可能であるとき，$y = f(x)$ は半開区間 $[a, b)$ で微分可能であるとよぶ．$I = (a, b]$ や $I = [a, b]$ のときも $x = b$ で左側微分関数を考えることとし，I での微分可能性を同様に定義しておく．

以下の記号は便利である．

定義 4.1 h を 0 に近づく変数とする．h に対して関数 $d(h)$ を考える．$n = 0, 1, 2, 3, \cdots$ とする (実は勝手な実数でよい)．

(i)
$$\lim_{h \to 0} \frac{d(h)}{h^n} = 0$$

のとき，次のようにかく：

$$d(h) = o(h^n).$$

4.1 定義と基本性質

(ii) ある定数 $M > 0$ を選ぶことができて，考えている h の範囲でつねに
$$|d(h)| \leq M|h^n|$$
とできるとき，次のようにかく：
$$d(h) = O(h^n).$$

(ii) における条件は $|d(h)/h^n|$ が $|h|$ が小さいとき有界であるといっても同じことである．$o(h^n)$ の o は小文字のオーであり，$O(h^n)$ の O は大文字のオーである．$d(h) = o(h^n)$ のとき $d(h)$ は h^n でおさえられる無限小であり，$d(h) = O(h^n)$ のとき h^n に対して無視できる無限小である．これらを**ランダウ (Landau)** の記号とよぶ．特に $\lim_{h \to 0} \dfrac{o(h)}{h} = 0$ はすぐわかる．

これらは $d(h)$ の 0 へ近づく速さを h^n と較べるときに便利な記号である．それに較べて $\lim_{h \to 0} d(h) = 0$ とかくとそのような速さについての情報は何も示していない．$d(h) = o(h^n)$ とは $d(h)$ の 0 への近づき方が h^n より限りなく速いことを意味している．例えば c を定数として $ch^2 = o(h)$．一方，$d(h) = O(h^n)$ とは $d(h)$ の 0 への近づき方が少なくとも h^n と同じであること意味している．例えば $ch^2 = O(h^2)$ であるが $ch^2 = O(h^3)$ ではない．特に (i) で $n = 0$ の場合は $d(h) = o(1)$ となるが，これは単に $\lim_{h \to 0} d(h) = 0$ を意味している．

例 4.4 $\sin h = O(h)$ である．すなわち命題 3.8 で $\lim_{h \to 0} \dfrac{\sin h}{h} = 1$ を示したが，これは次を意味する：$|h|$ が十分小さい（0 の近くにある）とき，$\dfrac{\sin h}{h}$ は 1 に近い．よって，$|h|$ が小さいとき，例えば $\left|\dfrac{\sin h}{h}\right| \leq 2$ とできる（ここでの数 2 には特別の意味はなく，M が 1 より大きければ，$|h|$ を十分小さく選びさえすれば $\left|\dfrac{\sin h}{h}\right| \leq M$ とできる）．よって $|h|$ が十分小さい範囲では $|\sin h| \leq 2|h|$．

さて，ある点で微分可能であることを意味を別の言葉で述べてみよう．

定理 4.2 $y = f(x)$ が x_0 で微分可能 $\iff$ $|h|$ が十分小さいとき
$$f(x_0 + h) = f(x_0) + f'(x_0)h + o(h).$$

注意 $f(x) = ax + b$ のときは $f(x_0 + h) = f(x_0) + ah$ で $o(h)$ の部分はつねに 0 である．

$f(x) = x^n$ の場合は二項定理と $f'(x_0) = nx_0^{n-1}$ (例 4.1) より

$$(x_0 + h)^n = x_0^n + f'(x_0)h + h^2 \left(\sum_{k=2}^{n} {}_nC_k h^{k-2} x_0^{n-k} \right)$$

で $o(h)$ の部分は $h^2 \left(\sum_{k=2}^{n} {}_nC_k h^{k-2} x_0^{n-k} \right)$ となる．

例 4.5 この定理は近似計算に便利である．$f(x) = \sqrt{x}$ を考える．定理 4.10 からわかるように

$$f'(x) = \left\{ x^{1/2} \right\}' = \frac{1}{2} x^{-1/2}.$$

したがって

$$\sqrt{1+h} = f(1+h) = f(1) + hf'(1) + o(h).$$

ゆえに h は小さいとして，

$$\sqrt{1+h} \cong f(1) + hf'(1) = 1 + \frac{1}{2}h$$

を用いて，$\sqrt{1+h}$ の近似値を与えることができる．ただし，$\cong$ は両辺が近いということを（おおざっぱに）意味する記号である．

証明 定理 4.2 の証明：$f'(x_0) = \lim_{h \to 0} \dfrac{f(x_0 + h) - f(x_0)}{h}$ なので $d(h) = f(x_0 + h) - f(x_0) - f'(x_0)h$ とおく．このとき，$h \to 0$ のとき，$d(h) = o(h)$．逆に $f(x_0 + h) = f(x_0) + f'(x_0)h + o(h)$ とする．このとき，

$$\lim_{h \to 0} \frac{f(x_0 + h) - f(x_0)}{h} - f'(x_0) = \lim_{h \to 0} \frac{o(h)}{h} = 0$$

である．よって，定理の証明終わり．□

微分法の具体的な計算に入る前に微分の基本的な考え方である**線形化**について説明しておきたい．これから学ぶ数学には常に次の 2 つの側面がある．

思想：すなわち，今学んでいる数学の分野を支えている基本的な考え方，なぜそのように考えていくのかという動機づけであり多くの場合，その分野を大づかみに捉えることによって会得できる．

4.1 定義と基本性質

技術：具体的な計算などのために必要．多くの場合，個別的なものである．

思想なき技術は単なる計算ドリルであり応用が利かないし，与えられた問題を解くことができるようになるのがやっとである（それも大事であるが）．一方，技術なき思想は役に立たない．

要は両方を会得することが必要であり，微積分を学ぶ際にももちろんこの両面を理解することが重要である．微分法の技術についてはこれから解説するのでこの機会に思想についてふれたい．微分法の思想は何であろうか？ それは線形化という考え方である．

このことを理解するために次の例を考えてみよう．一次関数 $y = 2x + 1$ と三次関数 $y = 2x^3 - 6x^2 + 12x + 1$ などや，指数関数 $y = e^x$ などのうちで，どれが単純な関数であろうか？ いうまでもなく，$y = 2x + 1$ のような一次関数が単純であるとすべての人が答えるであろう．これは x が $2, 3, \cdots$ 倍となればその増加に応じて y の増分も $2, 3, \cdots$ 倍と比例関係を示す単純な関数である．一方で，自然現象や社会現象を観察するとそのような比例関係は多くの場合崩れている．そこで，指数関数や三角関数といった初等関数といわれるいろいろな関数が必要になり本書でもこれから本格的に学習するわけである．一次関数以外の初等関数のふるまいは確かに一次関数に較べて複雑である．しかしながら，一般の関数も一次関数に小さな関数が足されたものであると考えたいのである．もちろん，このようなことはそのままではできない相談である．そこで，次のように考えるのである．独立変数のある値を固定して，そのごく近所でだけその変化を追うことにしよう．すなわち，x_0 を固定してそこから h だけ独立変数を変化させて関数値の変化がどうなるかをみるのである．そのとき観察される結果を定理 4.2 は数学の言葉で記述している．すなわち，h をいま独立変数のようにみなすと，もとの関数値 $f(x_0 + h)$ と h の一次関数による近似 $f(x_0) + f'(x_0)h$ の差 $d(h)$ は $|h|$ が小さい限りにおいて h の一次のオーダより小さいのである．$|h|$ が小さいので $d(h)$ は一次関数の部分と較べて無視してもあまり大きな誤差は生じない（$h = \frac{1}{100}$ として h の二乗 $\frac{1}{10,000}$ の大きさとを較べてみよう）．したがって，

$$\text{固定された } x_0 \text{ の近くで，} \quad f(x_0 + h) \cong f(x_0) + hf'(x_0)$$

というふうに近似的に考えてよい．そして，x_0 の近くでもとの関数の振る舞いを対応する h の一次関数の振る舞いを調べることによって追跡するのである．

このような考え方を線形化とよぶ.

微分法の思想は

関数を単純な一次関数で近似する

ことに他ならない.

定理 4.2 はこの思想を表現している. 一次関数で記述される現象を**線形現象**, そうでないものを**非線形現象**とよぶが, この世の中には非線形現象が満ち溢れており, それらを数字を駆使して解明しなくてはならないのである. では使える主な手法となると, これはほとんど微分法と積分法しかないのである. 積分法の思想はまたあとで説明するとして, 微分法では複雑な現象をある点の近所でだけ考えて ("局所的な考察" ともいわれる) 一次関数で代用してしまうのである. もちろん, このような思想の背景には, どんな現象も局所的にみると比較的単純な現象の重ね合わせであり, それらのいろいろなファクターに還元して説明がつくという自然観が背後に伝統的にあるのである. これは最近よく耳にする複雑系やフラクタルの考え方と根本的に異なる自然観である.

読者がこれから本書で微積分に関連してさまざまなテクニックを学習するわけであるが, その背後にはつねに線形化の考え方があることを忘れないでいただきたい. 線形化こそが微分法をきわめて強力なものにしている原動力なのである.

さて, 実は物事にはいつも両面がある! 微分の線形化に基づくこのような強力さはそのまま弱点ともなる. すなわち, いろいろな点 x_0 で線形化し, もとの非線形現象をそれらの総計として把握するしか他の手がとりあえずないのである:

大局的に非線形な現象 ＝ 局所的な線形現象のつみかさね

あとで学ぶ積分法によって, 細かく還元された線形現象からもとの非線形現象を構成することもある程度まで有効にできるのであるが, 問題を局所化することによってもとの非線形現象の性質で失われてしまうものもある.

4.2 導関数の計算

さて，計算のための技術の解説をはじめよう．まず導関数の計算のための公式を述べよう．

定理 4.3　(四則演算と微分)
(i)　$(f+g)'(x) = f'(x) + g'(x)$.
(ii)　$(cf)'(x) = cf'(x)$,　　ここで c は定数とする．
(iii)　$(fg)'(x) = f'(x)g(x) + f(x)g'(x)$.
(iv)　$g(x) \neq 0$ とする．
$$\left(\frac{f(x)}{g(x)}\right)' = \frac{f'(x)g(x) - f(x)g'(x)}{g(x)^2}.$$

定理 4.4　(合成関数の微分)
$$\{g(f(x))\}' = g'(f(x))f'(x).$$

左辺は代入してから微分（＝合成関数の微分）である．右辺の $g'(f(x))$ は，微分してから代入することを表していることに注意する．

例 4.6　$(x^k)' = kx^{k-1}$ と定理 4.3 (i),(ii) を用いて，
$$(a_n x^n + a_{n-1} x^{n-1} + \cdots + a_1 x + a_0)'$$
$$= na_n x^{n-1} + (n-1)a_{n-1} x^{n-2} + \cdots + a_1 = \sum_{k=1}^{n} ka_k x^{k-1}.$$

また $n \in \mathbf{N}$ として $(x^{-n})' = -nx^{-n-1}$ は $f(x) = 1$, $g(x) = x^n$ とおいて定理 4.3 (iv) からわかる．よって $n \in \mathbf{Z}$ に対して
$$(x^n)' = nx^{n-1}.$$

例 4.7　$f(x) = x+1$, $g(x) = x^2+1$ とおくと $f'(x) = 1$, $g'(x) = 2x$. よって定理 4.3 (iv) を用いて
$$\left(\frac{f(x)}{g(x)}\right)' = \frac{1 \cdot (x^2+1) - 2x(x+1)}{(x^2+1)^2} = \frac{-x^2 - 2x + 1}{(x^2+1)^2}.$$

例 4.8 $\{(x^2+1)^4\}'$ を計算する．展開してもできるが，このようなときは定理 4.4 を用いて $f(x) = x^2+1$, $g(y) = y^4$ とおいて $g(f(x)) = g(x^2+1) = (x^2+1)^4$ となる．このとき，$g'(y) = 4y^3$, $f'(x) = 2x$ なので $\{(x^2+1)^4\}' = 4(f(x))^3 \times 2x = 8x(x^2+1)^3$．

4.3 初等関数の微分 — その1：三角関数の微分

初等関数の導関数を求めていこう．

定理 4.5 $(\sin x)' = \cos x$, $(\cos x)' = -\sin x$, $(\tan x)' = \dfrac{1}{\cos^2 x}$．

証明 証明はすでに示した三角関数の公式と
$$\lim_{h \to 0} \frac{\sin h}{h} = 1$$
という基本的な極限 (命題 3.8) を用いてなされる： 加法定理 (命題 3.7)：
$$\sin(x+h) = \sin x \cos h + \cos x \sin h$$
に注意して，
$$(\sin x)' = \lim_{h \to 0} \frac{\sin(x+h) - \sin x}{h} = \lim_{h \to 0} \frac{\sin x \cos h - \sin x + \cos x \sin h}{h}$$
$$= \lim_{h \to 0} \sin x \left(\frac{\cos h - 1}{h}\right) + \cos x \lim_{h \to 0} \frac{\sin h}{h}.$$

ここで $\cos x$ は h と無関係なので $\lim_{h \to 0} \dfrac{\cos x \sin h}{h} = \cos x \lim_{h \to 0} \dfrac{\sin h}{h}$ とできることを用いた．同様にして $\lim_{h \to 0} \sin x \left(\dfrac{\cos h - 1}{h}\right) = \sin x \lim_{h \to 0} \left(\dfrac{\cos h - 1}{h}\right)$．

ここで倍角公式 (例題 3.1) $\cos h = 1 - 2\sin^2 \dfrac{h}{2}$ なので命題 3.8 を $x = \dfrac{h}{2}$ にあてはめて

$$\frac{\cos h - 1}{h} = -2 \left(\frac{\sin \frac{h}{2}}{\frac{h}{2}}\right)^2 \frac{h}{4} \to (-2) \times 1^2 \times 0. \tag{1}$$

よって，$(\sin x)' = \cos x$．

次に加法定理：$\cos(x+h) = \cos x \cos h - \sin x \sin h$ を用いて
$$\frac{\cos(x+h) - \cos x}{h} = \frac{(\cos h - 1)\cos x - \sin x \sin h}{h}$$
$$= \cos x \left(\frac{\cos h - 1}{h}\right) - \sin x \frac{\sin h}{h}$$

と計算する．(1) も用いて $(\cos x)' = -\sin x$ がわかる．最後に商の微分より

$$(\tan x)' = \left(\frac{\sin x}{\cos x}\right)' = \frac{\cos x (\sin x)' - \sin x (\cos x)'}{\cos^2 x} = \frac{1}{\cos^2 x}. \qquad \square$$

4.4 初等関数の微分 — その2：逆関数の微分

逆関数を求めることは方程式を解くことにあたる重要な操作である．そこで逆関数の微分を求めることが重要になってくる．

> **定理 4.6** f は I で微分可能とし逆関数 f^{-1} が存在するとする．さらに勝手な $x \in I$ に対して $f'(x) \neq 0$ であるとする．
> $$(f^{-1})'(x) = \frac{1}{f'(f^{-1}(x))}.$$

右辺に現れる $f'(f^{-1}(x))$ はまず f' を計算して $f^{-1}(x)$ という値を代入したときの f' の値を求めることを意味する．

$$(f^{-1})'(x) = \frac{1}{f'(y)}$$

とかいても同じ．y を x で微分して得られる導関数を $\dfrac{dy}{dx}$ とかく．流儀にしたがうと

$$\frac{dx}{dy} = 1 \Big/ \frac{dy}{dx}$$

とかくこともできる．

定理 4.6 の証明は飛ばすとして結論を形式的に導こう．$f^{-1}(f(x)) = x$．両辺を x で微分する．$\{f^{-1}(f(x))\}' = x' = 1$．

左辺は合成関数の微分より $(f^{-1})'(f(x))f'(x) = 1$．

そこで $y = f(x)$ とおくと，$x = f^{-1}(y)$ なので $(f^{-1})'(y)f'(f^{-1}(y)) = 1$，すなわち，

$$(f^{-1})'(y) = \frac{1}{f'(f^{-1}(y))}.$$

よって，あらためて y を x とかいて定理の結論がえられた．

逆関数の微分を用いて，次に無理関数の微分を考えよう．

無理関数の微分　　$y = x^n, n \in \mathbf{N}$ を $x > 0$ で考える．このとき，この関数は1対1であり，したがって逆関数が存在する：

$$y = f(x) = x^n \iff \text{逆関数 } f^{-1}(y) = y^{\frac{1}{n}}.$$

以下，逆関数をもとの関数と切り離して独立に考えることにして $f^{-1}(x) = x^{\frac{1}{n}}$ とかく．定理 4.6 を用いて，

$$(f^{-1})'(x) = \frac{1}{f'(f^{-1}(x))}.$$

次に，$\dfrac{1}{f'(f^{-1}(x))}$ を具体的に計算する．$f'(x) = (x^n)' = nx^{n-1}$ なので指数法則より $(x^{\frac{1}{n}})^{n-1} = x^{\frac{n-1}{n}}$ も用いて，

$$(f^{-1})'(x) = \frac{1}{n(f^{-1}(x))^{n-1}} = \frac{1}{n(x^{\frac{1}{n}})^{n-1}} = \frac{1}{nx^{\frac{n-1}{n}}} = \frac{1}{n}x^{\frac{1}{n}-1}$$

よって，
$$(x^{\frac{1}{n}})' = \frac{1}{n}x^{\frac{1}{n}-1}.$$

次に $\left(x^{\frac{m}{n}}\right)'$ を求めよう．ただし，n は自然数，m は整数とする．そのためには $f(x) = x^{\frac{1}{n}}, g(x) = x^m$ とおいて合成関数の微分 (定理 4.4) を考えればよい．

$$(x^{\frac{m}{n}})' = \{(x^{\frac{1}{n}})^m\}' = \{g(f(x))\}' = g'(f(x))f'(x)$$
$$= m(f(x))^{m-1}\frac{1}{n}x^{\frac{1}{n}-1} = m(x^{\frac{1}{n}})^{m-1}\frac{1}{n}x^{\frac{1}{n}-1}.$$

指数法則より，$(x^{\frac{1}{n}})^{m-1} = x^{\frac{m-1}{n}}$，$x^{\frac{m-1}{n}}x^{\frac{1}{n}-1} = x^{\frac{m-1}{n}+\frac{1}{n}-1}$ を用いて

$$\left(x^{\frac{m}{n}}\right)' = \frac{m}{n}x^{\frac{m-1}{n}}x^{\frac{1}{n}-1} = \frac{m}{n}x^{\frac{m}{n}-1}.$$

$n \in \mathbf{Z}$ に対してはすでに $(x^n)' = nx^{n-1}$ が示されているので，以上は次のように簡潔なかたちでまとめることができる．

命題 4.2　$(x^\alpha)' = \alpha x^{\alpha-1}$，ただし α は有理数．

4.4 初等関数の微分 — その2：逆関数の微分

逆三角関数

定理 4.7

$$(\arcsin x)' = \frac{1}{\sqrt{1-x^2}}, \quad (\arccos x)' = -\frac{1}{\sqrt{1-x^2}}, \quad (\arctan x)' = \frac{1}{1+x^2}.$$

証明 定義 3.3: $y = \arcsin x \iff x = \sin y, y \in \left[-\frac{\pi}{2}, \frac{\pi}{2}\right]$ を思い出そう. $(\sin X)' = \cos X$ なので定理 4.6 より

$$(\arcsin x)' = \frac{1}{(\sin)'(\arcsin x)} = \frac{1}{\cos y}.$$

ここで $\cos(\arcsin x)$ は $\arcsin x$ での $\cos$ の値であるので，具体的に計算できる. $x = \sin y, -\frac{\pi}{2} \le y \le \frac{\pi}{2}$ とおいたことに注意する. $\sin^2 y + \cos^2 y = 1$ (命題 3.6 (ii)) より $\cos^2 y = 1 - \sin^2 y$, よって $\cos y = \sqrt{1 - \sin^2 y}$ または $\cos y = -\sqrt{1 - \sin^2 y}$. $-\frac{\pi}{2} \le y \le \frac{\pi}{2}$ より $\cos y \ge 0$ なので $\cos y = \sqrt{1 - \sin^2 y} = \sqrt{1 - x^2}$. したがって, $(\arcsin x)' = \frac{1}{\sqrt{1-x^2}}$ がわかる.

次に定義：$y = \arccos x \iff x = \cos y, 0 \le y \le \pi$ から，同様にして $(\arccos x)' = -\frac{1}{\sqrt{1-x^2}}$ がわかる.

すでに解説した定義 3.3: $y = \arctan x \iff x = \tan y, -\frac{\pi}{2} < y < \frac{\pi}{2}$ を思い出そう. 定理 4.6 と $(\tan X)' = \frac{1}{\cos^2 X}$ より

$$(\arctan x)' = \frac{1}{(\tan)'(\arctan x)} = \cos^2 y.$$

次に $\cos^2 y$ を $x = \tan y$ で表そう：$\tan^2 y = \frac{\sin^2 y}{\cos^2 y}$ と $\sin^2 y + \cos^2 y = 1$ より $1 + \tan^2 y = \frac{\cos^2 y + \sin^2 y}{\cos^2 y} = \frac{1}{\cos^2 y}$.

したがって
$$1 + \tan^2 y = \frac{1}{\cos^2 y}. \tag{2}$$

ゆえに
$$\cos^2 y = \frac{1}{1 + \tan^2 y} = \frac{1}{1 + x^2}.$$

結局, $(\arctan x)'$ も求まった. □

注意 積分の計算でも (2) はよく使われるので覚えておこう.

4.5 初等関数の微分 — その3：指数関数と対数関数の微分

まず

命題 4.3
$$\lim_{h \to 0} \frac{e^h - 1}{h} = 1.$$

証明 $h > 0$ で $h \to 0$ とした場合を証明しておけば十分である．なぜならば $h < 0$ で $h \to 0$ とした場合の極限も同様に考えることができるので．そのとき $e^h > 1$．さらに定理 3.5 で紹介したように指数関数 $y = e^x$ は連続なので $\lim_{h \to 0} e^h = e^0 = 1$ となる．したがって $e^h = 1 + \frac{1}{M}$ とおくと $h \to 0$ のとき，$M \to \infty$ である．さらに $h = \log\left(1 + \frac{1}{M}\right)$．

よって 3.4 節で説明したような $\log$ の性質（命題 3.5 (v)）も用いて

$$\frac{e^h - 1}{h} = \frac{\frac{1}{M}}{\log\left(1 + \frac{1}{M}\right)} = \frac{1}{\log\left(1 + \frac{1}{M}\right)^M}.$$

しかも定理 2.12 を用いると $n \in \mathbf{N}$ を限りなく大きくした場合だけではなく $M \in \mathbf{R}$ を限りなく大きくしたときも

$$\lim_{M \to \infty} \left(1 + \frac{1}{M}\right)^M = e$$

を示すことができる．したがって $y = \log x$ の連続性から

$$\lim_{M \to \infty} \log\left(1 + \frac{1}{M}\right)^M = \log \lim_{M \to \infty} \left(1 + \frac{1}{M}\right)^M = \log e = 1.$$

よって $\lim_{h \to 0, h > 0} \frac{e^h - 1}{h} = 1$．□

さて，この命題を使って，$(e^x)'$ を求めよう．指数法則より

$$\lim_{h \to 0} \frac{e^{x+h} - e^x}{h} = \lim_{h \to 0} e^x \frac{e^h - 1}{h}.$$

$h \to 0$ のとき，e^x は一定の値にとどまるので

$$\lim_{h \to 0} \frac{e^{x+h} - e^x}{h} = e^x \lim_{h \to 0} \frac{e^h - 1}{h}.$$

したがって命題 4.3 を用いて次の定理が示された．

4.5 初等関数の微分 — その 3：指数関数と対数関数の微分

定理 4.8　　　　　　　　$(e^x)' = e^x.$

次に逆関数の微分を用いて $y = \log x$ を微分しよう．

$$y = \log x = f(x) \iff x = e^y$$

に注意して定理 4.6 をあてはめる．$f'(y) = e^y$ に注意して

$$(\log x)' = \frac{1}{e^y} = \frac{1}{x},$$

よって

$$(\log x)' = \frac{1}{x}, \quad x > 0.$$

あとの便利のため $x < 0$ として $\log(-x)$ の微分も考えておく．合成関数 $x \to -x \to \log(-x)$ の微分を考えて，

$$(\log(-x))' = \frac{(-x)'}{(-x)} = \frac{1}{x}$$

となる．そこでこれらをまとめて，

定理 4.9　　　　$(\log |x|)' = \frac{1}{x}, \quad x \neq 0.$

これと合成関数の微分より $(\log f(x))'$ を考えると

$$(\log f(x))' = \frac{f'(x)}{f(x)}$$

より

$$f'(x) = f(x)(\log f(x))'.$$

積や根号で表された関数の微分を求める際にこの関係式を用いると見通しよくできることがある．このような方法を**対数微分法**という．

例題 4.1　　　$f(x) = \sqrt{\dfrac{x-3}{(x-1)(x-2)}}$

として $f'(x)$ を求めよ．

解答　$\log f(x) = \dfrac{1}{2}(\log(x-3) - \log(x-1) - \log(x-2))$ が対数の性質 (命題

3.5 (iv), (v)) からわかる．よって

$$f'(x) = \frac{1}{2}\sqrt{\frac{x-3}{(x-1)(x-2)}}\left(\frac{1}{x-3} - \frac{1}{x-1} - \frac{1}{x-2}\right).$$

最後の式のままでも答として十分である．□

定理 4.10 $\alpha \in \mathbf{R}$ として

$$(x^\alpha)' = \alpha x^{\alpha-1}.$$

証明 対数微分法を用いる．log をとると命題 3.5 (v) より

$$\log x^\alpha = \alpha \log x.$$

両辺を微分する．左辺は合成関数（α 乗してそのあとで対数をとる）なので

$$(\log x^\alpha)' = \frac{(x^\alpha)'}{x^\alpha}.$$

右辺は $\log x$ の微分がすでに求まっているので $(\alpha \log x)' = \dfrac{\alpha}{x}$．ゆえに

$$\frac{(x^\alpha)'}{x^\alpha} = \frac{\alpha}{x}.$$

したがって指数法則 $\dfrac{x^\alpha}{x} = x^{\alpha-1}$ を用いて $(x^\alpha)' = \alpha x^{\alpha-1}$．□

これはすでに求めた α が自然数や有理数の場合と全く同じ表示式だが，勝手な $\alpha \in \mathbf{R}$ に対して成立する公式である．

次に底が一般の $a > 0, \neq 1$ の場合に指数関数や対数関数の微分を考えてみる．

対数関数が指数関数の逆関数であることから，勝手な正数 A に対して

$$A = e^{\log A}.$$

したがって，$A = a^x$ とおいて $a^x = e^{\log a^x}$．よって $\log a^x = x \log a$（命題 3.5 (v)）に注意して

$$a^x = e^{x \log a}. \tag{3}$$

そこで
$$x \longrightarrow x\log a \longrightarrow e^{x\log a}$$
という合成関数を考える:
$$(a^x)' = (\log a)e^{x\log a} = (\log a)a^x.$$
ゆえに $a > 0, \neq 1$ のとき, $(a^x)' = (\log a)a^x$.

注意 当たり前のことであるが, $a = e$ の場合は $\log e = 1$ なので $(e^x)' = e^x$.

(3) は底が a の指数関数を底が e の指数関数で表示するものであり, よく使われる. 3.4 節で紹介した対数の底の変換公式 (命題 3.5 (vi)) より
$$\log_a |x| = \frac{\log |x|}{\log a}.$$
よって
$$(\log_a |x|)' = \left(\frac{\log |x|}{\log a}\right)' = \frac{1}{x\log a}$$
がわかる.

以上をまとめて

> **定理 4.11** $a > 0, \neq 1$ とする.
> $$(a^x)' = a^x \log a, \qquad (\log_a |x|)' = \frac{1}{x\log a}.$$

4.6 高階導関数

$y = f(x)$ を考えている区間 I で次々に n 回微分することにより, 第 n 階 (第 n 次) 導関数 $f^{(n)}(x)$ が定義される. $f^{(n)}(x)$ を $\dfrac{d^n f}{dx^n}(x)$ ともかく. $f^{(0)}(x) = f(x)$ とおく. $f^{(n)}(x)$ が存在するとき, f は考えている区間 I で n 回微分可能であるという. また, すべての n について $f^{(n)}(x)$ が存在するとき f は I で **無限回微分可能** であるとよぶ. $y = x^\alpha (x > 0), y = \sin x, y = \cos x, y = \tan x, y = a^x, y = \log_a x$ などの初等関数はその定義域で無限回微分可能である.

例 4.9 $(x^\alpha)' = \alpha x^{\alpha-1}$, $(x^\alpha)'' = (\alpha x^{\alpha-1})' = \alpha(\alpha-1)x^{\alpha-2}$ を繰り返すと，$n = 1, 2, 3, \cdots$ に対して $(x^\alpha)^{(n)} = \alpha(\alpha-1)\cdots(\alpha-n+1)x^{\alpha-n}$.

例 4.10 e^x は微分してもかわらないので，何回微分しても同じである．すなわち
$$(e^x)^{(n)} = e^x.$$

初等関数を区分的につなげて作った関数は一般に無限回微分可能とはならない：接続した点で右側微分係数と左側微分係数が一致しないかもしれない．

例 4.11
$$f(x) = \begin{cases} x^2, & x \geq 0, \\ 0, & x < 0 \end{cases}$$
を考えよう．この場合
$$f'(x) = \begin{cases} 2x, & x \geq 0, \\ 0, & x < 0 \end{cases}$$
であるが $f'(x)$ は $x = 0$ で微分可能でない．実際，
$$\lim_{h \to 0, h > 0} \frac{f'(h) - f'(0)}{h} = \lim_{h \to 0, h > 0} \frac{2h}{h} = 2, \quad \lim_{h \to 0, h < 0} \frac{f'(h) - f'(0)}{h} = 0$$
でこの 2 つの極限は一致しないので $y = f'(x)$ は $x = 0$ で微分可能でない． □

例 4.12
$$(\sin x)^{(n)} = \sin\left(x + \frac{n\pi}{2}\right).$$

解答 $(\sin x)' = \cos x, \quad (\sin x)^{(2)} = (\cos x)' = -\sin x,$
$(\sin x)^{(3)} = (-\sin x)' = -\cos x, \quad (\sin x)^{(4)} = (-\cos x)' = \sin x.$

$\sin x$ は 4 回微分すると元に戻るので n を 4 で割ったときに余りが $1, 2, 3, 0$ である場合に分けて結論を確かめよう．

$n = 4k + 1, k = 0, 1, 2, 3, \cdots$ の場合：

$\sin\left(x + \dfrac{n\pi}{2}\right) = \sin\left(x + \dfrac{(4k+1)\pi}{2}\right) = \sin\left(x + 2k\pi + \dfrac{\pi}{2}\right)$
$= \sin\left(x + \dfrac{\pi}{2}\right) \quad$（周期性より）
$= \cos x \quad$ ($\sin x, \cos x$ の定義より．または $\cos\dfrac{\pi}{2} = 0, \sin\dfrac{\pi}{2} = 1$ と命題 3.7 を用いてもよい)．

4.6 高階導関数

$n = 4k+2$, $k = 0, 1, 2, 3, \cdots$ の場合：以下，三角関数の周期性などを同様に用いる．

$$\sin\left(x + \frac{n\pi}{2}\right) = \sin\left(x + \frac{(4k+2)\pi}{2}\right) = \sin\left(x + 2k\pi + \pi\right)$$
$$= \sin(x + \pi) = -\sin x.$$

$n = 4k+3$, $k = 0, 1, 2, 3, \cdots$ の場合：

$$\sin\left(x + \frac{n\pi}{2}\right) = \sin\left(x + \frac{(4k+3)\pi}{2}\right) = \sin\left(x + 2k\pi + \frac{3}{2}\pi\right)$$
$$= \sin\left(x + \frac{3}{2}\pi\right) = -\cos x.$$

$n = 4k$, $k \in \mathbf{N}$ の場合：

$$\sin\left(x + \frac{n\pi}{2}\right) = \sin\left(x + \frac{4k\pi}{2}\right) = \sin\left(x + 2k\pi\right) = \sin x. \quad \square$$

以下も同様にして確かめることができる．ただし，$a > 0, \neq 1$ とする．

命題 4.4

$$(\cos x)^{(n)} = \cos\left(x + \frac{n\pi}{2}\right). \qquad (a^x)^{(n)} = a^x(\log a)^n.$$

$$(\log|x|)^{(n)} = (-1)^{n-1}\frac{(n-1)!}{x^n}. \qquad (\log_a|x|)^{(n)} = \frac{(-1)^{n-1}}{\log a}\frac{(n-1)!}{x^n}.$$

積の第 n 階導関数については次の命題がある．

命題 4.5 (ライプニッツ (**Leibniz**) の定理)

$$(fg)^{(n)} = \sum_{k=0}^{n} {}_n\mathrm{C}_k f^{(k)} g^{(n-k)}.$$

ただし，以下のように二項係数を定義してあることを思い出そう：

$$ {}_n\mathrm{C}_k = \frac{n!}{k!\,(n-k)!}.$$

例 4.13 $(fg)^{(2)} = fg'' + 2f'g' + f''g.$

以下でよく使われる用語を説明しておく．区間 I で f が n 回微分できて $f^{(n)}$ も I で連続であるとき f は I で **n 回連続的微分可能**または **C^n 級**であるとよび，そのような関数全体の集合を $C^n(I)$ とかく．特に $C(I)$ は I で連続であるような関数全体を表す．I で何回でも微分できる関数を無限回微分可能であるとよぶことにしたが C^n 級との対比で C^∞ 級であるともよび，$C^\infty(I)$ で無限回微分可能であるような関数全体を表す．ここで I が開区間でないとき，例えば $I = [a, b]$ や $(a, b]$ などの場合は端点で右側微分係数や左側微分係数を考えるものとしておく．

例 4.11 では $f \in C^1(\mathbf{R})$ だが $f \in C^2(\mathbf{R})$ ではない．

公式のまとめ： 以下 $a > 0, \neq 1$ とする．

> [1] $(x^\alpha)' = \alpha x^{\alpha-1}, \quad \alpha \in \mathbf{R}$
>
> [2] $(\sin x)' = \cos x$ [3] $(\cos x)' = -\sin x$
>
> [4] $(\tan x)' = \dfrac{1}{\cos^2 x}$ [5] $(\arcsin x)' = \dfrac{1}{\sqrt{1-x^2}}$
>
> [6] $(\arccos x)' = -\dfrac{1}{\sqrt{1-x^2}}$ [7] $(\arctan x)' = \dfrac{1}{x^2+1}$
>
> [8] $(e^x)' = e^x$ [9] $(a^x)' = a^x \log a$
>
> [10] $(\log |x|)' = \dfrac{1}{x}$ [11] $(\log_a |x|)' = \dfrac{1}{x \log a}$

すでに 3.4 節で示した指数関数，対数関数，三角関数の公式の他に本章で示した次の公式も重要である．

> $$1 + \tan^2 x = \frac{1}{\cos^2 x}$$
> $$a^x = e^{x \log a}, \quad a > 0, \neq 1$$

章 末 問 題

問題 1 関数 $y = \sqrt{x^3 + 2x^2}$ を考える．
 (i) $x = 0$ で微分可能か？
 (ii) $x = 0$ で右側微分係数，左側微分係数があれば求めよ．

問題 2 $0 < a, \neq 1, \gamma, x_0 \in \mathbf{R}$ とする．このとき，以下を証明せよ．
 (i) $a^x = 1 + x \log a + o(x) \quad (x \to 0)$
 (ii) $x^\gamma = x_0^\gamma + \gamma x_0^{\gamma-1}(x - x_0) + o(x - x_0) \quad (x \to x_0)$．

問題 3 次の関数について，指定された点での接線の方程式を求めよ．
 (i) $y = \tan x, \ (0, 0)$
 (ii) $y = \sqrt{x}, \ (4, 2)$．

問題 4 以下の関数の導関数を求めよ．
 (i) $y = x^3 \cos x + \sin x$ (ii) $y = \dfrac{x+1}{x^3+1}$
 (iii) $y = \dfrac{\sin x}{x}$ (iv) $y = \sqrt{1 - x^2}$
 (v) $y = \log|x + \sqrt{x^2 + 1}|$ (vi) $y = (\log x)^x$
 (vii) $y = \sqrt{\dfrac{(a+x)(b+x)}{(a-x)(b-x)}} \quad (a > b > 0)$．

問題 5 次の関数の第 n 階導関数を求めよ．
 (i) $y = \dfrac{x^3}{1-x}$
 (ii) $y = \dfrac{1}{ax+b} \quad (a \neq 0)$
 (iii) $y = \sin^2 x$ （ヒント：倍角公式）．

第 5 章

微分法の応用

微分法を学習する意味はもちろんその応用がきわめて広い範囲に及ぶことによる．例えば第 3 章で現れた極限の計算なども微分法を用いて見通しよく求めることができる．そのため第 4 章で導関数の計算法を学んだわけである．この章ではそのような応用をいくつか解説する．

5.1 平均値の定理

第 4 章で説明したように微分はある点の近くでの関数の振る舞いをよく表すものであるが，その点から離れた点での関数の挙動を一点での微分係数の値でうまく表すことはできない．しかしながら，平均値の定理はそのような欠陥を補うものとしてきわめて重要である．それは微分係数ともとの関数の値の関係を極限の形ではなく与えるものである．

> **定理 5.1** (平均値の定理) f が $[a,b]$ で連続で (a,b) で微分可能ならば，$a < x_0 < b$ となる x_0 があって，
> $$\frac{f(b)-f(a)}{b-a} = f'(x_0)$$
> となる．

例 5.1 $y = f(x) = x^2$ を $[0,1]$ で考える：
$$\frac{f(1)-f(0)}{1-0} = 1.$$
一方，$f'(x) = 2x$ なので，$x_0 = 1/2$ ととると定理の等式が満たされる．平均値の定理で存在が保証されている x_0 は一般に 1 つとは限らない．

例 5.2 $y = f(x) = x^3 - 3x$

を $[-\sqrt{3}, \sqrt{3}]$ で考える．そのとき，$f(-\sqrt{3}) = f(\sqrt{3}) = 0$ であり，$[-\sqrt{3}, \sqrt{3}]$ で $f'(x_0) = 0$ となる点は 1 と -1 であって，2 つある (図をみよ)．

例 5.3 平均値の定理において，端点 a, b も込めて f の連続性は必要である．例えば

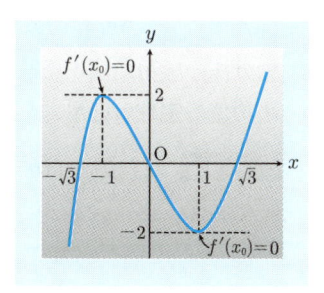

$$f(x) = \begin{cases} x, & 0 < x \leq 1, \\ 1, & x = 0 \end{cases}$$

$y = x^3 - 3x$ のグラフ

となる関数 $y = f(x)$ を考えよう．f は $(0,1)$ で微分できるが，$x = 0$ では連続ではない．このとき，$a = 0, b = 1$ ととると，平均値の定理の結論を満たす $x_0 \in (0,1)$ は存在しない！

平均値の定理の図形的な解釈

$y = f(x)$ のグラフを考える．$A(a, f(a)), B(b, f(b))$ とする．そのとき，直線 AB と平行な接線を a と b の間に必ずひくことができることを平均値の定理は意味する．

$f(a) = f(b)$ のときは，特に**ロル** (**Rolle**) **の定理**とよぶ．すなわち，f が $[a, b]$ で連続で (a, b) で微分可能であって，さらに $f(a) = f(b)$ が成り立つとする．そのとき，$a < x_0 < b$ となる x_0 があって，$f'(x_0) = 0$ となる．

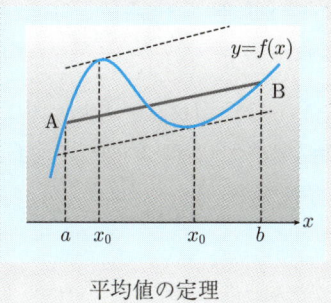

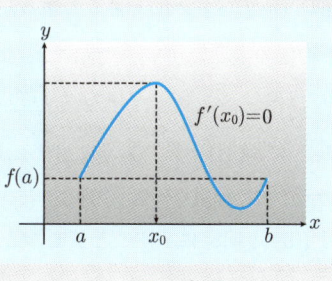

平均値の定理　　　　ロルの定理

平均値の定理は第 0 章で述べたようにある性質:

$$\frac{f(b) - f(a)}{b - a} = f'(x_0)$$

を満たす点 x_0 の存在のみを保証するタイプの定理である．この定理のおかげで微分法の応用範囲が格段に広がるのである．

平均値の定理の応用はたくさんある．順次解説していこう．

命題 5.1 ($|f(b)-f(a)|$ の見積もり) f は $[a,b]$ で連続で (a,b) で微分可能とする．さらに f' も $[a,b]$ において連続であるとする．そのとき，
$$|f(b) - f(a)| \leq \max_{a \leq x \leq b} |f'(x)||a - b|.$$

これは関数値の変動幅 $|f(b) - f(a)|$ を区間の長さ $b-a$ で上から見積もる式である．

5.2 関数の増減

関数の単調増加，減少は 3.2 節で説明したが，それは導関数の符号で判定することができる．

定理 5.2 f が開区間 $I = (a,b)$ で微分できるものとする．そのとき，次が成り立つ：

(i) $f'(x) > 0, x \in I \implies$ 狭義単調増加．
(ii) $f'(x) < 0, x \in I \implies$ 狭義単調減少．
(iii) $f'(x) \geq 0, x \in I \iff$ 単調増加．
(iv) $f'(x) \leq 0, x \in I \iff$ 単調減少．

証明 (i) $f'(x) > 0, x \in I$ とする．$x_1, x_2 \in I, x_1 < x_2$ となる x_1, x_2 を勝手に選ぶ．平均値の定理より $x_1 < x_0 < x_2$ なる x_0 があって $\dfrac{f(x_2) - f(x_1)}{x_2 - x_1} = f'(x_0)$ とでき，$f'(x_0) > 0$ なので，$\dfrac{f(x_2) - f(x_1)}{x_2 - x_1} > 0$，よって $f(x_2) > f(x_1)$．(ii) も同様．
(iii) の "$\Rightarrow$" は (i) と同じように示せる．"$\Leftarrow$" を示そう：$h > 0$ に対して，$f(x+h) \geq f(x)$．したがって，極限の性質（定理 3.2 (i)）より $f'(x) = \displaystyle\lim_{h>0, h\to 0} \dfrac{f(x+h) - f(x)}{h} \geq 0$．
(iv) は (iii) と同様に示すことができる．

注意 (i) の逆は成り立つとは限らない：f が狭義単調増加だからといって $f'(x) > 0$ とは限らない．　例：$y = x^3$ は例えば $I = (-1,1)$ で狭義単調増加だが，$f'(0) = 0$ で I で常に $f'(x) > 0$ とは限らない．しかも定理は開区間 I で f' の正負を考えていることに注意しよう．すなわち一点で $f'(a) > 0$ であっても f' が a を含む開区間で連続

5.2 関数の増減

でない限り f は $x = a$ で増加の状態にあるかどうか不明である．

例題 5.1 $y = f(x) = 2x^3 - 3x^2 - 12x$ のグラフをかけ．

解答 $f'(x) = 6x^2 - 6x - 12$. よって
$$f'(x) > 0 \iff x < -1, x > 2,$$
$$f'(x) < 0 \iff -1 < x < 2$$

なので以下のような増減表をかくことができる．さらに x-軸，y-軸との交点や $\lim_{x \to \infty} f(x) = \infty$, $\lim_{x \to -\infty} f(x) = -\infty$ に注意するとグラフの概形は次のようになる． □

$y = 2x^3 - 3x^2 - 12x$ の増減表

x	$\cdots$	-1	$\cdots$	2	
$f'(x)$	$+$	0	$-$	0	$+$
$f(x)$	↗	7	↘	-20	↗

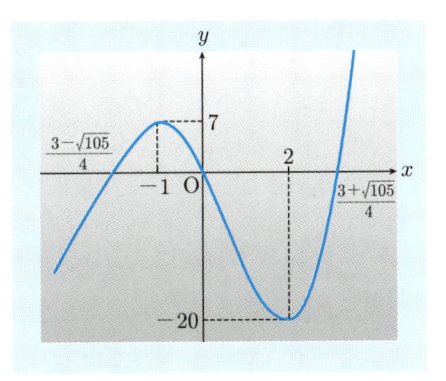

$y = 2x^3 - 3x^2 - 12x$ のグラフ

関数 $y = f(x)$ が閉区間 I 上で与えられたとき，そこでの最大値，最小値を求める問題は応用の上からも重要である．そのための1つの方法として微分を用いるやり方がある．まず，極大値，極小値について考察しよう．

定義 5.1 I を区間とする．$x_0 \in I$ が，f の**極大点**とはある数 $\delta > 0$ をうまく探すことができて，$x \in I$ かつ $|x - x_0| < \delta$ ならば $f(x) \leq f(x_0)$ となることをいう．このとき，$f(x_0)$ を**極大値**，f は x_0 で極大値をとるという．

$x_0 \in I$ が，f の**極小点**とはある数 $\delta > 0$ をうまく探すことができて，$x \in I$ かつ $|x - x_0| < \delta$ ならば $f(x) \geq f(x_0)$ となることをいう．このとき，$f(x_0)$ を**極小値**，f は x_0 で極小値をとるという．

極大値と極小値をあわせて，**極値**とよぶ．

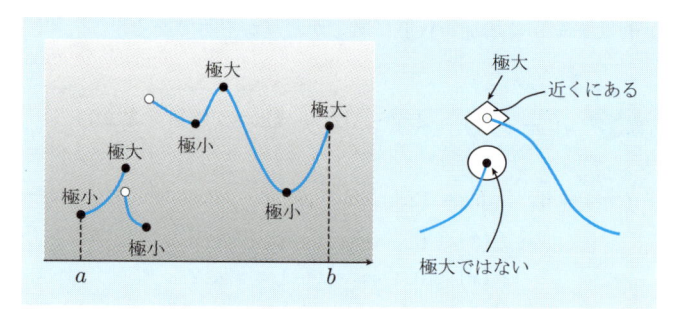

関数の極大点と極小点

x_0 が極大点であるとは，x_0 のごく近所でだけ考えれば，そこで f は最大となることを意味する．極小点とは同様にその近所で考えたとき，そこで関数が最小になることをいう．したがって，考えている区間 I 全体で極大値・極小値が最大値・最小値になっているかどうかは不明である．しかしながら，最大値・最小値を求めるためには，まず極大値・極小値を考えることは有用である．

定理 5.3 開区間 $I = (a, b)$ で f' が存在するとして，$x_0 \in I$ で f が極値をとる： $\Longrightarrow f'(x_0) = 0$

$f'(x_0) = 0$ となる x_0 を f の**停留点**とよぶ．

例 5.4 $y = f(x) = 2x^3 - 3x^2 - 12x$ を考えると，$f'(-1) = f'(2) = 0$ で $x = -1, 2$ は f の停留点であり，しかもそれぞれ極大点，極小点であることが例題 5.1 からわかる．

$f'(x_0) = 0$ でも，x_0 で極値をとるとは限らない．$y = f(x) = x^3$ で $f'(0) = 0$ だが，$x = 0$ で極値をとることはない．次の例からわかるように I が開区間でないと定理 5.3 は成り立たない．

例 5.5 $y = f(x) = x$ を $I = [0, 1]$ で考えると $x_0 = 1$ は f の極大点だが，$f'(1) \neq 0$.

証明 定理 5.3 の証明：$f'(x_0)$ が極大値の場合だけ考えればよい．定義から，$\delta > 0$ をうまく（十分小さく）とると，$x_0 - \delta < x < x_0 + \delta$ ならば $f(x) \leq f(x_0)$.
よって $0 < h < \delta$ のとき，

$$\frac{f(x_0+h)-f(x_0)}{h} \leq 0.$$

$h \to 0$ とすると，$f'(x_0) \leq 0$．一方，同様にして $-\delta \leq h < 0$ として $f(x_0+h) - f(x_0) \leq 0$．$h < 0$ より $\dfrac{f(x_0+h)-f(x_0)}{h} \geq 0$．$h \to 0$ として $f'(x_0) \geq 0$ がわかる．したがって，$f'(x_0) = 0$．□

極大点，極小点の判定条件としては

命題 5.2 関数 $f(x)$ が (a,b) で 2 回連続的微分可能であって，$x_0 \in I$ に対して $f'(x_0) = 0$ とすると以下の事実が成り立つ．
(a) $f''(x_0) < 0$ ならば f は x_0 で極大である．
(b) $f''(x_0) > 0$ ならば f は x_0 で極小である．

証明 不等式 $f''(x_0) < 0$ と f'' の連続性から，x_0 を含むある近傍で $f'' < 0$ であることがいえる．定理 5.2 によればそこで f' は狭義単調減少である．$f'(x_0) = 0$ であるから x が x_0 を越えるとき，f' の符号は $+$ から $-$ に変わる．したがって x_0 の近くで考えるとして x_0 の左側で f は単調増加，x_0 の右側で単調減少である．すなわち，f はそこで極大である．□

注意 この命題は考えている区間の内部でしか使うことができない．また，たとえ内部の点であっても $f'(x_0) = 0$，$f''(x_0) = 0$ が同時に成り立ってしまうと何もいえない．

さて，極値をとる点の候補は下図のように
(1) $f'(x_0) = 0$
(2) 区間の端の点
(3) 微分できない点
である．

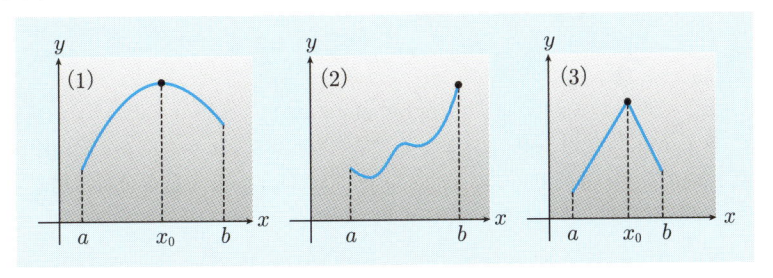

極大値を与える点

最大値,最小値を求めること

最大最小問題を解く手順: $y = f(x)$ の閉区間 $[a, b]$ における最大値と最小値を求める手順は以下の通りである.
(1) 極値をとる点を調べる.
(2) 区間の端の点や f が微分できない点は別個に調べておく.

(1), (2) で求められた関数値のうちで最大の値,最小の値を選ぶ.あるいはより直接的には増減表を調べてグラフをかいてもよい.ここで連続関数 $y = f(x)$ の $[a, b]$ における最大値・最小値は存在が保証されていることに注意する (定理 3.8 (i)).

不等式への応用と極限を求めること

関数の増減を調べることによって不等式を見通しよく導くことができる.

例題 5.2 $x > 0$ のとき次の不等式を示せ:

$$e^x > 1 + x + \frac{x^2}{2}.$$

解答 命題 3.4 より

$$e^x = \sum_{n=0}^{\infty} \frac{x^n}{n!}$$

がわかり,$e^x = 1 + x + \frac{x}{2} + \left(\frac{x^3}{3!} + \cdots\right)$ で $(\cdots)$ は $x > 0$ より正なので,証明を直ちに終わらせることもできるが,ここでは命題 3.4 を用いずに関数の増減を調べて証明しよう.

$f(x) = e^x - 1 - x - \frac{x^2}{2}$ とおくと

$$f'(x) = e^x - (1 + x).$$

そこで $g(x) = e^x - (1+x)$ とおく: $f'(x) = g(x)$. $g'(x) = e^x - 1$ であって,$x > 0$ に対して $e^x > 1$ なので $g'(x) > 0$. g は $x > 0$ で単調増加なので $x > 0$ で $g(x) > g(0) = 0$. よって $x > 0$ で $f'(x) > 0$. したがって $y = f(x)$ は $x > 0$ で狭義単調増加.すなわち勝手な $x > 0$ に対して $f(x) > f(0) = 0$. □

一般に,勝手な $n \in \mathbf{N}$ と勝手な $x > 0$ に対して

5.2 関数の増減

$$e^x > 1 + x + \cdots + \frac{x^n}{n!}$$

を同じような方法で確かめることができる．したがって，特に勝手な自然数 n に対して $x > 0$ で

$$e^x > \frac{x^n}{n!}$$

もわかる．

はさみうちの原理などによっていろいろな極限の値を求めることができるが，そのもととなる不等式はしばしば微分法を用いて示すことができる．例として，例題 5.2 で証明した不等式を用いて極限を求めてみよう．

例 5.6 $\alpha > 0$ として $\displaystyle\lim_{x \to \infty} \frac{x^\alpha}{e^x}$ を求めよ．

解答 第 3 章で述べたような比較による方法で求めてみる．まず $\alpha > 0$ に対して，$m \in \mathbf{N}$ を $\alpha \leq m$ となるように選んで固定する．そのとき，$x > 1$ に対して $x^\alpha \leq x^m$ である．例題 5.2 で紹介したように $x > 0$ で

$$e^x > \frac{x^{m+1}}{(m+1)!} \quad \text{すなわち}, \quad \frac{1}{e^x} < \frac{(m+1)!}{x^{m+1}}$$

なので x^m を両辺にかけて

$$0 < \frac{x^\alpha}{e^x} \leq \frac{x^m}{e^x} < \frac{(m+1)!}{x}$$

と $\displaystyle\lim_{x \to \infty} \frac{(m+1)!}{x} = 0$ より，はさみうちの原理により $\displaystyle\lim_{x \to \infty} \frac{x^\alpha}{e^x} = 0$ がわかった． □

注意 この事実は指数関数 $y = e^x$ はどのような x のべき x^α よりも $x \to \infty$ のとき，速く大きくなることを意味している．

例題 5.3 $\alpha > 0$ として次を求めよ．
(i) $\displaystyle\lim_{x \to \infty} \frac{x^\alpha}{\log x}$ (ii) $\displaystyle\lim_{x \to 0, x > 0} x^\alpha \log x$ (iii) $\displaystyle\lim_{x \to 0, x > 0} x^\alpha e^{1/x}$

解答 (i) $y = \log x$ とおくと $x = e^y$ であって $x \to \infty$ のとき $y \to \infty$ (命題 3.5 (i)) で $\dfrac{x^\alpha}{\log x} = \dfrac{e^{\alpha y}}{y}$．例 5.6 より答は ∞．

(ii) $y = -\log x = \log \dfrac{1}{x}$ とおくと $x = e^{-y}$ であって $x \to 0$ のとき $y \to \infty$ で $x^\alpha \log x = -\dfrac{y}{e^{\alpha y}}$．例 5.6 より答は 0．

(iii) $y = \dfrac{1}{x}$ とおくと $x \to 0$ のとき $y \to \infty$ で $x^\alpha e^{1/x} = \dfrac{e^y}{y^\alpha}$. 例 5.6 より答は ∞. □

例題 5.4 $p > 1, \dfrac{1}{p} + \dfrac{1}{q} = 1$ とする．このとき，勝手な α, β に対して
$$|\alpha\beta| \leq \dfrac{1}{p}|\alpha|^p + \dfrac{1}{q}|\beta|^q$$
を示せ．

解答 $\beta = 0$ のときは明らかである．よって $\beta \neq 0$ の場合を考える．$|\beta|^q$ で両辺を割った不等式を示せばよい：
$$|\alpha||\beta|^{1-q} \leq \dfrac{1}{p}|\alpha|^p|\beta|^{-q} + \dfrac{1}{q}.$$
ここで，$\dfrac{1}{p} + \dfrac{1}{q} = 1$ より $p(1-q) = -q$ なので
$$(|\alpha||\beta|^{1-q})^p = |\alpha|^p|\beta|^{p(1-q)} = |\alpha|^p|\beta|^{-q}.$$
よって $x = |\alpha||\beta|^{1-q}$ とおいて $x \geq 0$ で $\dfrac{1}{p}x^p + \dfrac{1}{q} \geq x$ を示せばよい．$f(x) = \dfrac{1}{p}x^p + \dfrac{1}{q} - x$ とおく．$f'(x) = x^{p-1} - 1$ で $p > 1$ に注意して $x > 1$ で $f'(x) > 0$. さらに $0 \leq x < 1$ で $f'(x) < 0$. したがって，$y = f(x)$ は $x = 1$ で最小値をとる：$x \geq 0$ に対して $\dfrac{1}{p} + \dfrac{1}{q} = 1$ にも注意して $f(x) \geq f(1) = \dfrac{1}{p} + \dfrac{1}{q} - 1 = 0$. よって $x \geq 0$ に対して $\dfrac{1}{p}x^p + \dfrac{1}{q} \geq x$ がわかった． □

方程式の解の個数の判定　　増減表を用いると方程式の解の個数の判定を行うことができる．

例題 5.5 $x^3 + ax + b = 0$ が相異なる 3 つの実解をもつ
$\iff 4a^3 + 27b^2 < 0$.

解答 $f(x) = x^3 + ax$ とおくと，$x^3 + ax + b = 0$ の実解は $y = f(x)$ と $y = -b$ の交点の x-座標である．また，$f'(x) = 3x^2 + a$. よって $a \geq 0$ ならば $x \neq 0$ で $f'(x) > 0$ で，f は単調増加なので f は 1 対 1. したがって，$f(x) = -b$ の実解はただ 1 つ．次に $a < 0$ の場合を考える．このとき，

5.2 関数の増減

$$x < -\sqrt{-\frac{a}{3}}, \quad x > \sqrt{-\frac{a}{3}} \iff f'(x) > 0,$$

$$-\sqrt{-\frac{a}{3}} < x < \sqrt{-\frac{a}{3}} \iff f'(x) < 0$$

が二次不等式 $3x^2 + a > 0$ などから直接わかる．これらのことから $y = f(x)$ のグラフの概形は下のようになる．

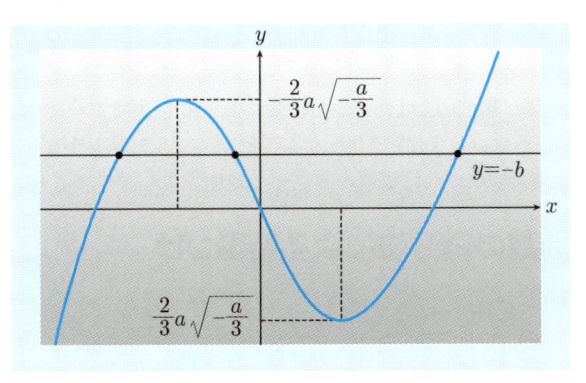

$y = x^3 + ax$ と $y = -b$ のグラフ

よってグラフが $y = -b$ と相異なる 3 点で交わるためには

$$\frac{2}{3}a\sqrt{-\frac{a}{3}} < -b < -\frac{2}{3}a\sqrt{-\frac{a}{3}} \tag{$*$}$$

であることが必要十分であることがわかる．$(*)$ が

$$\left(-\frac{2}{3}a\sqrt{-\frac{a}{3}} + b\right)\left(\frac{2}{3}a\sqrt{-\frac{a}{3}} + b\right) < 0$$

と同じことであることに注意すれば

$$(*) \text{ と } a < 0 \iff 4a^3 + 27b^2 < 0$$

を確かめることができる．□

例題 5.6 $0 < q < 1, p > 0$ として

$$x - q\sin x = p$$

の実解 x の個数を調べよ．

解答 $f(x) = x - q\sin x - p$ とおく．$|\cos x| \leq 1$ に注意すると $0 < q < 1$ なので $f'(x) = 1 - q\cos x > 0$．よって f は狭義単調増加．したがって $f(a)f(b) < 0$ となる a, b がみつかれば，(a, b) 内にただ 1 つの実解があることがわかる．$f(0) = -p < 0$．よって f が正の値をとる点を求めればよいことになる．$f(1) = 1 - q\sin 1 - p$：これでは符号はわからない．そこで x の値を変えてみよう；$f(p) = p - q\sin p - p$ でも符号は不明．$f(p+1) = p + 1 - q\sin(p+1) - p = 1 - q\sin(p+1)$ で $0 < q < 1$ なので，これは正である：みつかった！したがって，$x - q\sin x = p$ は $(0, p+1)$ の内にただ 1 つの解をもつ．□

$\lim_{x \to \infty} f(x) = \infty, \lim_{x \to -\infty} f(x) = -\infty$ なので $x > 0$ が十分大きいと $f(x) > 0$ となり，$x < 0$ が十分小さいと $f(x) < 0$ となるので上のような a, b が存在することはすぐにわかるが，上のようにすれば実解の存在する範囲を少し詳しく調べることができた．

■ 5.3 関数の微分法による特徴づけ

平均値の定理の応用の解説を続ける．

定理 5.4 f は $I = (a, b)$ で微分でき，$f'(x) = 0, a < x < b$ ならばすべての $x \in I$ に対して $f(x) = $ 定数．

証明 I の勝手な点 x_1, x_2 をとる．f は $[x_1, x_2]$ で連続であるので平均値の定理より，ある点 $x_0 \in (x_1, x_2) \subset I$ があって，

$$\frac{f(x_2) - f(x_1)}{x_2 - x_1} = f'(x_0) = 0.$$

したがって，$f(x_1) = f(x_2)$．x_1, x_2 は勝手な点なので $x \in I$ に対して $f(x) = $ 定数．□

この主張の逆はもちろん正しい：$f(x) = $ 定数ならば，I で $f'(x) \equiv 0$．

例題 5.7 c を定数とする．

$$f'(x) = cf(x), \quad x \in \mathbf{R} \qquad (1)$$

となる関数は，実数の定数 a をうまく選ぶと $f(x) = ae^{cx}$ の形で表される．

解答 $g(x) = f(x)e^{-cx}$ とおく．そのとき，$g(x)$ が定数関数であることを示せばよい．そのために $g'(x)$ を求める：(1) を用いると $x \in \mathbf{R}$ に対して

$$g'(x) = (f(x)e^{-cx})' = f'(x)e^{-cx} + f(x)(e^{-cx})'$$
$$= cf(x)e^{-cx} - ce^{-cx}f(x) = 0.$$

定理 5.4 より $g(x) = $ 定数となるので，その定数を a とおく．よって，$f(x)e^{-cx} = a$，すなわち，$f(x) = ae^{cx}$． □

特に
$$f'(x) = f(x), \quad f(0) = 1 \iff f(x) = e^x$$
もわかる．

注意 求めたい関数の導関数を含む (1) のような方程式を**微分方程式**とよぶ．ニュートン (Newton) 以来，ほとんどの物理学の問題は微分方程式で表現される．そこで微分方程式を満たす解を求めることがきわめて重要になる．微分方程式を満足する関数を（すべて）求めることを微分方程式を解くという．基本的な微分方程式を効率よく解くための方法は付録でもふれるが，ここではごく簡単な微分方程式を平均値の定理の応用としてとり扱った．

> **例題 5.8** (指数関数の満たす関数方程式) f は $x \in \mathbf{R}$ に対して微分できて
> $$f(x+y) = f(x)f(y), \quad x, y \in \mathbf{R} \qquad (2)$$
> $$f(0) = 1, \quad f(1) = e \qquad (3)$$
> を満たす関数とする．そのとき，$f(x) = e^x$ でなくてはならない．

注意 (2) のような未知関数の方程式を**関数方程式**とよぶ．(2) は指数法則のうちの 1 つを一般の形でかき表したものであり，この例題は付帯条件のもとに指数法則を満たす関数は $y = e^x$ しかないことを示すものである．

解答 (2) で y を勝手に固定して x で微分する．合成関数の微分を左辺にあてはめると，勝手な $x, y \in \mathbf{R}$ に対して
$$f'(x+y) = f'(x)f(y).$$
そこで $x = 0$ を代入すると，勝手な $y \in \mathbf{R}$ に対して $f'(y) = f'(0)f(y)$ が成り立つ．例題 5.7 と $f(0) = 1$ より
$$f(y) = e^{f'(0)y}, \quad y \in \mathbf{R}.$$
y を x とあらためてかくことにすると $f(x) = e^{f'(0)x}$, $x \in \mathbf{R}$. (3) より $f(1) = e$,

よって $e^{f'(0)} = e$. しかも $f(x) = e^x$ は 1 対 1 なので (命題 3.2 (i)), $f'(0) = 1$ がわかり, よって $x \in \mathbf{R}$ に対して $f(x) = e^x$ がわかった. □

5.4 平均値の定理を用いた極限

以下，ことわりがない限りは，考えている関数は考えている区間で微分可能とする．極限を求めることとは直接的には関連はないが次の定理を紹介しておこう．

> **定理 5.5** (一般化された平均値の定理) f, g は $[a, b]$ で連続, (a, b) で微分可能, しかも $a \leq x \leq b$ で $g'(x) \neq 0$ とする．このとき，
> $$\frac{f'(\xi)}{g'(\xi)} = \frac{f(b) - f(a)}{g(b) - g(a)}$$
> を満たす $\xi \in (a, b)$ が存在する．

注意 特別な場合として $g(x) = x$ とおくとこの定理は平均値の定理となる．

> **定理 5.6** (ロピタル (de l'Hôpital) の定理) $\lim_{x \to c} \frac{f(x)}{g(x)}$ が次のいずれかの型になるとする：$\frac{0}{0}, \frac{\infty}{\infty}, \frac{-\infty}{\infty}, \frac{\infty}{-\infty}, \frac{-\infty}{-\infty}$. そのとき, $\lim_{x \to c} \frac{f'(x)}{g'(x)} = \alpha, \infty, -\infty$ であるならば，それぞれの場合に対応して $\lim_{x \to c} \frac{f(x)}{g(x)} = \alpha, \infty, -\infty$ が成り立つ．さらに $\lim_{x \to c} \frac{f'(x)}{g'(x)}$ が再び $\frac{0}{0}, \frac{\infty}{\infty}, \frac{-\infty}{\infty}, \frac{\infty}{-\infty}, \frac{-\infty}{-\infty}$ のいずれかの型になる場合, $\lim_{x \to c} \frac{f''(x)}{g''(x)}$ を考えて同様の考察をすることができる．また $\lim_{x \to c}$ を $\lim_{x \to a, x > a}, \lim_{x \to b, x < b}, \lim_{x \to \infty}, \lim_{x \to -\infty}$ でおきかえても同じ結論が成り立つ．

証明 考えている区間で f, g, f', g' が共に連続で $g'(x) \neq 0$ が満たされ, $f(c) = g(c) = 0$ である場合に限って定理を確かめておく．定理 4.2 より $x \to c$ のとき, $f(x) = f'(c)(x - c) + o(x - c), g(x) = g'(c)(x - c) + o(x - c)$. よって
$$\lim_{x \to c} \frac{f(x)}{g(x)} = \lim_{x \to c} \frac{f'(c)(x - c) + o(x - c)}{g'(c)(x - c) + o(x - c)}$$
$$= \lim_{x \to c} \frac{f'(c) + \frac{o(x-c)}{x-c}}{g'(c) + \frac{o(x-c)}{x-c}} = \frac{f'(c)}{g'(c)} = \lim_{x \to c} \frac{f'(x)}{g'(x)}.$$

ここでランダウの記号から $\lim_{x\to c} o(x-c)/(x-c) = 0$ に注意（4.1 節参照）． □

要領のよい証明は実は定理 5.5 を用いることによってなされるが，基本的なアイデアはここで示した証明によりはっきり現れている．

ロピタルの定理は $\dfrac{0}{0}, \dfrac{\pm\infty}{\pm\infty}$ の場合のみに使うこと! そうでない場合は成り立たない．例：$\lim_{x\to 1} \dfrac{x^2}{x}$ を求めるときに，ロピタルの定理をつかうと $\lim_{x\to 1} \dfrac{(x^2)'}{(x)'} = \lim_{x\to 1} 2x = 2$ となるがこれは明らかに間違い．この極限は $\dfrac{0}{0}$ の形でも $\dfrac{\pm\infty}{\pm\infty}$ の形でもなく，ロピタルの定理の前提がもともと満たされていない．

このようにロピタルの定理は結果としてそのまま使うには便利であるが，前提となる条件がいくつかあり，それらをすべてをきちんと確かめてから使わなくてはならない．したがって，極限を求めるためにはロピタルの定理の証明で使われた微分の基本的な事実 (定理 4.2)：$f(x_0 + h) = f(x_0) + f'(x_0)h + o(h)$ に戻って考えた方が安全である．

注意 ロピタルの定理は便利であるが，命題 3.8 のような基本的な極限を求めるときに乱用すると，論理的に明らかにおかしいことを犯すことになる (使いすぎに注意)．

$$\lim_{x\to 0} \frac{\sin x}{x} = \lim_{x\to 0} \frac{\cos x}{1} = 1$$

定理の適用としては正しいが，$\sin x$ の微分を求める段階で，この極限を使っているので，極限を求める手順が堂々めぐりになってしまい，よくない．

例題 5.9 (ロピタルの定理による極限)

$$\lim_{x\to 0} \frac{\log(\cos qx)}{\log(\cos px)}, \quad p, q > 0$$

を求めよ．

解答 $x \to 0$ では $\dfrac{0}{0}$ 型なのでロピタルの定理を用いてみる．

$$(\log(\cos qx))' = \frac{-q \sin qx}{\cos qx}, \quad (\log(\cos px))' = \frac{-p \sin px}{\cos px}$$

より，下の式の右辺の極限がもしあれば，

$$\lim_{x \to 0} \frac{\log(\cos qx)}{\log(\cos px)}$$
$$= \frac{q}{p} \lim_{x \to 0} \frac{\sin qx}{\sin px} \frac{\cos px}{\cos qx}$$
$$= \frac{q^2}{p^2} \lim_{x \to 0} \frac{\sin qx}{qx} \lim_{x \to 0} \frac{px}{\sin px} \lim_{x \to 0} \frac{\cos px}{\cos qx}$$
$$= \frac{q^2}{p^2}$$

である．ここで $h = px, qx$ とおいて $\lim_{h \to 0} \frac{\sin h}{h} = 1$（命題 3.8）を用いた．したがって，ここで考えている極限は確かに存在し，$\frac{q^2}{p^2}$ と求まった．□

例題 5.10
$$\lim_{x \to 1, x > 1} \frac{\frac{1}{\log x}}{\log(x-1)}$$
を求めよ．

解答 $x > 1$ で $x \to 1$ のとき，$\frac{\infty}{\infty}$ 型なのでロピタルの定理を用いることができる．よって，

$$\lim_{x \to 1, x > 1} \frac{\frac{1}{\log x}}{\log(x-1)} = \lim_{x \to 1, x > 1} \frac{\left(\frac{1}{\log x}\right)'}{(\log(x-1))'}$$
$$= \lim_{x \to 1, x > 1} \frac{\frac{-1}{(\log x)^2} \frac{1}{x}}{\frac{1}{x-1}} = \lim_{x \to 1, x > 1} \frac{x-1}{x} \times \frac{-1}{(\log x)^2}.$$

最後の極限にもロピタルの定理を用いて

$$\lim_{x \to 1, x > 1} \frac{1-x}{(\log x)^2}$$
$$= \lim_{x \to 1, x > 1} -\frac{1}{2} \frac{x}{\log x} = -\infty. \quad \square$$

5.5 関数の凸性

以下,考えている閉区間 I で f'' が存在して連続とする.すなわち $f \in C^2(I)$ とする.$y = f(x)$ が I で**下に凸**であるとは任意の $t \in [0,1]$ と勝手な $x_1, x_2 \in I$ に対して次の不等式が成り立つことをいう:

$$f(tx_1 + (1-t)x_2) \leq tf(x_1) + (1-t)f(x_2).$$

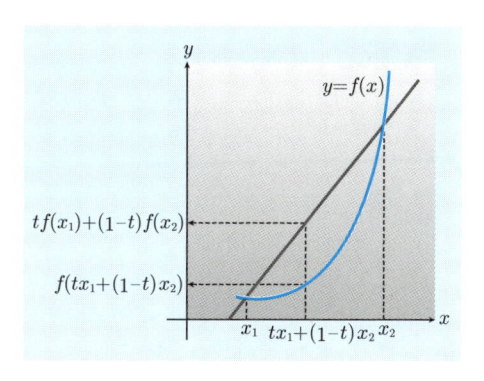

下に凸な関数のグラフ

$y = f(x)$ が I で**上に凸**であるとは任意の $t \in [0,1]$ と $x_1, x_2 \in I$ に対して次の不等式が成り立つことをいう:

$$f(tx_1 + (1-t)x_2) \geq tf(x_1) + (1-t)f(x_2).$$

図形的な解釈:以下の図形的な特徴はグラフを描くとわかる:

下に凸 $\iff$ 左にグラフが曲がる.
上に凸 $\iff$ 右にグラフが曲がる.

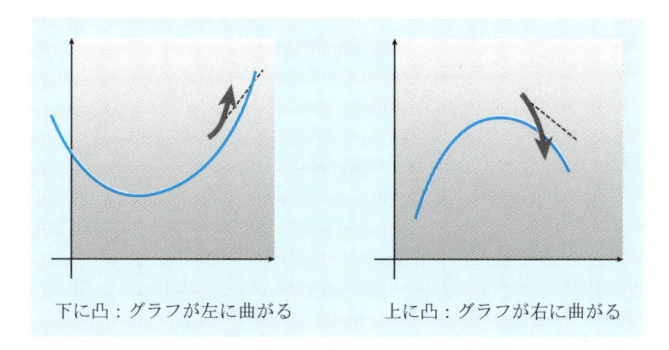

下に凸:グラフが左に曲がる　　上に凸:グラフが右に曲がる

下に凸な関数と上に凸な関数のグラフ

さらに,f が区間 I で下に凸であるとは $y = f(x)$ のグラフ上の勝手な 2 点 A, B を考えたとき,線分 AB がつねにグラフ $y = f(x)$ の上にある(交わって

も線分がグラフ上にのってしまってもよい）ことを意味する．上に凸の関数の
グラフについては，線分 AB が常にグラフの下にあることを意味している．

命題 5.3 (凸性の判定法)：
(i) I で $f'' \geq 0 \implies$ 関数 $y = f(x)$ は下に凸．
(ii) I で $f'' \leq 0 \implies$ 関数 $y = f(x)$ は上に凸．

証明 1番目の主張のみを示す．I で $f'' \geq 0$ であるとする．$a, b \in I$ を勝手な点とし，$a < b$ とする．$a < x < b$ となる x を勝手にとる．そこで f' は単調増加である（定理5.2より）．平均値の定理より，$f(a) - f(x) = (a-x)f'(\xi)$ となる ξ が x と a の間にある．ここで f' は単調増加なので $f'(\xi) \leq f'(x)$ であって，$a - x \leq 0$ より $(a-x)f'(\xi) \geq (a-x)f'(x)$．よって $f(a) - f(x) \geq (a-x)f'(x)$．同様にして $x < b$ に対して $f(b) - f(x) \geq (b-x)f'(x)$．ここで $0 < t < 1$ をうまくとると $x = ta + (1-t)b$ とおくことができる（$t = \frac{b-x}{b-a}$ とおけばよい）．このとき，$t > 0, 1-t > 0$ より

$$tf(a) - tf(x) \geq t(a-x)f'(x),$$
$$(1-t)f(b) - (1-t)f(x) \geq (1-t)(b-x)f'(x).$$

辺々足して，

$$tf(a) + (1-t)f(b) - f(x) \geq (t(a-x) + (1-t)(b-x))f'(x)$$
$$= (ta + (1-t)b - x)f'(x) = 0.$$

これで証明が終わった．$f'' \leq 0$ の場合も証明は同様である． □

凸性の定義を命題5.3を用いて書き表しておこう．あとでいろいろな不等式を導くために便利である．

定理 5.7 勝手な $x \in I$ に対して，
(i) $f''(x) \geq 0$ とすると，

$$f(tx_1 + (1-t)x_2) \leq tf(x_1) + (1-t)f(x_2), \quad t \in [0,1], x_1, x_2 \in I.$$

(ii) $f''(x) \leq 0$ とすると，

$$f(tx_1 + (1-t)x_2) \geq tf(x_1) + (1-t)f(x_2), \quad t \in [0,1], x_1, x_2 \in I.$$

5.5 関数の凸性

曲線 $y = f(x)$ の上で曲がり方が上に凸から下に凸に，または下に凸から上に凸に移り変わる点を**変曲点**という．変曲点はグラフをより正確に描くために求めておくことが望ましい．

$y = f(x)$ の変曲点を与える x の候補は
(1) $f''(x)$ が存在しない I の点 x.
(2) $f''(x) = 0$ を満たす I の点 x.

命題 5.4 考えている区間 I で $f \in C^3(I)$ とする．このとき $f''(x_0) = 0$, $f'''(x_0) \neq 0$ ならば x_0 は $y = f(x)$ の変曲点である．

証明 命題 5.2 を f' に当てはめると x_0 は f' が極値をとる点である．すなわち，x_0 の前後で f'' は符号を変える．したがって変曲点である．□

凸性を用いた不等式の証明 関数の凸性を用いると，重要な不等式を示すことができる．以下にいくつかの例をあげる．

例題 5.11
$$\sin x \geq \frac{2}{\pi}x, \qquad 0 \leq x \leq \frac{\pi}{2}.$$

解答 $y = f(x) = \sin x$ は $0 \leq x \leq \frac{\pi}{2}$ で上に凸である ($y'' = -\sin x \leq 0$). よって $(0,0)$ と $\left(\frac{\pi}{2}, 1\right)$ を結ぶ点で定理 5.7 を考えると結論がわかる．□

定理 5.7 を次のように一般化しておくと重要な不等式を示すときに便利である．

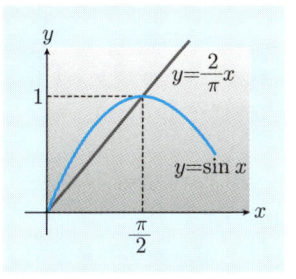

$y = \sin x$ と $y = \frac{2}{\pi}x$ のグラフ

命題 5.5 区間 I で $f''(x) \geq 0$ とする．$t_1, ..., t_n \geq 0$ で $t_1 + t_2 + \cdots + t_n = 1$ ならば，任意の $x_1, ..., x_n \in I$ に対して
$$f(t_1 x_1 + \cdots + t_n x_n) \leq t_1 f(x_1) + \cdots + t_n f(x_n)$$
が成り立つ．

証明 n についての数学的帰納法による．$n=2$ のときは定理 5.7 によってすでにわかっている．$n=k$ まで証明が終わったとする．$t_1+\cdots+t_k+t_{k+1}=1$ なので

$$f(t_1 x_1+\cdots+t_k x_k+t_{k+1}x_{k+1})$$
$$=f\left((t_1+\cdots+t_k)\frac{t_1 x_1+\cdots+t_k x_k}{t_1+\cdots+t_k}+(1-(t_1+\cdots+t_k))x_{k+1}\right).$$

閉区間 $I=[a,b]$ の場合を考えると，$a \leq x_1,...,x_k \leq b$ のとき $a \leq \dfrac{t_1 x_1+\cdots+t_k x_k}{t_1+\cdots+t_k} \leq b$ も示せるので定理 5.7 を x_1 を $\dfrac{t_1 x_1+\cdots+t_k x_k}{t_1+\cdots+t_k}$，$x_2$ を x_{k+1} としてあてはめると，

$$f(t_1 x_1+\cdots+t_k x_k+t_{k+1}x_{k+1})$$
$$\leq (t_1+\cdots+t_k)f\left(\frac{t_1}{t_1+\cdots+t_k}x_1+\cdots+\frac{t_k}{t_1+\cdots+t_k}x_k\right)$$
$$+(1-t_1-\cdots-t_k)f(x_{k+1}).$$

がわかる．ここで結論の不等式は $n=k$ まで証明されていると仮定しているので

$$f\left(\frac{t_1}{t_1+\cdots+t_k}x_1+\cdots+\frac{t_k}{t_1+\cdots+t_k}x_k\right)$$
$$\leq \frac{t_1}{t_1+\cdots+t_k}f(x_1)+\cdots+\frac{t_k}{t_1+\cdots+t_k}f(x_k)$$

に注意して，$n=k+1$ のときも成り立つことが示せた．よって数学的帰納法によって証明がおわる．□

すでに説明したように，微積分学では不等式をうまく使うことがキーとなる．そのためにはいくつかの重要な不等式があるが，それらは凸性を用いると見通しよく導きだすことができる．そのような例を 2 つあげる．その証明は技巧的なので飛ばしてもよいが不等式自体は記憶しておいてほしい．

命題 5.6 (相加相乗平均) $a_1,...,a_n \geq 0$ のとき

$$(a_1 a_2 \cdots a_n)^{\frac{1}{n}} \leq \frac{a_1+\cdots+a_n}{n}.$$

証明 $a_1,...,a_n$ のどれか 1 つが 0 ならこの不等式は明らか（左辺は 0，右辺は 0 以上なので）．よって $a_1>0,...,a_n>0$ としてよい．$x \in \mathbf{R}$ で $y=f(x)=e^x$ を考えよう．$f''(x)=e^x>0$ なので，命題 5.5 より $t_1=t_2=\cdots=t_n=\dfrac{1}{n}$ ととって

5.5 関数の凸性

$$\exp\left(\frac{1}{n}(x_1+\cdots+x_n)\right) \leq \frac{1}{n}e^{x_1}+\cdots+\frac{1}{n}e^{x_n}$$

が勝手な $x_1,...,x_n \in \mathbf{R}$ に対して成り立つ．ここで $a_j > 0, j = 1,2,...,n$ に対して $e^{x_j} = a_j$ となるように x_j を選んでおくと，

$$\text{左辺} = a_1^{\frac{1}{n}} \cdots a_n^{\frac{1}{n}}$$

なので，証明が完了する．□

命題 5.7 (ヘルダー (**Hölder**) の不等式) $a_1,...,a_n \geq 0, b_1,...,b_n \geq 0$, $p > 1, \frac{1}{p} + \frac{1}{q} = 1$ とすると

$$a_1 b_1 + \cdots + a_n b_n \leq (a_1^p + \cdots + a_n^p)^{\frac{1}{p}} (b_1^q + \cdots + b_n^q)^{\frac{1}{q}}.$$

注意 $p = 2$ のときは $\frac{1}{p} + \frac{1}{q} = 1$ より $q = 2$ となり，

$$a_1 b_1 + \cdots + a_n b_n \leq (a_1^2 + \cdots + a_n^2)^{\frac{1}{2}} (b_1^2 + \cdots + b_n^2)^{\frac{1}{2}}$$

が得られる．これはシュワルツ (**Schwarz**) の不等式とよばれているものである．

解答 $a_1,...,a_n > 0$ かつ $b_1,...,b_n > 0$ と仮定してよい．もし $a_1,...,a_n, b_1,...,b_n$ のうちに 0 になるものがあれば，あらかじめ 0 となる a_j, b_j を除外して考えればよいからである．

$x > 0$ で $y = f(x) = x^p$ を考えると $p > 1$ なので $x \geq 0$ において $f''(x) = p(p-1)x^{p-2} \geq 0$ がわかる．よって $t_1,...,t_n \geq 0$ で $t_1 + \cdots + t_n = 1, x_1,...,x_n > 0$ のとき，

$$(t_1 x_1 + \cdots + t_n x_n)^p \leq t_1 x_1^p + \cdots + t_n x_n^p.$$

ここで，$y_1,...,y_n > 0$ に対して特に $t_1,...,t_n$ として

$$t_j = \frac{y_j}{y_1 + \cdots + y_n}, \quad j = 1,2,...,n$$

を考えよう（y_j はあとで定める）．よって

$$\left(\frac{\sum_{j=1}^n y_j x_j}{y_1 + \cdots + y_n}\right)^p \leq \sum_{j=1}^n \frac{y_j x_j^p}{y_1 + \cdots + y_n}.$$

したがって，両辺に $(y_1 + \cdots + y_n)^p$ をかけて p 乗根をとると，

$$x_1 y_1 + \cdots + x_n y_n \leq (y_1 x_1^p + \cdots + y_n x_n^p)^{\frac{1}{p}} (y_1 + \cdots + y_n)^{\frac{p-1}{p}}$$

が得られる．これを証明すべき式と較べて

$$x_j y_j = a_j b_j, \quad y_j x_j^p = a_j^p, \quad j = 1, 2, ..., n$$

となるように x_j, y_j を決めよう．すなわち，$\dfrac{1}{p} + \dfrac{1}{q} = 1$ より $\dfrac{p}{p-1} = q$ にも注意して

$$x_j = a_j b_j^{-\frac{1}{p-1}} > 0, \quad y_j = b_j^{\frac{p}{p-1}} = b_j^q > 0$$

と選んでみよう．このとき，

$$a_1 b_1 + \cdots + a_n b_n \leq (a_1^p + \cdots + a_n^p)^{\frac{1}{p}} (b_1^q + \cdots + b_n^q)^{\frac{p-1}{p}}$$
$$= (a_1^p + \cdots + a_n^p)^{\frac{1}{p}} (b_1^q + \cdots + b_n^q)^{\frac{1}{q}}$$

が得られた．□

注意 定理 5.7 は次のように書きかえることができる：$f \in C^2[a,b]$ とし，$a < x < b$ で $f''(x) > 0$ が成り立つものとする．このとき，$a < x_1 \leq x_2 < b$ となる勝手な x_1, x_2 と $0 < t < 1$ に対して，

$$f(tx_1 + (1-t)x_2) \leq tf(x_1) + (1-t)f(x_2)$$

であって，両辺が等しくなるのは $x_1 = x_2$ である．

この事実を用いると以下の事実を証明することができるが，ここでは詳しく説明はしない．

考える数はすべて正数として，相加相乗平均の不等式で等号が成立 $\iff a_1 = \cdots = a_n$．

ヘルダーの不等式で等号が成立 $\iff \dfrac{a_1^p}{b_1^q} = \cdots = \dfrac{a_n^p}{b_n^q}$．

ただし，ここで必要ならば $b_1, ... b_n$ の番号づけを適当に変更するものとする．

■ 5.6 逐次近似法

ここでは

$$f(x) = x$$

となる x を解くことを考える．このような x を f の **不動点** とよぶ．

不動点を求める方法はいくつかあるが，この節で紹介する方法は最も広く使われている強力なものである．

5.6 逐次近似法

定理 5.8 (不動点の逐次近似法) 以下を仮定.

(i) f は $[a,b]$ で連続, (a,b) で微分可能.
(ii) $a \leq x \leq b$ ならば $a \leq f(x) \leq b$.
(iii) $0 < M < 1$ を満たすある定数 M があって, すべての $x \in [a,b]$ に対して $|f'(x)| \leq M$ が成り立つ.

そのとき:

(a) 不動点はあるとしたらただ 1 つ.
(b) $f(x^*) = x^*$ となる $x^* \in [a,b]$ がある.
(c) x_1 は $[a,b]$ から勝手に選び, $n = 2, 3, \ldots$ に対して
$$x_n = f(x_{n-1})$$
とおいて近似列 $x_n, n \in \mathbf{N}$ を作る. そのとき,
$$\lim_{n \to \infty} x_n = x^*.$$
(d) 近似列と不動点の間の誤差を評価する式
$$|x^* - x_n| \leq M^{n-1}(b-a), \quad n \geq 1$$
が成り立つ. さらに誤差を近似列の隣り合う項の差で評価する式も成り立つ:
$$|x^* - x_n| \leq \frac{M}{1-M}|x_n - x_{n-1}|, \quad n \geq 2.$$

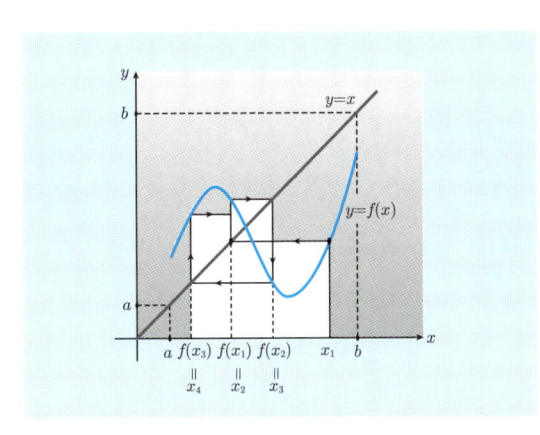

逐次近似

この定理は不動点の存在のみならずどのようにして近似値を求めるのかも与えておりきわめて重要である．

注意 (d) の第一の評価は不動点と近似値 x_n との間の誤差評価を与えており，$0 < M < 1$ なので M^n は急速に 0 に近づく．したがって，x_n は x^* へ急速に近づく．

応用上は (iii) の形で十分であるが仮定 (iii) を次のやや弱い条件でおきかえても全く同じ結論が成り立つ：
$0 < M < 1$ を満たす定数 M があって，$x_1, x_2 \in [a, b]$ となるすべての x_1, x_2 に対して
$$|f(x_1) - f(x_2)| \leq M|x_1 - x_2|.$$
このような性質をもつ f を**縮小写像**とよぶ．$M = 1$ のときは定理の結論はどうなるかわからない．

証明 (a) の証明：不動点が 2 つあったとする：$f(x^*) = x^*$, $f(y^*) = y^*$ とする．$x^* - y^* = f(x^*) - f(y^*) = f'(\xi)(x^* - y^*)$（平均値の定理より）．ただし，$\xi$ は x^* と y^* の間にある数で，仮定 (iii) より
$$|x^* - y^*| = |f'(\xi)||x^* - y^*| \leq M|x^* - y^*|$$
である．$0 < M < 1$ なので，$(1 - M)|x^* - y^*| \leq 0$ より $|x^* - y^*| \leq 0$，よって，$|x^* - y^*| = 0$，すなわち，$x^* = y^*$ でなくてはならない．

(b) と (c) の証明：もし $\lim_{n \to \infty} x_n = x^*$ となれば，$x_n = f(x_{n-1})$ なので $\lim_{n \to \infty} x_n = \lim_{n \to \infty} f(x_{n-1})$ と f の連続性より，$x^* = f(x^*)$ であって，x^* が不動点になる．そこで $x_n, n \in \mathbf{N}$ が収束することを確かめさえすればよい．
$$x_n = x_1 + \sum_{k=2}^{n}(x_k - x_{k-1})$$
なので，x_n の収束をいうために階差 $x_k - x_{k-1}$ を考える：平均値の定理と仮定 (iii) を用いて，
$$|x_k - x_{k-1}| = |f(x_{k-1}) - f(x_{k-2})| = |f'(\xi)||x_{k-1} - x_{k-2}| \leq M|x_{k-1} - x_{k-2}|.$$
ただし，ここで ξ は x_{k-1} と x_{k-2} の間のある数である．ゆえに
$$|x_k - x_{k-1}| \leq M|x_{k-1} - x_{k-2}|, \qquad k = 2, 3, \ldots$$
あとはダランベールの判定法（定理 2.7）の証明と同様にして
$$|x_k - x_{k-1}| \leq M|x_{k-1} - x_{k-2}|,$$
$$|x_{k-1} - x_{k-2}| \leq M|x_{k-2} - x_{k-3}|, \quad \ldots$$

5.6 逐次近似法

などを繰り返して適用して

$$|x_k - x_{k-1}| \leq M^{k-2}|x_2 - x_1|, \qquad k = 2, 3, ...$$

がわかる．

これを $k = 2, ..., n$ にわたって加えて，等比級数の公式 (命題 2.1 の証明をみよ) も用いて，

$$\sum_{k=2}^{n}|x_k - x_{k-1}| \leq \sum_{k=2}^{n} M^{k-2}|x_2 - x_1| = \frac{1 - M^{n-1}}{1 - M}|x_2 - x_1|.$$

$0 < M < 1$ より，

$$\sum_{k=2}^{\infty} M^{k-2}|x_2 - x_1| < \infty$$

よって定理 2.6 より $x_n = x_1 + \sum_{k=2}^{n}(x_k - x_{k-1})$ は $n \to \infty$ で収束，すなわち，$\lim_{n \to \infty} x_n$ は収束．x^* は f の不動点であり，不動点が確かに存在することが確かめられた．

(d) の証明：$x^* = f(x^*)$ と $x_n = f(x_{n-1})$ および仮定 (iii) より

$$|x^* - x_n| = |f(x^*) - f(x_{n-1})| = |f'(\eta)||x^* - x_{n-1}| \leq M|x^* - x_{n-1}|.$$

2 番目の等号で η は x^* と x_{n-1} の間のある数として平均値の定理を適用した．よって $n = 2, 3, ...$ に対して，$|x^* - x_n| \leq M|x^* - x_{n-1}|$．これを $n = 2, 3, ...$ に対して，繰り返して用いて

$$|x^* - x_n| \leq M^{n-1}|x^* - x_1| \leq M^{n-1}(b - a)$$

がわかる．ここで $x^*, x_1 \in [a, b]$ なので $|x^* - x_1| \leq b - a$ であることも用いた．これで (d) の第一の不等式がわかった．次に

$$\begin{aligned}|x^* - x_n| &\leq M|x^* - x_{n-1}| \leq M|x^* - x_n + x_n - x_{n-1}| \\ &\leq M|x^* - x_n| + M|x_n - x_{n-1}|.\end{aligned}$$

よって $0 < M < 1$ より

$$(1 - M)|x^* - x_n| \leq M|x_n - x_{n-1}|$$

がわかり，定理の証明が完了した．□

例題 5.12 方程式 $x = \cos x$ を考えよう．これが $\left(0, \dfrac{\pi}{3}\right)$ でただ 1 つの解をもつことを示し，近似列と解の間の誤差評価を求めてみよう．

解答 $f(x) = \cos x$ とおく．求める解は f の不動点 $x = f(x)$ となる．$0 \leq x \leq \dfrac{\pi}{3}$ で $|f'(x)| = |\sin x| \leq \sin \dfrac{\pi}{3} \leq \dfrac{\sqrt{3}}{2} < 1$ なので，定理 5.8 の仮定 (iii) が満たされる．グラフから $0 \leq x \leq \dfrac{\pi}{3}$ で $\dfrac{1}{2} \leq \cos x \leq 1$ なので $0 \leq f(x) \leq \dfrac{\pi}{3}$ であり，仮定の (ii) も成立している．定理 5.8 より $\left[0, \dfrac{\pi}{3}\right]$ に解がただ 1 つあることがわかった．近似列を $x_0 = 0$ として $x_n = \cos x_{n-1}$ で構成する．$M = \dfrac{\sqrt{3}}{2}$ ととることができるので

$$|x_n - x^*| \leq \left(\frac{\sqrt{3}}{2}\right)^{n-1} \frac{\pi}{3}$$

という誤差評価式が得られる． □

漸化式で与えられた数列の収束を示す場合にも定理 5.8 の論法は有用である．

例題 5.13 次の漸化式で決まる数列 $a_n, n \in \mathbf{N}$ について $\displaystyle\lim_{n \to \infty} a_n$ の存在を示せ：

$$a_1 = 2, \qquad a_{n+1} = \sqrt{4 + \sqrt{a_n}}, \qquad n \in \mathbf{N}.$$

解答 $f(x) = \sqrt{4 + \sqrt{x}}$ とおく．$f'(x) = \dfrac{1}{4} \dfrac{1}{\sqrt{x}} \dfrac{1}{\sqrt{4+\sqrt{x}}}$ なので $x > 0$ に対して $4 + \sqrt{x} > 4$，したがって

$$|f'(x)| \leq \frac{1}{4} \frac{1}{\sqrt{x}} \frac{1}{\sqrt{4}} = \frac{1}{8\sqrt{x}}.$$

よって x が 0 から一定の距離だけ離れていれば $|f'(x)|$ を上から見積もれる．$a_1 = 2$ なので $a_2 = \sqrt{4 + \sqrt{2}} \geq \sqrt{4} = 2$．これを繰り返して $n \in \mathbf{N}$ に対して $a_n \geq 2$．

したがって $f'(x)$ を $x \geq 2$ で考察すれば十分である．$x \geq 2$ において $|f'(x)| \leq \dfrac{1}{8\sqrt{2}}$．よって

$$|a_k - a_{k-1}| = |f(a_{k-1}) - f(a_{k-2})|$$
$$\leq \max_{\xi \geq 2} |f'(\xi)| |a_{k-1} - a_{k-2}| = \frac{1}{8\sqrt{2}} |a_{k-1} - a_{k-2}|.$$

5.6 逐次近似法

ゆえに $\frac{1}{8\sqrt{2}} < 1$ なので定理 5.8 の証明と同様にして $\lim_{n\to\infty} a_n$ は存在する. □

注意 $y = \sqrt{x}$ の $x \geq 0$ での連続性も用いて

$$\alpha = \lim_{n\to\infty} a_n = \lim_{n\to\infty} \sqrt{4 + \sqrt{a_{n-1}}} = \sqrt{4 + \sqrt{\lim_{n\to\infty} a_{n-1}}} = \sqrt{4 + \sqrt{\alpha}}.$$

よって極限 α は

$$\alpha = \sqrt{4 + \sqrt{\alpha}}.$$

の $\alpha \geq 2$ となる解である.

次に

$$f(x) = 0$$

を解くことを考えよう. この場合, $f(x) + x = x$ として $f(x) + x$ の不動点を求めるのではなくて

$$g(x) = x - \frac{f(x)}{f'(x)}$$

とおいて, g の不動点を求めるのがニュートン法の基本的な考え方である.

ニュートン法: f は考えている区間で C^2-級とする. x_1 を適当に選ぶ. $n \in \mathbf{N}$ に対して $f'(x_n) \neq 0$ として

$$x_{n+1} = x_n - \frac{f(x_n)}{f'(x_n)}$$

で数列 $x_n, n \in \mathbf{N}$ を定める. このとき, x_n を $f(x^*) = 0$ となる x^* への近似列と考える.

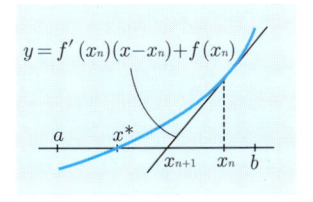

ニュートン法

近似列の収束について: $f(x^*) = 0$ となる x^* が存在して $f'(x^*) \neq 0$ とする. そのとき, x_1 が x^* に十分近いとする. このとき, ある定数 $C > 0$ をうまく選ぶと $n = 1, 2, 3, \ldots$ に対して,

$$|x^* - x_{n+1}| \leq C|x^* - x_n|^2.$$

が成り立つ. この不等式からわかるように x_n の x^* への収束は速い. 項数が 1 回増えると, 誤差が 2 乗されていくからである (例えば誤差が $\frac{1}{10}$ ならば次の

項では誤差は $\dfrac{1}{100}$ のオーダーになる).

x_1 が x^* にどれほど近く選べばよいかについては一定の見積もりができるがここでは割愛する.

近似列の収束の証明：平均値の定理より x_n と x^* の間にある数 ξ_n をとることができて $f(x_n) - f(x^*) = f'(\xi_n)(x_n - x^*)$. よって $f(x^*) = 0$ と近似列の作り方に注意して

$$\begin{aligned}
|x_{n+1} - x^*| &= \left|x_n - \frac{f(x_n)}{f'(x_n)} - x^*\right| \\
&= \left|x_n - \frac{f(x_n) - f(x^*)}{f'(x_n)} - x^*\right| \\
&= |x_n - x^*|\left|1 - \frac{f'(\xi_n)}{f'(x_n)}\right| \\
&= \left|\frac{f''(\eta_n)}{f'(x_n)}\right||x_n - x^*||x_n - \xi_n|. \quad (4)
\end{aligned}$$

ここで

$$1 - \frac{f'(\xi_n)}{f'(x_n)} = \frac{f'(x_n) - f'(\xi_n)}{f'(x_n)}$$

に平均値の定理を適用して x_n と ξ_n の間の数 η_n をうまくとると

$$f'(x_n) - f'(\xi_n) = f''(\eta_n)(x_n - \xi_n)$$

となることを用いた.

ここで x_1 が x^* に十分近ければ, 分母の $f'(x_n)$ は各 n に対して 0 にならず, しかも

$$C = \frac{\sup_{n \in \mathbf{N}} |f''(\eta_n)|}{\inf_{n \in \mathbf{N}} |f'(x_n)|} < \infty$$

を証明することができるがここでは省略する. ξ_n は x_n と x^* の間にあるので $|x_n - \xi_n| \le |x_n - x^*|$. したがって, (4) より $|x_{n+1} - x^*| \le C|x_n - x^*|^2$ がわかった. これで近似列の収束を確かめることができた. □

章 末 問 題

問題 1 次の関数を指定された閉区間で考える．そのとき平均値の定理 5.1 で存在が保証されている x_0 の値をすべて求めよ．

(i) $f(x) = x^3 - 3x$, $[-2, 2]$

(ii) $f(x) = \sqrt{x}$, $[0, 4]$.

問題 2 極値，増減，凹凸，変曲点を明らかにして関数 $y = x^2 e^{-x}$ のグラフの概形を描け．

問題 3 半径 R の円に内接する長方形のうちで面積が最大になるのはどのような場合か？

問題 4 指示された区間で次の不等式を証明せよ．

(i) $\cos x > 1 - \dfrac{x^2}{2}$, $x > 0$

(ii) $\arctan \sqrt{1-x} < \dfrac{\pi - x}{4}$, $0 < x \leq 1$.

問題 5 以下の方程式の実解の個数を調べよ．

(i) $x^5 - 5x + 2 = 0$

(ii) $e^x = ax + b$, ただし，a, b は勝手な実数とする．

問題 6 次の極限を求めよ．

(i) $\displaystyle\lim_{x \to 0} \dfrac{\sin x - x \cos x}{\sin 2x - x}$ (ii) $\displaystyle\lim_{x \to \infty} x \log \dfrac{x-1}{x+1}$ (iii) $\displaystyle\lim_{x \to 0} \left(\dfrac{1}{\sin^2 x} - \dfrac{1}{x^2} \right)$.

問題 7 次の極限を求めよ．

(i) $\displaystyle\lim_{x \to 1} x^{1/(1-x)}$

(ii) $\displaystyle\lim_{x \to \infty} \left(\dfrac{\pi}{2} - \arctan x \right)^{1/x}$ （ヒント：log をとる.）

問題 8 以下の関数の凹凸と変曲点を調べよ．

(i) $y = e^{-2x} - e^{-4x}$ (ii) $y = e^{-x^2}$.

第 6 章

積分の計算

導関数を求めるための微分法の逆の操作として積分法が重要であり，本章ではその計算法を解説する．積分法はもちろん面積などを求めるために必要不可欠であるが，そのような応用は次章で説明することとし，ここではもっぱら計算の技術を紹介する．積分を具体的に求めるための計算は基本的なものから高度なものまでいろいろあるが，本章のうちで 6.1 節から 6.4 節の例題 6.17 までぜひとも習得してもらいたい範囲であり，6.4 節の例題 6.18 から 6.6 節まではかなり特殊な技法を含むもので最初は飛ばしても差し支えない．

■ 6.1 不定積分

例えば，$\alpha \neq 0$ として関数 $y = f(x) = x^\alpha$ を考える．このとき，その導関数は $f'(x) = \alpha x^{\alpha-1}$ となる．ここで，逆に微分したら $y = \alpha x^{\alpha-1}$ となる関数を求めることを考えてみよう．

> **定義 6.1** 微分して $y = f(x)$ となるような関数全体を
> $$\int f(x)dx$$
> とかき，$f(x)$ の**不定積分**とよぶ．また，微分して $f(x)$ となるような関数の 1 つを $f(x)$ の**原始関数**とよぶ．

$f(x)$ の原始関数は定数の差を除くと 1 通りに決まる．実際，もし $F' = f$，$G' = f$ となったとする．このとき，$0 = f - f = F' - G' = (F - G)'$ となる．定理 5.4 より $F - G$ は定数関数でなくてはならない．

いいかえれば，微分して $f(x)$ となる関数全体（すなわち，不定積分）は $F' = f$ となる関数を 1 つだけ求めておけば C を勝手な定数として $F(x) + C$ と表すこ

とができる：原始関数 $F(x)$ と不定積分 $\int f(x)dx$ の間の関係は

$$\int f(x)dx = F(x) + C$$

または

$$（不定積分）=（1つの原始関数）+ C$$

と表現することができる．ここで，定数 C のことを**積分定数**とよぶ．

注意　積分記号の下での文字については次のように解釈する．
$\int f(x)dx$ ならば，x の関数を x について不定積分する意味であり，$\int f(t)dt$ ならば，t の関数を t について不定積分する意味である．例えば $\int xdx = \dfrac{x^2}{2}+C, \int tdt = \dfrac{t^2}{2}+C$.

一方，$\int f(x)dt$ とかけば，$f(x)$ という関数を変数 t に関して積分することであるので，この関数は t に関して定数関数であり，$\int f(x)dt = f(x)t + C$ とならなくてはならない．

例 6.1　$\alpha \neq 0$ とする．微分して $\alpha x^{\alpha-1}$ となる関数は

$$x^\alpha + C$$

と表すことができる．

以下，いちいち，C は定数である という断りはしないこととする．
さて，$\int f(x)dx$ を系統的に求める方法を考えていこう．

6.2　積分の計算法（基礎編その1）

まず，いままで学んできた導関数から直接わかる不定積分を列挙する．これらはすべてぜひとも記憶して自由に使えるようにしておかなくてはならないものである．

公式
$$\int x^\alpha dx = \frac{x^{\alpha+1}}{\alpha+1} + C, \qquad \alpha \neq -1 \qquad (1)$$

$$\int \frac{1}{x}dx = \log|x| + C \qquad (2)$$

$$\int \cos x\, dx = \sin x + C \tag{3}$$

$$\int \sin x\, dx = -\cos x + C \tag{4}$$

$$\int \frac{1}{\cos^2 x}\, dx = \tan x + C \tag{5}$$

$$\int e^x\, dx = e^x + C \tag{6}$$

$$\int \frac{1}{\sqrt{1-x^2}}\, dx = \arcsin x + C \tag{7}$$

$$\int \left(-\frac{1}{\sqrt{1-x^2}}\right) dx = \arccos x + C \tag{8}$$

$$\int \frac{1}{a^2+x^2}\, dx = \frac{1}{a}\arctan \frac{1}{a}x + C, \quad \text{ただし,}\ a \neq 0\ \text{は定数とする.} \tag{9}$$

次の 2 つの公式は覚えておけば便利なことがある.

$$\int \frac{1}{\sqrt{1+x^2}}\, dx = \log\left|x + \sqrt{x^2+1}\right| + C \tag{10}$$

$$\int \sqrt{1+x^2}\, dx = \frac{1}{2}\left(x\sqrt{x^2+1} + \log\left|x + \sqrt{x^2+1}\right|\right) + C. \tag{11}$$

これらの公式を確かめるためには右辺を微分して左辺の積分記号の内にある関数になればよい. 以下でやる不定積分の計算についても計算結果を微分してみてもとの関数になるかどうかで正しいかどうかを確かめることができる. 導関数の計算の復習もかねて, 答の確認をすることを薦める.

例として (10) を確かめてみよう. $f(x) = x + \sqrt{x^2+1},\ g(y) = \log|y|$ として, 合成関数の微分を行う: $\log\left|x + \sqrt{x^2+1}\right| = g(f(x))$ なので,
$(\log\left|x + \sqrt{x^2+1}\right|)' = g'(f(x))f'(x)$. ここで f' にも合成関数の微分をあてはめて $f'(x) = 1 + \dfrac{x}{\sqrt{x^2+1}},\ g'(y) = \dfrac{1}{y}$ なので

$$g'(f(x))f'(x) = \frac{1}{x+\sqrt{x^2+1}}\left(1 + \frac{x}{\sqrt{x^2+1}}\right) = \frac{1}{\sqrt{x^2+1}}.$$

不定積分の次の性質も計算のために重要である. ただし, 以下で現れる関数はすべて不定積分が存在するものとする (これについては次章でふれる).

定理 6.1
$$\int (af(x)+bg(x))dx = a\int f(x)dx + b\int g(x)dx.$$
ただし a,b は定数とする.

証明 $F'(x)=f(x)$, $G'(x)=g(x)$ とする. 微分の定理 4.3 より
$$af(x)+bg(x) = aF'(x)+bG'(x) = (aF+bG)'(x)$$
がわかる. 不定積分の定義からこれは
$$\int (af(x)+bg(x))dx = aF(x)+bG(x)+C$$
ということであり, これは定理の内容に他ならない. □

例 6.2
$$\int x^2 dx = \frac{x^3}{3}+C, \qquad \int \frac{1}{x}dx = \log|x|+C.$$
したがって,
$$\int \left(x^2 + 2\frac{1}{x}\right)dx = \frac{x^3}{3}+2\log|x|+C.$$
ここで, 積分定数は計算がおわった時点で最終的に 1 つだけ付け加えればよい. 個々の積分について積分定数を考えると,
$$\int \left(x^2+2\frac{1}{x}\right)dx = \left(\frac{x^3}{3}+C\right)+2(\log|x|+C) = \frac{x^3}{3}+2\log|x|+3C$$
などとなるが $3C$ をあらためて 1 つの定数 C で記述すると, 結局 1 つの積分定数を付加しておけば十分である. 以下このような注意はいちいちしない.

注意 すでに述べたように本章の目的は積分の計算法であり, 大半は計算テクニックの解説に費やされる. 特に 6.5, 6.6 節ではかなり煩雑な技術を紹介するので, 難しく感じるかもしれない. もともと, 積分の計算は微分と異なり, 公式を機械的に組み合わせていけば (計算の手間は大変かもしれないが) 答がでるものではなく, 個々の問題に応じていろいろな工夫が必要になったり, 思いつきが必要になったりするものである. さらに方法も 1 通りとは限らず, やり方によっては極めて複雑な計算をしなくてはならないこともある. その意味で一定のセンスや感覚のようなものが必要になる. そのようなセンスを身に付けるのは, 経験が必要になる. 本章はそのような経験を会得するためのものである. 一方で積分の計算は重要であるが, 微積分学のすべてではない. そこで最初は基礎編である 6.2 節から 6.4 節までを習得して, 6.5, 6.6 節の技術はあとで折にふれて学ばれてもよい.

またすべての関数の不定積分が具体的に求まるとは限らない. 正確に述べると, 初等

関数が与えられたとき，その原始関数が初等関数だけで表示できるとは限らないのである．有名な例として

$$\int \sqrt{1-k^2\sin^2 x}\,dx$$

がある．この原始関数は楕円関数とよばれ，一般に $0<k<1$ のときは初等関数やその四則演算や根号をとるなどの式で表示することはできない．しかも，このように初等関数の原始関数が初等関数で表示できない例はたくさんある．そのようなわけで，ここで考えていく不定積分は答が具体的に表示できる数少ない例外である．

また，現在ではコンピュータによる数値積分により，積分値が具体的に求まらない場合でも高い精度で近似計算ができたり，MATLAB などのソフトを用いても積分計算が可能なこともある．また，詳しい積分の公式集も出版されており，それらを利用して積分の計算を実行することも可能である．それでは，ここで学ぶ計算のテクニックは必要ないかというとそんなことはないのである．数式処理や数値積分を実施したり，公式集を使うためにはやはり最低限の積分の手計算が必要になるのである．そのような手計算を通じて積分の仕組みを会得することができるのである．

■ 6.3 積分の計算法(基礎編その2)

1. 置換積分法（変数変換）

合成関数の微分の公式より $F'(x)=f(x)$ とすると，

$$\frac{d}{dx}F(g(x)) = F'(g(x))g'(x) = f(g(x))g'(x).$$

よって

定理 6.2
$$\int f(g(x))g'(x)dx = F(g(x)) + C.$$

この定理に基づいて積分を求める方法を**置換積分**とよぶ．実際には，$f(x)$ や $g(x)$ をどのように選ぶかが重要である．個々の問題については各自で決定しなくてはならず，また 6.6 節で説明するように問題に応じては選び方にも一定の指針がある．まず一般的に説明しよう．本質的には同一であるが，置換積分のやり方には外見上次の 2 つのパターンがある．

パターン I $\int f(g(x))g'(x)dx$ の場合:

● ステップ 1 ● $t=g(x)$ とおく．そのとき，$\dfrac{dt}{dx}=g'(x)$ である．ここで

6.3 積分の計算法 (基礎編その 2)

dt, dx を普通の文字のようにみなして両辺に dx をかけて

$$dt = g'(x)dx, \quad \text{よって} \quad dx = \frac{1}{g'(x)}dt,$$

すなわち $f(g(x))g'(x)dx = f(t)dt$ となる．

• ステップ 2 • $\quad \displaystyle\int f(g(x))g'(x)dx = \int f(t)dt$

で t の関数として f の原始関数を求める：$\displaystyle\int f(t)dt = F(t) + C$.

• ステップ 3 • $\quad t = g(x)$ を代入して $\displaystyle\int f(g(x))g'(x)dx = F(g(x)) + C$.

パターン II $\displaystyle\int f(x)dx$ の場合：

• ステップ 1 • $\quad x = g(t)$ として x を別の変数 t で表す．そのとき，$\dfrac{dx}{dt} = g'(t)$ であるので，$dx = g'(t)dt$.

• ステップ 2 • $\quad \displaystyle\int f(x)dx = \int f(g(t))g'(t)dt$

なので $\displaystyle\int f(g(t))g'(t)dt$ を計算する：

$$\int f(g(t))g'(t)dt = G(t) + C.$$

• ステップ 3 • $\quad x = g(t)$ を t について解くことができたとして，$t = h(x)$ とおいて $\displaystyle\int f(x)dx = G(h(x)) + C$.

パターン II は主に 6.6 節の V で表される．

例題 6.1 $\quad a \neq 0$ とする．$\displaystyle\int (ax+b)^2 dx$ を求めよ．

解答 パターン I のステップ 1 で $t = ax + b$ とおく．このとき，$\dfrac{dt}{dx} = a$ なので $dx = \dfrac{1}{a}dt$ である．ステップ 2 で

$$\int (ax+b)^2 dx = \int t^2 \frac{1}{a} dt.$$

よって
$$\int t^2 \frac{1}{a} dt = \frac{1}{3a} t^3 + C.$$
ステップ 3 : $t = ax + b$ を代入する：
$$\int (ax+b)^2 dx = \frac{(ax+b)^3}{3a} + C.$$

要は $\int (x \text{ の関数}) dx$ で x を別の変数 t に変える場合には dx に含まれる "x" も含めてすべて t だけで表しておくことが，置換積分の肝心なところである．□

例題 6.2 $\alpha \neq 0$ とする．$\int \sin(\alpha x + \beta) dx$ を求めよ．

解答 パターン I のステップ 1 で $t = \alpha x + \beta$ おくと，$dx = \frac{1}{\alpha} dt$ である．よって公式 (4) も用いて

$$\int \sin(\alpha x + \beta) dx = \int \sin t \times \frac{1}{\alpha} dt = \frac{1}{\alpha}(-\cos t) + C$$
$$= -\frac{\cos(\alpha x + \beta)}{\alpha} + C. \quad \square$$

(1)〜(11) と他の公式（特に 3.4 節の三角関数の公式：命題 3.6, 3.7, 例題 3.1）を組み合わせて積分を計算ができることがある．

例題 6.3 $\int \sin^2 x \, dx$, $\int \cos^2 x \, dx$ を求めよ．

解答 三角関数の加法定理（忘れてはいけない！）より
$$\cos 2x = 2\cos^2 x - 1 = 1 - 2\sin^2 x$$
がわかる．よって
$$\sin^2 x = \frac{1 - \cos 2x}{2}, \quad \cos^2 x = \frac{1 + \cos 2x}{2}$$
(例題 3.1)．したがって，
$$\int \sin^2 x \, dx = \frac{1}{2} \int (1 - \cos 2x) dx = \frac{1}{2} x - \frac{1}{4} \sin 2x + C,$$

$$\int \cos^2 x\, dx = \frac{1}{2}\int (1+\cos 2x)dx = \frac{1}{2}x + \frac{1}{4}\sin 2x + C$$

となる．一般の場合は例題 6.16 で計算する．□

例題 6.4 (対数微分法の逆) すべての x に対して，$g(x) \neq 0$ とする．$\displaystyle\int \frac{g'(x)}{g(x)}dx$ を求めよ．

解答 $t = g(x)$ とおくと，$dt = g'(x)dx$ であるので

$$\int \frac{g'(x)}{g(x)}dx = \int \frac{1}{t}dt = \log|t| + C.$$

よって

$$\int \frac{g'(x)}{g(x)}dx = \log|g(x)| + C. \quad \square$$

例 6.3 $x > 0$ として

$$\int \frac{1}{x\log x}dx = \log|\log x| + C$$

である．実際，$g(x) = \log x$ とおいて例題 6.4 を用いればよい．

例題 6.5

(i) $\displaystyle\int \frac{1-\sqrt{x}}{x+\sqrt{x}}dx$ (ii) $\displaystyle\int \frac{x^3}{x^8+1}dx$ (iii) $\displaystyle\int \frac{1}{(e^x+e^{-x})^4}dx.$

解答 (ii), (iii) はやや技巧的である．

(i) $t = \sqrt{x}$ とおく．そのとき，$dx = 2t\,dt$，

$$\int \frac{1-\sqrt{x}}{x+\sqrt{x}}dx = \int \frac{1-t}{t^2+t}2t\,dt = 2\int \frac{1-t}{1+t}dt = 2\int \left(-1 + \frac{2}{1+t}\right)dt$$
$$= 4\log|t+1| - 2t + C = 4\log(\sqrt{x}+1) - 2\sqrt{x} + C.$$

(ii) $t = x^4$ とおく．$dt = 4x^3 dx$ なので $x^3 dx = \frac{1}{4}dt$．よって

$$\int \frac{x^3}{x^8+1}dx = \frac{1}{4}\int \frac{1}{t^2+1}dt.$$

公式 (9) より
$$\int \frac{x^3}{x^8+1}dx = \frac{1}{4}\arctan t + C = \frac{1}{4}\arctan(x^4) + C.$$

これは 6.4 節の方法で一般的にとり扱えるがここでのやり方にくらべると複雑である.

(iii) まず, 分母を計算する: $(e^x+e^{-x})^4 = (e^{-x}(e^{2x}+1))^4 = e^{-4x}(e^{2x}+1)^4$. よって $\dfrac{1}{(e^x+e^{-x})^4} = \dfrac{e^{4x}}{(e^{2x}+1)^4}$.

そこで, $e^{2x}+1 = t$ とおく. $dt = 2e^{2x}dx$ なので

$$\int \frac{1}{(e^x+e^{-x})^4}dx = \int \frac{e^{4x}}{(e^{2x}+1)^4}dx = \int \frac{1}{t^4}e^{4x}\frac{dt}{2e^{2x}} = \frac{1}{2}\int \frac{1}{t^4}e^{2x}dt.$$

一方, $e^{2x} = t-1$ なので

$$\int \frac{1}{(e^x+e^{-x})^4}dx = \frac{1}{2}\int \frac{t-1}{t^4}dt = \frac{1}{2}\int t^{-3}dt - \frac{1}{2}\int t^{-4}dt$$
$$= \frac{1}{2}\left(-\frac{1}{2}t^{-2} + \frac{1}{3}t^{-3}\right) + C$$
$$= \frac{-1}{4}\frac{1}{(e^{2x}+1)^2} + \frac{1}{6}\frac{1}{(e^{2x}+1)^3} + C. \quad \square$$

例題 6.6　$\displaystyle \int \frac{e^{4x}}{e^{2x}-1}dx.$

解答　e^{2x} をひとまとめに考えると, 分数式なので $t = e^{2x}$ とおいてみよう. そして, すべてを t で表そう.
$$\frac{e^{4x}}{e^{2x}-1} = \frac{t^2}{t-1}.$$

さらに $dt = 2e^{2x}dx$, よって
$$dx = \frac{1}{2e^{2x}}dt = \frac{1}{2t}dt, \quad \int \frac{e^{4x}}{e^{2x}-1}dx = \frac{1}{2}\int \frac{t}{t-1}dt.$$

$\dfrac{t}{t-1} = 1 + \dfrac{1}{t-1}$ （割り算を実行）なので積分を実行する:

$$\frac{1}{2}\int \frac{t}{t-1}dt = \frac{1}{2}t + \frac{1}{2}\int \frac{1}{t-1}dt.$$

ここで最後の積分は $s = t-1$ とおいてパターン I の置換積分を行う. すなわち, $ds = dt$ であるので

6.3 積分の計算法 (基礎編その2)

$$\int \frac{1}{t-1}dt = \int \frac{1}{s}ds = \log|s| + C = \log|t-1| + C.$$

$t = e^{2x}$ を代入して x に戻すと，

$$\frac{1}{2}e^{2x} + \frac{1}{2}\log|e^{2x} - 1| + C. \quad \square$$

例題 6.7 $n \in \mathbf{N}$ とする．

(i) $\int \sin^n x \cos x dx$ (ii) $\int \sin^{2n+1} x dx$ (iii) $\int (x^2+1)^n x dx.$

解答 (i) パターン I の置換積分を行う．$t = \sin x$ とおくと，$dt = \cos x dx$ である．よって

$$\int (\sin x)^n \cos x dx = \int t^n \cos x \frac{dt}{\cos x} = \int t^n dt = \frac{t^{n+1}}{n+1} + C$$
$$= \frac{(\sin x)^{n+1}}{n+1} + C.$$

(ii) パターン I の置換積分をする．まず，三角関数の重要な公式 $\sin^2 x + \cos^2 x = 1$ を用いて

$$\int (\sin x)^{2n+1} dx = \int (\sin x)^{2n} \sin x dx = \int (1 - \cos^2 x)^n \sin x dx$$

のように計算する．$t = \cos x$ とおくと，$dx = -\frac{1}{\sin x}dt$．よって

$$\int (\sin x)^{2n+1} dx = \int (1-t^2)^n (-1) dt = -\int (1-t^2)^n dt$$
$$= -\int \sum_{k=0}^{n} {}_n C_k t^{2k} (-1)^k dt = \sum_{k=0}^{n} \frac{(-1)^{k+1} {}_n C_k}{2k+1} \cos^{2k+1} x + C.$$

最後で二項定理を用いた．

(iii) $t = x^2 + 1$ とおくと $2x dx = dt$．よって

$$\int t^n \frac{1}{2} dt = \frac{t^{n+1}}{2(n+1)} + C = \frac{(x^2+1)^{n+1}}{2(n+1)} + C. \quad \square$$

漸化式をうまく用いてべき乗を含む積分を計算できることがしばしばある．

例題 6.8　　$T_n = \int \tan^n x\, dx, \quad n \neq 1$

とおく．そのとき，

(i) $$T_n = \frac{\tan^{n-1} x}{n-1} - T_{n-2}$$

を証明せよ．

(ii) $\int \tan^4 x\, dx$ を求めよ．

解答　(i) 4.6 節の最後でふれた公式 $\tan^2 x = \dfrac{1}{\cos^2 x} - 1$ に注意すると

$$\tan^n x = \tan^{n-2} x \tan^2 x = \tan^{n-2} x \left(\frac{1}{\cos^2 x} - 1 \right) = \frac{1}{\cos^2 x} \tan^{n-2} x - \tan^{n-2} x.$$

よって　　$T_n = \int \tan^n x\, dx = -T_{n-2} + \int \tan^{n-2} x \dfrac{dx}{\cos^2 x}.$

$(\tan x)' = \dfrac{1}{\cos^2 x}$ なので $t = \tan x$ とおいてみる．置換積分を行うと $dt = \dfrac{dx}{\cos^2 x}$．

よって　　$\int \tan^{n-2} x \dfrac{dx}{\cos^2 x} = \int t^{n-2} dt = \dfrac{t^{n-1}}{n-1} + C = \dfrac{\tan^{n-1} x}{n-1} + C.$

したがって，漸化式を示すことができた．

(ii) $n = 2$ とおいて $T_2 = \tan x - T_0 = \tan x - x + C$. 次に $n = 4$ とおいて，

$$T_4 = \frac{\tan^3 x}{3} - T_2 = \frac{\tan^3 x}{3} - \tan x + x + C. \quad \square$$

置換積分のためには積分するべき関数の形から $g(x)$ の形を推測しなくてはならない．いずれにせよ，慣れと経験が必要である．$g(x)$ の見つけ方のコツについては 6.6 節で述べることにして先を急ぐこととしよう．

2. 部分積分

2 つの関数 u, v に対して積の微分法より

$$(uv)' = u'v + uv'.$$

ゆえに，uv は $u'v + uv'$ の 1 つの原始関数である．よって

$$\int \bigl(u'(x)v(x) + u(x)v'(x)\bigr) dx = u(x)v(x) + C.$$

6.3 積分の計算法 (基礎編その 2)

これから次がわかる.

定理 6.3 (部分積分)
$$\int u'(x)v(x)dx = u(x)v(x) - \int u(x)v'(x)dx.$$

これより, $\int f(x)g(x)dx$ という形の積分を $f(x) = u'(x), g(x) = v(x)$ とおいて, 計算がしやすい積分 $\int u(x)v'(x)dx$ に帰着させる. ここで鍵となるのは $f(x) = u'(x), g(x) = v(x)$ となる 2 つの関数 f, g をどのようにして見つけるのかということである.

例題 6.9 $\int xe^x dx.$

解答 xe^x に対して $u'(x) = e^x, v(x) = x$ と考える. そのとき, $u(x) = e^x, v'(x) = 1$. よって
$$\int xe^x dx = xe^x - \int e^x dx = (x-1)e^x + C. \quad \square$$

次のような組み合わせの表で整理して計算してもよいであろう.

$u'(x) = e^x$	$v(x) = x$
$u(x) = e^x$	$v'(x) = 1$

この組合せ以外では部分積分ができないことがある. 例えば $u'(x) = x, v(x) = e^x$ と選んでしまうと,
$$\int xe^x dx = \frac{x^2}{2}e^x - \int \frac{x^2}{2}e^x dx$$
となり, 部分積分の結果として現れる積分はもとのものより難しくなってしまう.

部分積分を繰り返して使って解答に到達できることもある.

例題 6.10 $\int x^2 e^x dx.$

解答 $u'(x) = e^x, v(x) = x^2$ とおくと，$u(x) = e^x, v'(x) = 2x$. よって

$$\int x^2 e^x dx = x^2 e^x - 2\int xe^x dx.$$

そこで例題 6.9 より，

$$\int x^2 e^x dx = x^2 e^x - 2\{(x-1)e^x + C\} = x^2 e^x - 2(x-1)e^x + C.$$

ここで $2C$ をあらためて C とおいた．□

例題 6.11 $\displaystyle\int x^2 \cos x dx.$

解答 部分積分を繰り返す．$u'(x) = \cos x, v(x) = x^2$ と考える．そのとき，$u(x) = \sin x, v'(x) = 2x$. したがって，

$$\int x^2 \cos dx = x^2 \sin x - 2\int x \sin x dx.$$

そこで部分積分を繰り返そう：$u'(x) = \sin x, v(x) = x$ と考える：$u(x) = -\cos x, v'(x) = 1$. よって

$$\int x^2 \cos x dx = x^2 \sin x - 2(-x\cos x + \sin x) + C$$
$$= x^2 \sin x + 2x \cos x - 2\sin x + C. \quad \square$$

例題 6.12 $\alpha \neq 0$ とする．
$$\int e^{\alpha x} \sin \beta x dx.$$

解答 $u'(x) = e^{\alpha x}, v(x) = \sin \beta x$ として部分積分を行う．そのとき，$u(x) = \dfrac{1}{\alpha}e^{\alpha x}, v'(x) = \beta\cos\beta x$ なので

$$\int e^{\alpha x} \sin \beta x dx = \frac{1}{\alpha} e^{\alpha x} \sin \beta x - \frac{\beta}{\alpha} \int e^{\alpha x} \cos \beta x dx + C. \tag{12}$$

前の例題と似たような状況である！部分積分を再度行う．すなわち，$u'(x) = e^{\alpha x}, v(x) = \cos \beta x$ とおく．$u(x) = \dfrac{1}{\alpha}e^{\alpha x}, v'(x) = -\beta\sin\beta x$ なので

6.3 積分の計算法 (基礎編その 2)

$$\int e^{\alpha x}\cos\beta x dx = \frac{1}{\alpha}e^{\alpha x}\cos\beta x + \frac{\beta}{\alpha}\int e^{\alpha x}\sin\beta x dx.$$

よって，これを (12) に代入して

$$\int e^{\alpha x}\sin\beta x dx = \frac{1}{\alpha}e^{\alpha x}\sin\beta x - \frac{\beta}{\alpha^2}e^{\alpha x}\cos\beta x - \frac{\beta^2}{\alpha^2}\int e^{\alpha x}\sin\beta x dx.$$

したがって，求めたい $\int e^{\alpha x}\sin\beta x dx$ についてこれを解くと

$$\int e^{\alpha x}\sin\beta x dx = \frac{\alpha\sin\beta x - \beta\cos\beta x}{\alpha^2 + \beta^2}e^{\alpha x} + C$$

が得られた．

さらに，この結果を (12) に代入すると，

$$\int e^{\alpha x}\cos\beta x dx = \frac{\beta\sin\beta x + \alpha\cos\beta x}{\alpha^2 + \beta^2}e^{\alpha x} + C$$

もわかる．□

$\int f(x)dx$ において $u'(x) = 1, v(x) = f(x)$ とおいて，部分積分を行うこともある:

$$\int f(x)dx = xf(x) - \int xf'(x)dx.$$

このやり方は対数関数を含む場合に有効なことがある．

例題 6.13 $\int \log x dx.$

解答 $u'(x) = 1, v(x) = \log x$ として部分積分を行う．このとき，$u(x) = x$, $v'(x) = 1/x$ なので

$$\int \log x dx = x\log x - \int x \times \frac{1}{x}dx = x\log x - x + C. \quad \square$$

べき乗を含んだ関数の不定積分に関して，部分積分を用いて漸化式を作って順次計算することも有効である．

例題 6.14 $I_n = \int (\log x)^n dx$ の漸化式を導いて，I_3 を求めよ．

解答 $u'(x) = 1$, $v(x) = (\log x)^n$ とおいて部分積分：

$$I_n = x(\log x)^n - \int x \times n(\log x)^{n-1}\frac{dx}{x} = x(\log x)^n - n\int (\log x)^{n-1} dx.$$

したがって，
$$I_n = x(\log x)^n - nI_{n-1}, \qquad n \in \mathbf{N}.$$

一方，
$$I_0 = \int (\log x)^0 dx = \int dx = x + C,$$
$$I_1 = x(\log x) - I_0 = x\log x - x + C,$$
$$I_2 = x(\log x)^2 - 2I_1 = x(\log x)^2 - 2x(\log x) + 2x + C.$$
$$I_3 = x(\log x)^3 - 3I_2 = x(\log x)^3 - 3x(\log x)^2 + 6x(\log x) - 6x + C.$$

積分定数 C は I_3 が求まったときに最終的につけ加えればよい. □

例題 6.15 $\quad I_n = \int x^n \sin x dx, \quad J_n = \int x^n \cos x dx$

とおく．ただし n は自然数とする．このとき，漸化式

$$I_n = -x^n \cos x + nJ_{n-1}, \quad J_n = x^n \sin x - nI_{n-1}$$

を証明せよ．さらにこれを利用して I_3, J_3 を求めよ．

解答 $u'(x) = \sin x$, $v(x) = x^n$ とおく．このとき，部分積分を行って

$$I_n = -x^n \cos x + n\int x^{n-1} \cos x dx = -x^n \cos x + nJ_{n-1}.$$

同様に $u'(x) = \cos x$, $v(x) = x^n$ とおいて部分積分より

$$J_n = x^n \sin x - n\int x^{n-1} \sin x dx = x^n \sin x - nI_{n-1}.$$

ゆえに漸化式が示された．

まず，$\quad I_0 = \int \sin x dx = -\cos x, \quad J_0 = \int \cos x dx = \sin x.$

したがって，$n = 1, 2, 3$ とおいて順次，

$$I_1 = -x\cos x + J_0 = -x\cos x + \sin x$$

6.3 積分の計算法 (基礎編その 2)

$$J_1 = x\sin x - I_0 = x\sin x + \cos x,$$
$$I_2 = -x^2\cos x + 2J_1 = -x^2\cos x + 2x\sin x + 2\cos x$$
$$J_2 = x^2\sin x - 2I_1 = x^2\sin x + 2x\cos x - 2\sin x$$

と求めることができる．ゆえに

$$I_3 = -x^3\cos x + 3J_2 = -x^3\cos x + 3x^2\sin x + 6x\cos x - 6\sin x + C$$
$$J_3 = x^3\sin x - 3I_2 = x^3\sin x + 3x^2\cos x - 6x\sin x - 6\cos x + C$$

が得られた．□

例題 6.16
$$I_n = \int \sin^n x\, dx, \qquad J_n = \int \cos^n x\, dx$$

とおく．n は自然数とする．このとき，漸化式

$$I_n = -\frac{\sin^{n-1} x\cos x}{n} + \frac{n-1}{n}I_{n-2}$$
$$J_n = \frac{\cos^{n-1} x\sin x}{n} + \frac{n-1}{n}J_{n-2}$$

を証明せよ．

解答 $u'(x) = \sin x, v(x) = \sin^{n-1} x$ とおき，部分積分を行う．$u(x) = -\cos x$, $v'(x) = (n-1)\sin^{n-2} x\cos x$ なので

$$I_n = -\sin^{n-1} x\cos x + (n-1)\int \sin^{n-2} x\cos^2 x\, dx.$$

三角関数の基本公式 $\cos^2 x = 1 - \sin^2 x$ に注意して

$$I_n = -\sin^{n-1} x\cos x + (n-1)I_{n-2} - (n-1)I_n.$$

よって $(n-1)I_n$ を右辺から左辺へ移項して

$$nI_n = -\sin^{n-1} x\cos x + (n-1)I_{n-2}$$

なので第一の漸化式がわかった．第二の漸化式も $u'(x) = \cos x, v(x) = \cos^{n-1} x$ とおいて部分積分により同様にしてわかる．□

類題
$$I_{-n} = \int \frac{1}{\sin^n x}dx, \qquad J_{-n} = \int \frac{1}{\cos^n x}dx$$

とおく．n は 2 以上の自然数とする．このとき，漸化式

$$I_{-n} = -\frac{\cos x}{(n-1)\sin^{n-1} x} + \frac{n-2}{n-1} I_{-n+2}$$

$$J_{-n} = \frac{\sin x}{(n-1)\cos^{n-1} x} + \frac{n-2}{n-1} J_{-n+2}$$

を証明せよ．

■ 6.4 積分の計算法 (基礎編その 3) − 部分分数分解

多項式の不定積分はやさしい．次にやさしいのは分数式の不定積分であり，分数式を積分するためには，**部分分数分解**とよばれるプロセスが必要である．さらに三角関数や無理関数などが入った不定積分はより難しいことが普通であり，基本としては置換積分などで分数式の不定積分に変えることが一般的なやり方であるので（もちろん例外はある．例えば 6.6 節のテクニック V をみよ），そこでも分数式の積分が必要になる．この節では部分分数分解による積分法を解説する．

例 6.4
$$\frac{1}{x^2-1} = \frac{1}{2}\frac{1}{x-1} - \frac{1}{2}\frac{1}{x+1}.$$

これは次のようにしてわかる．$\dfrac{1}{x^2-1} = \dfrac{1}{(x-1)(x+1)}$（分母を因数分解）．さらに $\dfrac{1}{x^2-1} = \dfrac{a}{x-1} + \dfrac{b}{x+1}$ とおいて実数 a,b を決める：分母をはらって $1 = a(x+1) + b(x-1)$，すなわち $(a+b)x + (a-b) = 1$．係数を比較して $a+b=0, a-b=1$ なので $a = \dfrac{1}{2}, b = -\dfrac{1}{2}$．

例 6.5 例 6.4 と同様にして $\dfrac{1}{x^3-1} = \dfrac{1}{(x-1)(x^2+x+1)} = \dfrac{a}{x-1} + \dfrac{bx+c}{x^2+x+1}$ とおいて実数 a,b,c を定める．このとき右辺の分数式はつねに分子の次数が分母の次数より小さいことに注意しよう：

$$\frac{1}{x^3-1} = \frac{1}{3}\frac{1}{x-1} - \frac{1}{3}\frac{x+2}{x^2+x+1}.$$

部分分数分解は分母が異なる分数式を足したり引いたりする際に行う分母をそろえる操作である通分と逆の操作である．部分分数分解ができれば，不定積分の計算は次のようにできる．例 6.4 では

6.4 積分の計算法 (基礎編その3) －部分分数分解

$$\int \frac{1}{x^2-1}dx = \frac{1}{2}\int \frac{1}{x-1}dx - \frac{1}{2}\int \frac{1}{x+1}dx$$

として

$$\frac{1}{2}\log|x-1| - \frac{1}{2}\log|x+1| + C$$

と不定積分が求まる（詳しくは最後に積分でそれぞれ $t = x-1, t = x+1$ とおいて置換積分をしている）．例 6.5 においても分母がより簡単な一次式と二次式に分解されているのでこれから説明するように不定積分の計算ができるのである．

部分分数分解のやり方を系統的に解説しよう．

$$\frac{f(x)}{g(x)}$$

を考える．ただし $f(x), g(x)$ は多項式であるとする．すべての係数は実数であるとする．

• **ステップ 1** • f の次数が g の次数以上である場合には，割り算を実行して次の形にしておく：

$$f_2(x) + \frac{f_1(x)}{g(x)}.$$

ただし，f_1, f_2 は多項式で f_1 の次数は g の次数より小さいものとする．

例 6.6
$$\frac{x^3+2}{x^2-1} = x + \frac{x+2}{x^2-1}.$$

• **ステップ 2** • 以下の 2 つの可能性がある．

場合 1 分母 $g(x)$ が次のように表されるものとする：m は適当な自然数であるとする．

$$g(x) = (x-a)^m g_1(x).$$

ただし，g_1 は $(x-a)^m$ で割りきることができないものとする（因数に $(x-a)$ を含まないとする）．このとき，

$$\frac{f_1(x)}{g(x)} = \frac{c_1}{x-a} + \frac{c_2}{(x-a)^2} + \cdots + \frac{c_m}{(x-a)^m} + \frac{f_2(x)}{g_1(x)}$$

の形に表すことができる．ただし，多項式 f_2 の次数は g_1 の次数より小さいものとする．

場合 2 分母 $g(x)$ が $(x^2+ax+b)^n g_1(x)$ の形に分解できるとする．ここで $a^2-4b<0$ であって（すなわち，実数の係数の範囲で x^2+ax+b をこれ以上一次式に分解することができない），$g_1(x)$ は x^2+ax+b で割りきることができない多項式である．このとき，多項式 f_2 の次数が g_1 の次数より小さいものとして

$$\frac{f_1(x)}{g(x)} = \frac{p_1 x+q_1}{x^2+ax+b} + \frac{p_2 x+q_2}{(x^2+ax+b)^2} + \cdots + \frac{p_n x+q_n}{(x^2+ax+b)^n} + \frac{f_2(x)}{g_1(x)}$$

と表すことができる．

さて，係数 $c_1,...,c_m, p_1,...,p_n, q_1,...,q_n$ を求める．そのためには次の例題で説明するように恒等式の条件を用いる**係数比較**や x に特別な値を**代入**する方法がある．

● **ステップ 3** ● ステップ 2 で得られた分数式 $\dfrac{f_2(x)}{g_1(x)}$ に関して以上の操作を可能な限り繰り返す．これで部分分数分解が完了することになる．

例題 6.17 $\dfrac{x^2+x+1}{(x-1)^2(x-2)}$ を部分分数分解せよ．

解答 部分分数分解の結果得られる式は以上のことから
$$\frac{x^2+x+1}{(x-1)^2(x-2)} = \frac{c_1}{x-1} + \frac{c_2}{(x-1)^2} + \frac{c_3}{x-2}$$
という形になる．分母 $(x-1)^2(x-2)$ を両辺にかけて分母をはらうと
$$x^2+x+1 = c_1(x-1)(x-2) + c_2(x-2) + c_3(x-1)^2. \tag{13}$$
係数比較：上の式を展開してまとめると
$$x^2+x+1 = (c_1+c_3)x^2 + (-3c_1+c_2-2c_3)x + (2c_1-2c_2+c_3).$$
この両辺は同じ多項式を表しているので，対応する係数が一致していなくてはならない：
$$c_1+c_3=1, \quad -3c_1+c_2-2c_3=1, \quad 2c_1-2c_2+c_3=1.$$
c_1,c_2,c_3 に関する連立方程式を解いて $c_1=-6, c_2=-3, c_3=7$ が得られた．

代入：(13) の右辺に含まれる因数 $x-1, x-2$ をなるべく 0 にする（計算が単純になるので）ような x の値を代入する：$x=0,1,2$ を代入する．その結果，
$$3=-c_2, \quad 7=c_3, \quad 1=2c_1-2c_2+c_3$$
が得られる．これを解くと $c_1=-6, c_2=-3, c_3=7$ となる．□

6.4 積分の計算法 (基礎編その 3) －部分分数分解

例題 6.18 $\dfrac{1}{(x-1)^2(x^2+1)^2}$ を部分分数分解せよ．

解答 まず

$$\frac{1}{(x-1)^2(x^2+1)^2} = \frac{c_1}{x-1} + \frac{c_2}{(x-1)^2} + \frac{f_1(x)}{(x^2+1)^2}$$

とできる．ただし，f_1 は 3 次以下の多項式である．さらに $\dfrac{f_1(x)}{(x^2+1)^2}$ にステップ 2 の手続きをあてはめる：

$$\frac{f_1(x)}{(x^2+1)^2} = \frac{p_1 x + q_1}{x^2+1} + \frac{p_2 x + q_2}{(x^2+1)^2}.$$

よって $\dfrac{1}{(x-1)^2(x^2+1)^2} = \dfrac{c_1}{x-1} + \dfrac{c_2}{(x-1)^2} + \dfrac{p_1 x + q_1}{x^2+1} + \dfrac{p_2 x + q_2}{(x^2+1)^2}$

の形で分解できるはずである．係数 $c_1, c_2, p_1, p_2, q_1, q_2$ を決定しなくてはならない．そこで両辺に $(x-1)^2(x^2+1)^2$ をかける：

$$\begin{aligned} 1 = {} & c_1(x-1)(x^2+1)^2 + c_2(x^2+1)^2 \\ & + (p_1 x + q_1)(x-1)^2(x^2+1) + (p_2 x + q_2)(x-1)^2. \end{aligned} \quad (14)$$

(14) に対して係数比較を用いて $c_1, c_2, p_1, p_2, q_1, q_2$ を求めることは未知数が 6 つの連立方程式を解くことになり大変なので x にいろいろな値を代入することによって求めてみよう．(14) で $x = 1$ を代入すると $1 = 4c_2$，よって $c_2 = 1/4$．次に因数 $x^2 + 1$ を 0 にするため 0.1 節でふれた複素数を利用しよう：$x = i$ を代入する：

$$1 = (i p_2 + q_2)(i-1)^2.$$

すなわち，右辺を $i^2 = -1$ として計算すると

$$2p_2 - 2i q_2 = 1.$$

ここで p_2, q_2 は実数なので，2 つの複素数の実部と虚部がともに等しくなくてはならないので

$$2p_2 = 1, \qquad 2q_2 = 0$$

が得られる．よって $p_2 = 1/2, q_2 = 0$．

これらを (14) に代入して

$$1 = c_1(x-1)(x^2+1)^2 + \frac{1}{4}(x^2+1)^2 + (p_1 x + q_1)(x-1)^2(x^2+1) + \frac{1}{2}x(x-1)^2$$

となる．さらに特別な x の値を代入してもよいが，ここでは微分をしてから代入を試みる：両辺を微分すると，

$$\begin{aligned} 0 =\ & c_1(x^2+1)^2 + c_1(x-1) \times 4x(x^2+1) + x(x^2+1) \\ & + p_1(x-1)^2(x^2+1) + 2(x-1)(p_1 x + q_1)(x^2+1) \\ & + (p_1 x + q_1)(x-1)^2 \times 2x + \tfrac{1}{2}(x-1)^2 + x(x-1). \end{aligned} \qquad (15)$$

そこで再び，$x = i$ を代入すると，

$$0 = (4p_1 - 2)i + (4q_1 - 1).$$

よって，p_1, q_1 が実数であるので

$$4p_1 - 2 = 0, \qquad 4q_1 - 1 = 0,$$

すなわち，

$$p_1 = \frac{1}{2}, \qquad q_1 = \frac{1}{4}.$$

次に，(15) の右辺の項をなるべく 0 にする値として $x = 0$ を代入すると

$$0 = c_1 + p_1 - 2q_1 + \frac{1}{2}.$$

よって

$$c_1 = -\frac{1}{2}.$$

以上のことから，

$$\frac{1}{(x-1)^2(x^2+1)^2} = -\frac{1}{2}\frac{1}{x-1} + \frac{1}{4}\frac{1}{(x-1)^2} + \frac{2x+1}{4(x^2+1)} + \frac{x}{2(x^2+1)^2}. \qquad \square$$

このように代入による方法と微分を組み合わせることによって部分分数分解を効率よく行うことができる．

例題 6.19 $\displaystyle \int \frac{1}{x^3 - 1} dx.$

解答 部分分数分解は容易にできて (例 6.5)，

$$\int \frac{1}{x^3 - 1} dx = \frac{1}{3} \int \frac{1}{x-1} dx - \frac{1}{3} \int \frac{x+2}{x^2+x+1} dx$$

となる．第一の積分は簡単な置換 $t = x - 1$ によって $\frac{1}{3}\log|x-1|$ と求めることができる．第二の積分を考えよう．このようなときにはまず，分母を**平方完成**するのが鉄則である：
$$x^2 + x + 1 = \left(x + \frac{1}{2}\right)^2 + \frac{3}{4}.$$
そこで $t = x + \frac{1}{2}$ とおくと，
$$\int \frac{x+2}{x^2+x+1}dx = \int \frac{t+\frac{3}{2}}{t^2+\frac{3}{4}}dt = \int \frac{t}{t^2+\frac{3}{4}}dt + \frac{3}{2}\int \frac{1}{t^2+\frac{3}{4}}dt.$$
1番目の積分は $s = t^2 + \frac{3}{4}$ とおいて置換積分で処理できる：$ds = 2tdt$ なので
$$\int \frac{t}{t^2+\frac{3}{4}}dt = \frac{1}{2}\int \frac{1}{s}ds = \frac{1}{2}\log|s| + C = \frac{1}{2}\log(x^2+x+1) + C.$$
2番目の積分を考える．公式 (9) において $a = \sqrt{3}/2$ としてあてはめると
$$\frac{3}{2}\int \frac{1}{t^2+\frac{3}{4}}dt = \sqrt{3}\arctan\frac{2}{\sqrt{3}}\left(x+\frac{1}{2}\right) + C.$$
よって
$$\int \frac{x+2}{x^2+x+1}dx = \frac{1}{2}\log(x^2+x+1) + \sqrt{3}\arctan\frac{2}{\sqrt{3}}\left(x+\frac{1}{2}\right) + C.$$
以上の計算をまとめると
$$\int \frac{1}{x^3-1}dx = \frac{1}{3}\log|x-1| - \frac{1}{6}\log(x^2+x+1)$$
$$-\frac{1}{\sqrt{3}}\arctan\frac{2}{\sqrt{3}}\left(x+\frac{1}{2}\right) + C. \quad \square$$

■ 6.5 積分の計算法（中級編：部分分数分解の後で）

以上説明した部分分数分解で，積分がしやすい形に一応帰着させることができた．あとは必要に応じて例題 6.19 のように平方完成して基礎編の公式を適用すればよい．ここでは，部分分数分解が完了したあとに現れる不定積分の求め方を体系だてて解説する．

部分分数分解後に現れる分数式は以下のいずれかの形をしている．ただし k は自然数とする．

> (I) $\displaystyle\int \frac{1}{x-a}dx,\ \int \frac{1}{(x-a)^2}dx,\ \cdots,\ \int \frac{1}{(x-a)^m}dx.$
>
> (II) $\displaystyle\int \frac{1}{x^2+ax+b}dx.$ (III) $\displaystyle\int \frac{px+q}{x^2+ax+b}dx.$
>
> (IV) $\displaystyle\int \frac{1}{(x^2+ax+b)^k}dx.$ (V) $\displaystyle\int \frac{px+q}{(x^2+ax+b)^k}dx.$

ただし，(II)〜(V) では $a^2-4b<0$ としておく（すなわち，実数の範囲でこれ以上は一次式に分解できない）．

(I) 公式と簡単な置換積分 $t=x-a$ によって

$$\int \frac{1}{x-a}dx = \log|x-a|+C,\quad \int \frac{1}{(x-a)^2}dx = -\frac{1}{x-a}+C,$$

$$\int \frac{1}{(x-a)^m}dx = \frac{1}{1-m}(x-a)^{1-m}+C$$

と求めることができる．

(II)〜(III) ではまず，分母を平方完成する．

例題 6.20 $\displaystyle\int \frac{1}{x^2+ax+b}dx.$

解答 平方完成：$x^2+ax+b = \left(x+\dfrac{a}{2}\right)^2 + b - \dfrac{a^2}{4}$．よって $t=x+\dfrac{a}{2}$ とおいて

$$\int \frac{1}{t^2+\left(b-\frac{a^2}{4}\right)}dt.$$

さらに公式 (9) から

$$\int \frac{1}{t^2+\left(b-\frac{a^2}{4}\right)}dt = \frac{1}{\sqrt{b-\frac{a^2}{4}}}\arctan\frac{1}{\sqrt{b-\frac{a^2}{4}}}t+C.$$

したがって，

$$\int \frac{1}{x^2+ax+b}dx = \frac{1}{\sqrt{b-\frac{a^2}{4}}}\arctan\frac{1}{\sqrt{b-\frac{a^2}{4}}}\left(x+\frac{a}{2}\right)+C.\ \square$$

6.5 積分の計算法 (中級編：部分分数分解の後で)

例題 6.21
$$\int \frac{px+q}{x^2+ax+b}dx.$$

解答 やはり，分母を平方完成し変数変換をしてから

$$\int \frac{t+\alpha}{t^2+\beta}dt$$

の形の積分を考えることが基本であるが，ここでは少し違った手順で考えてみよう．分子が前の例題と違い，一次式なので，まず置換積分をあてはめることを考える．$(x^2+ax+b)' = 2x+a$ に注意して，分子を分母の導関数と定数の和に分解する：

$$px+q = A(x^2+ax+b)' + B.$$

ここで A, B を求めると $A = \dfrac{p}{2}$, $B = q - \dfrac{pa}{2}$ である．したがって，

$$\int \frac{px+q}{x^2+ax+b}dx = \frac{p}{2}\int \frac{(x^2+ax+b)'}{x^2+ax+b}dx + \left(q - \frac{pa}{2}\right)\int \frac{1}{x^2+ax+b}dx.$$

第一の積分は $t = x^2+ax+b$ とおいて置換積分をする：

$$\frac{p}{2}\int \frac{(x^2+ax+b)'}{x^2+ax+b}dx = \frac{p}{2}\log|x^2+ax+b| + C.$$

第二の積分は前の例題と同じようにして求めることができ，まとめると次式が得られた：

$$\begin{aligned}
\int \frac{px+q}{x^2+ax+b}dx &= \frac{p}{2}\log|x^2+ax+b| \\
&\quad + \frac{q-\frac{pa}{2}}{\sqrt{b-\frac{a^2}{4}}}\arctan\frac{1}{\sqrt{b-\frac{a^2}{4}}}\left(x+\frac{a}{2}\right) + C.
\end{aligned}$$

次に (IV) の形の積分

$$\int \frac{1}{(x^2+ax+b)^k}dx$$

を考えよう．ここで k は自然数で $a^2-4b<0$ とする．まず，平方完成することは前と同様である．

$$x^2+ax+b = \left(x+\frac{a}{2}\right)^2 + b - \frac{a^2}{4}.$$

ここで $b - \dfrac{a^2}{4} > 0$ なので $t = x + \dfrac{a}{2}$, $\alpha = \sqrt{b-\dfrac{a^2}{4}}$ とおくと，

$$\int \frac{1}{(t^2+\alpha^2)^k}dt$$
の形の積分を考えればよいことになる．□

> **例題 6.22** $\quad I_k = \displaystyle\int \frac{1}{(t^2+\alpha^2)^k}dt$
>
> とおく．このとき，次式を示せ．
>
> $$I_k = \frac{1}{2(k-1)\alpha^2}\left\{\frac{t}{(t^2+\alpha^2)^{k-1}} + (2k-3)I_{k-1}\right\}, \quad k \geq 2.$$

解答
$$I_k = \int \frac{1}{(t^2+\alpha^2)^k}dt = \frac{1}{\alpha^2}\int \frac{t^2+\alpha^2-t^2}{(t^2+\alpha^2)^k}dt$$
$$= \frac{1}{\alpha^2}I_{k-1} - \frac{1}{\alpha^2}\int t\frac{t}{(t^2+\alpha^2)^k}dt$$

と分解する．ここで $u(t)=t,\, v'(t)=\dfrac{t}{(t^2+\alpha^2)^k}$ とおいて部分積分を行う．$u'(t)=1$ であって，
$$v(t) = \int \frac{t}{(t^2+\alpha^2)^k}dt = \frac{1}{2}\int \frac{1}{s^k}ds = \frac{1}{2}\frac{1}{1-k}s^{1-k} = \frac{1}{2(1-k)}\frac{1}{(t^2+\alpha^2)^{k-1}}.$$
ここで $s=t^2+\alpha^2$ とおいて置換積分を行った．よって
$$-\frac{1}{\alpha^2}\int t\frac{t}{(t^2+\alpha^2)^k}dt$$
$$= \frac{t}{2(k-1)\alpha^2(t^2+\alpha^2)^{k-1}} - \frac{1}{2(k-1)\alpha^2}\int \frac{1}{(t^2+\alpha^2)^{k-1}}dt.$$

したがって，I_k の漸化式を示すことができた．

ここで得られた漸化式と (I) の結果を組み合わせれば，$I_2, I_3, \ldots$ と順次求めることができる．例えば，
$$I_2 = \frac{1}{2\alpha^2}\left\{\frac{t}{t^2+\alpha^2} + I_1\right\} = \frac{t}{2\alpha^2(t^2+\alpha^2)} + \frac{1}{2\alpha^3}\arctan\frac{x}{\alpha} + C. \quad \square$$

最後に，(V) の形の積分を考えよう．やはり，分母を平方完成する：
$$(x^2+ax+b)^k = (t^2+\alpha^2)^k.$$
ただし，$t = x + \dfrac{a}{2},\, \alpha = \sqrt{b-\dfrac{a^2}{4}}$ とおく．そこで，例題 6.21 と同様にして

$$\int \frac{px+q}{(x^2+ax+b)^k}dx = p\int \frac{t}{(t^2+\alpha^2)^k}dt + \left(q-\frac{pa}{2}\right)\int \frac{1}{(t^2+\alpha^2)^k}dt$$

となる．第一の積分については $s=t^2+\alpha^2$ とおいて，置換積分を実行して

$$p\int \frac{t}{(t^2+\alpha^2)^k}dt = \frac{p}{2(1-k)}\frac{1}{(t^2+\alpha^2)^{k-1}}$$

と計算できる．第二の積分については例題 6.22 の漸化式を利用して求める．

以上のことから，分数関数の不定積分を求めることが原理的には可能になった．

一方，われわれが扱わなくてはならない関数は分数関数だけではないことはいうまでもない．無理関数や三角関数，指数関数，対数関数などが組み合わさった関数の不定積分を考えなくてはいけない．しかしながら，そのような関数に対しては，部分分数分解のような包括的な方法はない．そこで，次に 6.6 節でそれらに対処するいくつかの特殊なテクニックを解説する．

■ 6.6 積分の計算法（上級編）

ここで述べるテクニックは個々の問題に深く依存するものである．いくつかの積分では，ここで紹介する特殊な方法以外には求めることがほとんど不可能なものもある．いわば職人芸のようなものであるが，紙数の都合もあり，比較的よく使われるものに限定して述べるにとどめたい．

I. $\int f(\sin^2 x, \cos^2 x, \tan x)dx$ の形の積分：

$$t = \tan x$$

とおく．このとき，基本的な公式 $\sin^2 x + \cos^2 x = 1$, $1+\tan^2 x = \dfrac{1}{\cos^2 x}$ に注意して

$$\sin^2 x = \frac{t^2}{1+t^2}, \quad \cos^2 x = \frac{1}{t^2+1}, \quad dx = \frac{1}{1+t^2}dt$$

なので t でおきかえることができる．

$\int f(\sin x, \cos x)dx$ の形の積分：

$$t = \tan \frac{x}{2}$$

とおく．このとき，

$$\sin x = \frac{2t}{1+t^2}, \quad \cos x = \frac{1-t^2}{1+t^2}, \quad dx = \frac{2}{1+t^2}dt$$

が，三角関数の倍角公式 (例題 3.1)

$$\cos x = 2\cos^2\frac{x}{2} - 1, \quad \sin x = 2\sin\frac{x}{2}\cos\frac{x}{2} = 2\tan\frac{x}{2}\cos^2\frac{x}{2}$$

を用いることにより確かめられる．

例題 6.23
$$\int \frac{\cos^2 x}{\sin^4 x} dx.$$

解答 $t = \tan x$ とおく:

$$\int \frac{1}{1+t^2}\left(\frac{1+t^2}{t^2}\right)^2 \frac{1}{1+t^2}dt = \int \frac{1}{t^4}dt = -\frac{1}{3}t^{-3} + C = -\frac{1}{3}\frac{1}{\tan^3 x} + C. \quad \square$$

例題 6.24 (i) $\displaystyle\int \frac{2-\sin x}{2+\cos x}dx$ (ii) $\displaystyle\int \frac{1}{3+5\sin x}dx.$

解答 $t = \tan\dfrac{x}{2}$ というおきかえがポイントである．

(i) $\displaystyle\int \frac{2-\sin x}{2+\cos x}dx = 2\int \frac{1}{2+\cos x}dx - \int \frac{\sin x}{2+\cos x}dx$

$\displaystyle = 2\int \left(2 + \frac{1-t^2}{1+t^2}\right)^{-1} \frac{2}{1+t^2}dt + \log(2+\cos x)$

$\displaystyle = 4\int \frac{1}{t^2+3}dt + \log(2+\cos x)$

$\displaystyle = \frac{4}{\sqrt{3}}\arctan\frac{1}{\sqrt{3}}\left(\tan\frac{x}{2}\right) + \log(2+\cos x) + C.$

$\displaystyle\int \frac{\sin x}{2+\cos x}dx$ については例題 6.4 の対数微分法の逆を用いた．

(ii) $\displaystyle\int \frac{1}{3+5\sin x}dx = \int \left(3 + 5\frac{2t}{1+t^2}\right)^{-1}\frac{2}{1+t^2}dt$

$\displaystyle = \frac{2}{3}\int \frac{dt}{(t+\frac{1}{3})(t+3)} = \frac{1}{4}\log\left|\frac{3t+1}{3t+9}\right|$

$$= \frac{1}{4}\log\left|\frac{3\tan\frac{x}{2}+1}{3\tan\frac{x}{2}+9}\right| + C.$$

ここで部分分数分解も用いた. □

次にあげる 2 つのタイプの積分は部分分数分解によってももちろんできるが, 特別な置換積分をした方が簡単である.

II. $\displaystyle\int \frac{1}{(x-a)^m(x-b)^n}dx.$

m, n は自然数で $a \neq b$ とする.

$$t = \frac{x-b}{x-a}$$

とおく. このとき, $x = \dfrac{at-b}{t-1}$, $dx = -\dfrac{a-b}{(t-1)^2}dt$ なので

$$\int \frac{1}{(x-a)^m(x-b)^n}dx = -\frac{1}{(a-b)^{m+n-1}}\int \frac{(t-1)^{m+n-2}}{t^n}dt$$

となり, 分子の $(t-1)^{m+n-2}$ を二項定理で展開して簡単に積分を実行することができる.

$\displaystyle\int \frac{f(x)}{(x-a)^m g(x)}dx.$

ただし, f, g は多項式で m は自然数である. $\dfrac{1}{t} = x - a$ とおくとうまくいくことがある.

III. $\displaystyle\int \frac{1}{x^{2m-1}(x^2+a)^n}dx.$

m, n は自然数で $a \neq 0$ とする.

$$t = \frac{x^2+a}{x^2}$$

とおく. このとき, $x^2 = \dfrac{a}{t-1}$, $2xdx = -\dfrac{a}{(t-1)^2}dt$ なので

$$\int \frac{1}{x^{2m-1}(x^2+a)^n}dx = \frac{-1}{2a^{m+n-1}}\int \frac{(t-1)^{m+n-2}}{t^n}dt$$

となり, II と同様に簡単に積分を実行することができる.

IV. 無理関数の微分 — 分数関数に帰着させる方法 1.

$\left(\dfrac{ax+b}{cx+d}\right)^{1/n}$ を含む積分.

ただし $ad - bc \neq 0$ とする.

このときは
$$t = \left(\frac{ax+b}{cx+d}\right)^{1/n}$$
とおく. このとき
$$x = \frac{dt^n - b}{a - ct^n}, \quad dx = \frac{n(ad-bc)t^{n-1}}{(a-ct^n)^2}dt$$
である.

例題 6.25 $\displaystyle\int \frac{1}{x}\sqrt{\frac{1-x}{1+x}}\,dx.$

解答
$$t = \sqrt{\frac{1-x}{1+x}}$$
とおく. そのとき, $x = \dfrac{t^2 - 1}{-t^2 - 1}$, $dx = \dfrac{-4t}{(t^2+1)^2}dt$. よって

$$\int \frac{1}{x}\sqrt{\frac{1-x}{1+x}}\,dx = \int \frac{-1-t^2}{t^2-1}\,t\,\frac{-4t}{(t^2+1)^2}\,dt$$
$$= \int \frac{4t^2}{(t^2-1)(t^2+1)}\,dt = 2\int\left(\frac{1}{t^2-1} + \frac{1}{t^2+1}\right)dt$$
$$= \int\left(\frac{1}{t-1} - \frac{1}{t+1}\right)dt + 2\int\frac{1}{t^2+1}\,dt = \log\left|\frac{t-1}{t+1}\right| + 2\arctan t + C$$
$$= \log\left|\frac{\sqrt{1-x} - \sqrt{1+x}}{\sqrt{1-x} + \sqrt{1+x}}\right| + 2\arctan\sqrt{\frac{1-x}{1+x}} + C. \quad \square$$

V. 無理関数の微分 — 分数関数に帰着させる方法 2.

$\sqrt{ax^2 + bx + c}$ を含む積分.

平方完成と定数倍をすることによって変数変換を行うと次のいずれかの形になおすことができる. すなわち, 定数 α, β を適当に選ぶとして $u = \alpha x + \beta$ と

おくと以下の3つのタイプのいずれかに変形できる.
それぞれ次のような変換で対処できる.

[1] $\sqrt{u^2+1}$ を含む積分

$$u = \tan t, \qquad -\frac{\pi}{2} < t < \frac{\pi}{2}$$

とおく. そのとき, $\sqrt{u^2+1} = \dfrac{1}{\cos t}, \quad du = \dfrac{1}{\cos^2 t}dt.$

または $u = \sinh t = \dfrac{e^t - e^{-t}}{2}$ とおく.

[2] $\sqrt{1-u^2}$ を含む積分

$$u = \sin t, \qquad -\frac{\pi}{2} \leq t \leq \frac{\pi}{2}$$

とおく. そのとき,

$$\sqrt{1-u^2} = \cos t, \quad du = \cos t\, dt.$$

$u = \cos t, 0 \leq t \leq \pi$ とおきかえてもよい.

[3] $\sqrt{u^2-1}$ を含む積分

$$u = \frac{1}{\cos t}, \quad 0 \leq t \leq \pi, t \neq \frac{\pi}{2}$$

とおく. そのとき,

$$\sqrt{u^2-1} = \begin{cases} \tan t, & u \geq 1, \\ -\tan t, & u \leq -1, \end{cases} \quad du = \frac{\sin t}{\cos^2 t}dt.$$

または $u = \cosh t = \dfrac{e^t + e^{-t}}{2}$ とおく.

例題 6.26 $\displaystyle\int (1-x^2)^{-5/2}dx.$

解答 $x = \sin t, -\dfrac{\pi}{2} \leq t \leq \dfrac{\pi}{2}$ とおくと, $\cos^2 t = 1 - \sin^2 t$ と $-\dfrac{\pi}{2} \leq t \leq \dfrac{\pi}{2}$ において $\cos t \geq 0$ より, $\cos t = \sqrt{1-x^2}$ なので

$$\int (1-x^2)^{-5/2}dx = \int \frac{\cos t}{\cos^5 t}dt = \int \frac{1}{\cos^4 t}dt.$$

これは本節の I の型の積分であるので $u = \tan t$ とおくと

$$\int \frac{1}{\cos^4 t} dt = \int (1+u^2)^2 \frac{1}{1+u^2} du = u + \frac{1}{3} u^3 + C$$
$$= \tan(\arcsin x) + \frac{1}{3} \tan^3(\arcsin x) + C$$

と計算をすすめることができる．ここで $u = \tan(\arcsin x)$ であることを用いた．□

例題 6.27 $\int \left(x + \sqrt{x^2+1}\right)^n dx$, ただし $n \geq 2$ は自然数とする．

解答 $x = \sinh t$ とおくと $dx = \cosh t\, dt$. したがって，

$$\int \left(\sinh t + \sqrt{1+\sinh^2 t}\right)^n \cosh t\, dt = \int e^{nt} \frac{e^t + e^{-t}}{2} dt$$
$$= \frac{1}{2} \int e^{(n+1)t} dt + \frac{1}{2} \int e^{(n-1)t} dt = \frac{e^{(n+1)t}}{2(n+1)} + \frac{e^{(n-1)t}}{2(n-1)}.$$

$x = \dfrac{e^t - e^{-t}}{2}$ を e^t について解くと $e^{2t} - 2xe^t - 1 = 0$ なので $e^t = x \pm \sqrt{x^2+1}$.
$e^t > 0$ より，$e^t = x + \sqrt{x^2+1}$. したがって

$$\int \left(x + \sqrt{x^2+1}\right)^n dx$$
$$= \frac{1}{2(n+1)} \left(x + \sqrt{x^2+1}\right)^{n+1} + \frac{1}{2(n-1)} \left(x + \sqrt{x^2+1}\right)^{n-1} + C. \quad \square$$

例題 6.28 $\int \dfrac{\sqrt{x^2-1}}{x^4} dx, \qquad x > 1.$

解答 $x > 1$ なので $0 \leq t < \dfrac{\pi}{2}$ と選んで $x = \dfrac{1}{\cos t}$ とおくと $dx = \dfrac{\sin t}{\cos^2 t} dt$,
$\dfrac{\sqrt{x^2-1}}{x^4} = \sqrt{\dfrac{\sin^2 t}{\cos^2 t}} \cos^4 t$. $0 \leq t < \dfrac{\pi}{2}$ なので $\cos t > 0$, $\sin t \geq 0$ である．したがって，

$$\int \frac{\sqrt{x^2-1}}{x^4} dx = \int \frac{\sin t}{\cos t} \cos^4 t \frac{\sin t}{\cos^2 t} dt = \int \sin^2 t \cos t\, dt.$$

さらに $u = \sin t$ とおくと（例題 6.7 (i) 参照），$du = \cos t\, dt$.

$$\int \sin^2 t \cos t dt = \int u^2 du = \frac{1}{3}u^3 + C = \frac{1}{3}\sin^3 t + C.$$

$\sin t \geq 0$ なので $\sin t = \sqrt{1-\cos^2 t} = \sqrt{1-1/x^2} = \sqrt{x^2-1}/x$. よって

$$\int \frac{\sqrt{x^2-1}}{x^4}dx = \frac{1}{3}\frac{(x^2-1)^{3/2}}{x^3} + C. \quad \square$$

6.7 定積分

関数 $y = f(x)$ を区間 I で考えるとする．$f(x)$ の原始関数を $y = F(x)$ とする．このとき，区間 I の点 a, b に対して，$F(b) - F(a)$ の値を $y = f(x)$ の a から b までの**定積分**とよび，記号

$$\int_a^b f(x)dx$$

で表す．さらに $F(b) - F(a)$ を $\left[F(x)\right]_a^b$ とかく．b, a をそれぞれ定積分の上端，下端とよぶ．ただし，上端 b, 下端 a は必ずしも $a < b$ でなくてもよく，$a > b, a = b$ の場合も考えることとする．

$f(x)$ が 1 つ与えられると，勝手な原始関数は定数の差を除き，1 通りに定まることはすでに 6.1 節でみた．したがって，定積分は原始関数の選択に関わらず一通りに定まることになる．

まとめると，

関数 $f(x)$ の原始関数を $F(x)$ とするとき，

$$\int_a^b f(x)dx = \left[F(x)\right]_a^b = F(b) - F(a).$$

$\int_a^b f(x)dx$ とかいても $\int_a^b f(t)dt$ とかいても値は同じである．要は $f(x)$ の変数 x と dx の中の変数 x が同じであることが肝心である．$\int_a^b f(x)dt = f(x)(b-a)$ にも注意！(理由を考えてみよ)

定積分の意味づけは次章ですることにして，ここでは計算法自体の説明を続けていこう．

例 6.7
$$\int_1^2 \sqrt{x}\,dx = \left[\frac{2}{3}x^{\frac{3}{2}}\right]_1^2 = \frac{2}{3}(2\sqrt{2} - 1).$$

定積分の基本的な性質として

> **定理 6.4**
>
> (i) $\displaystyle\int_a^b (\alpha f(x) + \beta g(x))dx = \alpha \int_a^b f(x)dx + \beta \int_a^b g(x)dx.$
> ただし，α, β は定数である．
>
> (ii) $\displaystyle\int_b^a f(x)dx = -\int_a^b f(x)dx, \quad \int_a^a f(x)dx = 0.$
>
> (iii) $\displaystyle\int_a^b f(x)dx = \int_a^c f(x)dx + \int_c^b f(x)dx.$

これらは，定積分の定義から直接確かめることができる．例えば (i) を示そう．F, G をそれぞれ，f, g の原始関数とすると，$\alpha F + \beta G$ は $\alpha f + \beta g$ の原始関数である．そこで $\displaystyle\int_a^b (\alpha f(x) + \beta g(x))dx = \left[\alpha F(x) + \beta G(x)\right]_a^b$
$= \alpha(F(b) - F(a)) + \beta(G(b) - G(a)) = \alpha \displaystyle\int_a^b f(x)dx + \beta \int_a^b g(x)dx.$

例 6.8
$$\int_1^2 \frac{3x-2}{x^2}dx = \int_1^2 \left(\frac{3}{x} - \frac{2}{x^2}\right)dx = 3\int_1^2 \frac{1}{x}dx - 2\int_1^2 \frac{1}{x^2}dx$$
$$= 3\left[\log x\right]_1^2 - 2\left[-\frac{1}{x}\right]_1^2 = 3\log 2 - 1.$$

ここで定理 6.4 (i) を用いた．

例 6.9
$$\int_{\pi/4}^{\pi} |\cos x|\,dx$$

を計算する．$\pi/4 \leq x \leq \pi/2$ のとき，$|\cos x| = \cos x$，$\pi/2 \leq x \leq \pi$ のとき，$|\cos x| = -\cos x$．したがって，定理 6.4 (iii) を用いて

$$\int_{\pi/4}^{\pi} |\cos x|\,dx = \int_{\pi/4}^{\pi/2} \cos x\,dx + \int_{\pi/2}^{\pi} (-\cos x)\,dx = \left[\sin x\right]_{\pi/4}^{\pi/2} - \left[\sin x\right]_{\pi/2}^{\pi}$$
$$= \left(1 - \frac{1}{\sqrt{2}}\right) - (-1) = 2 - \frac{1}{\sqrt{2}}.$$

6.7 定積分

例題 6.29
$$\int_0^{2\pi} \sin mx \cos nx dx, \quad \int_0^{2\pi} \sin mx \sin nx dx,$$
$$\int_0^{2\pi} \cos mx \cos nx dx, \quad m, n \in \mathbf{N}.$$

解答 三角関数の加法定理（これは必ず覚えておかなくてはならない！）：

$$\sin(\phi + \theta) = \sin\phi\cos\theta + \sin\theta\cos\phi$$
$$\sin(\phi - \theta) = \sin\phi\cos\theta - \sin\theta\cos\phi.$$

したがって
$$\sin(m+n)x = \sin mx \cos nx + \sin nx \cos mx,$$
$$\sin(m-n)x = \sin mx \cos nx - \sin nx \cos mx.$$

よって辺々足して，
$$\sin mx \cos nx = \frac{1}{2}\Big(\sin(m+n)x + \sin(m-n)x\Big).$$

同様にして，cos の加法定理より
$$\sin mx \sin nx = \frac{1}{2}\Big(\cos(m-n)x - \cos(m+n)x\Big)$$
$$\cos mx \cos nx = \frac{1}{2}\Big(\cos(m+n)x + \cos(m-n)x\Big).$$

よって，$n \neq m$ ならば

$$\int \sin mx \cos nx dx = \frac{1}{2}\int \Big(\sin(m+n)x + \sin(m-n)x\Big) dx$$
$$= \frac{1}{2}\left(-\frac{\cos(m+n)x}{m+n} - \frac{\cos(m-n)x}{m-n}\right) + C.$$

したがって，
$$\int_0^{2\pi} \sin mx \cos nx dx = \frac{1}{2}\left[-\frac{\cos(m+n)x}{m+n} - \frac{\cos(m-n)x}{m-n}\right]_0^{2\pi} = 0.$$

$m = n$ ならば，
$$\int \sin mx \cos nx dx = \frac{1}{2}\int \sin 2mx dx = -\frac{\cos 2mx}{4m} + C.$$

したがって, $m, n \in \mathbf{N}$ に対してつねに

$$\int_0^{2\pi} \sin mx \cos nx\, dx = 0.$$

次に

$$\int_0^{2\pi} \sin mx \sin nx\, dx = \frac{1}{2}\int_0^{2\pi} \Big(\cos(m-n)x - \cos(m+n)x\Big)dx.$$

$m \neq n$ のときは

$$\frac{1}{2}\left[\frac{\sin(m-n)x}{m-n}\right]_0^{2\pi} - \frac{1}{2}\left[\frac{\sin(m+n)x}{m+n}\right]_0^{2\pi} = 0.$$

さらに $m = n$ のときは

$$\frac{1}{2}\int_0^{2\pi}(1-\cos 2mx)dx = \frac{1}{2}\Big[x\Big]_0^{2\pi} - \frac{1}{2}\left[\frac{\sin 2mx}{2m}\right]_0^{2\pi} = \pi.$$

同じ方法で

$$\int_0^{2\pi} \cos mx \cos nx\, dx = \begin{cases} 0, & m \neq n, \\ \pi, & m = n \end{cases}$$

もわかる. □

定積分を計算するためには, 不定積分の計算をすればよいことになるので, 定積分の計算法は基本的には不定積分と同じである. 以下まとめておこう.

定積分の置換積分 $\quad x = g(t)$ で $a = g(\alpha), b = g(\beta)$ とする.

$$\int_a^b f(x)dx = \int_\alpha^\beta f(g(t))g'(t)dt.$$

例 6.10
$$\int_0^1 \frac{x-1}{(x-2)^2}dx.$$

解答 $t = x - 2$ とおくと, $x = 1, 0$ はそれぞれ $t = -1, -2$ に対応する. よって, 置換積分より

$$\int_0^1 \frac{x-1}{(x-2)^2}dx = \int_{-2}^{-1} \frac{t+1}{t^2}dt = \Big[\log|t|\Big]_{-2}^{-1} - \left[\frac{1}{t}\right]_{-2}^{-1} = -\log 2 + \frac{1}{2}. \quad \square$$

例題 6.30
$$\int_0^a \sqrt{a^2 - x^2}\, dx.$$
ただし a を正の定数とする．

解答 6.6 節 V で説明した技法にならって $x = a\sin t$, $-\dfrac{\pi}{2} \leq t \leq \dfrac{\pi}{2}$ とおく．このとき，$dx = a\cos t\, dt$ であり，$t = 0$ のとき，$x = 0$ で，$t = \dfrac{\pi}{2}$ のとき $x = a$ であって，区間 $0 \leq t \leq \dfrac{\pi}{2}$ と区間 $0 \leq x \leq a$ が対応する．さらに考えている区間では $\cos t \geq 0$ なので
$$\sqrt{a^2 - x^2} = a\sqrt{1 - \sin^2 t} = a\cos t.$$
よって，
$$\int_0^a \sqrt{a^2 - x^2}\, dx = \int_0^{\pi/2} a\cos t \times a\cos t\, dt = a^2 \int_0^{\pi/2} \cos^2 t\, dt$$
$$= a^2 \int_0^{\pi/2} \frac{1 + \cos 2t}{2}\, dt = \frac{a^2}{2}\left[t + \frac{\sin 2t}{2}\right]_0^{\pi/2} = \frac{\pi a^2}{4}.$$

ここで例題 6.3 で解説したように倍角公式：$\cos 2t = 2\cos^2 t - 1$ による積分を使った．□

定積分の計算では関数の対称性を使うと計算が簡単になることがある．

命題 6.1 $y = f(x)$ が $f(-x) = f(x)$ を満たすとする（このとき，f は偶関数であるという）．そのとき，
$$\int_{-a}^a f(x)\, dx = 2\int_0^a f(x)\, dx.$$
$y = f(x)$ が $f(-x) = -f(x)$ を満たすとする（このとき，f は奇関数であるという）．そのとき，
$$\int_{-a}^a f(x)\, dx = 0.$$

証明 まず，定理 6.4 (iii) より
$$\int_{-a}^a f(x)\, dx = \int_0^a f(x)\, dx + \int_{-a}^0 f(x)\, dx$$
に注意する．右辺の第二の積分で $x = -t$ とおいて置換積分を行うと $dx = -dt$ なので

$$\int_{-a}^{0} f(x)dx = \int_{0}^{a} f(-x)dx.$$

したがって，

$$\int_{-a}^{a} f(x)dx = \int_{0}^{a} (f(x) + f(-x))dx.$$

さて，f が偶関数とすると $f(x) + f(-x) = 2f(x)$ であり，奇関数とすると $f(x) + f(-x) = 0$ なので証明が完了する．□

例 6.11 $\displaystyle\int_{-2}^{2} (x^2+1)(x-3)dx$ を求める．

展開すると，

$$\int_{-2}^{2} (x^3 - 3x^2 + x - 3)dx$$

であり，各項について偶関数，奇関数かどうかに注意すると，$\displaystyle 2\int_{0}^{2}(-3x^2-3)dx$ を計算すればよいことになり，答として -28 が得られる．

定積分の部分積分

$$\int_{a}^{b} f(x)g'(x)dx = \Big[f(x)g(x)\Big]_{a}^{b} - \int_{a}^{b} f'(x)g(x)dx.$$

例 6.12

$$\int_{0}^{\pi/2} x\cos x\,dx = \int_{0}^{\pi/2} x(\sin x)'dx = \Big[x\sin x\Big]_{0}^{\pi/2} - \int_{0}^{\pi/2} \sin x\,dx = \frac{\pi}{2} - 1.$$

例題 6.31 $\displaystyle I_n = \int_{0}^{\pi/2} \sin^n x\,dx$，ただし，$n \in \mathbf{N}$ とする．

解答 例題 6.16 で解説した漸化式

$$\int \sin^n x\,dx = -\frac{\sin^{n-1} x \cos x}{n} + \frac{n-1}{n}\int \sin^{n-2} x\,dx$$

を思い出そう．$\left[\dfrac{\sin^{n-1} x \cos x}{n}\right]_{0}^{\pi/2} = 0$ に注意して $I_n = \dfrac{n-1}{n}I_{n-2}, n \geq 2$ が得ら

れる．これを繰り返して適用して

$$I_{2m} = \frac{2m-1}{2m}I_{2m-2} = \frac{2m-1}{2m}\frac{2m-3}{2m-2}I_{2m-4}$$
$$= \cdots = \frac{(2m-1)(2m-3)\cdots 3\cdot 1}{2m(2m-2)\cdots 2}I_0$$
$$I_{2m+1} = \frac{2m}{2m+1}I_{2m-1} = \frac{2m}{2m+1}\frac{2m-2}{2m-1}I_{2m-3}$$
$$= \cdots = \frac{(2m)(2m-2)\cdots 2}{(2m+1)(2m-1)\cdots 3\cdot 1}I_1.$$

が得られる．簡単に計算できるように $I_1 = 1$, $I_0 = \pi/2$ なので

$$n!! = \begin{cases} n(n-2)\cdots 2, & n:\text{偶数} \\ n(n-2)\cdots 3\cdot 1, & n:\text{奇数} \end{cases}$$

という記号を使うと次のように表すこともできる：

$$\int_0^{\frac{\pi}{2}} \sin^n x\, dx = \begin{cases} \dfrac{(n-1)!!}{n!!}\dfrac{\pi}{2}, & n:\text{偶数} \\ \dfrac{(n-1)!!}{n!!}, & n:\text{奇数}. \end{cases} \qquad \square$$

章 末 問 題

問題 1～6 につき不定積分を求めよ．

問題 1 （直接できる場合）(i) $\displaystyle\int \left(x - \frac{1}{x}\right)^2 dx$ (ii) $\displaystyle\int \left(\sqrt{x} + \frac{1}{\sqrt{x}}\right)^2 dx$.

問題 2 （置換積分—基本）(i) $\displaystyle\int x\sqrt{2x-1}\, dx$ (ii) $\displaystyle\int \frac{2x}{\sqrt{x+2}} dx$

(iii) $\displaystyle\int \frac{e^x}{e^x+1} dx$ (iv) $\displaystyle\int \tan x\, dx$ $\left(\text{ヒント}: \tan x = \frac{\sin x}{\cos x}\right)$.

問題 3 （部分積分）(i) $\displaystyle\int x^2 \sin x\, dx$ (ii) $\displaystyle\int x \log(x^2+1) dx$.

問題 4 （部分分数分解）(i) $\displaystyle\int \frac{1}{4x^2-1} dx$ (ii) $\displaystyle\int \frac{x^2+1}{x(x-1)^3} dx$

(iii) $\displaystyle\int \frac{1}{x^3+1} dx$ (iv) $\displaystyle\int \frac{1}{(x^2+4)(x^2+9)} dx$ (v) $\displaystyle\int \frac{1}{(x-1)(x^2+1)^2} dx$.

問題 5 (**6.6** 節の **I** を適用)

(i) $\displaystyle\int \frac{1}{2+\tan^2 x}dx$ (ii) $\displaystyle\int \frac{1}{\sin x}dx$ (iii) $\displaystyle\int \frac{1+\cos x}{1+\sin x}dx.$

問題 6 (**6.6** 節の **V** を適用)

(i) $\displaystyle\int \sqrt{1-x^2}\,dx$ (ii) $\displaystyle\int \frac{x^2}{(1-x^2)^{3/2}}dx$

(iii) $\displaystyle\int \frac{x+1}{(x^2+4)\sqrt{x^2+9}}dx$ (iv) $\displaystyle\int \frac{1}{\sqrt{x^2-1}}dx.$

問題 7 次の定積分を求めよ．

(i) $\displaystyle\int_0^2 (x^2+x+1)dx$ (ii) $\displaystyle\int_{-2}^2 (x^6+101x^5+x^3+1)dx$

(iii) $\displaystyle\int_0^2 x^2\sqrt{4-x^2}\,dx$ (iv) $\displaystyle\int_0^\pi x\sin x\,dx.$

以下は特別な形の不定積分の計算についての補足である．

問題 8 $\displaystyle\int \frac{1}{(x+2)\sqrt{x^2+x+1}}dx.$

$\left(x+2=\dfrac{1}{t}\text{とおき，6.6 節の V に帰着させる．}\right)$

問題 9 $\displaystyle\int \frac{x+1}{\sqrt{x^2+x+1}}dx.$

$\left((x^2+x+1)'=2x+1\text{ より分子を次のように分解する：}x+1=\dfrac{1}{2}(x^2+x+1)'+\dfrac{1}{2}.\right)$

例題 6.21 も参照．

問題 10 $\displaystyle\int \frac{1}{x^{1/3}+x^{1/2}}dx.$

(べきの分母の最小公倍数 6 に注目して $t=x^{1/6}$ とおく．)

第 7 章

積分法の応用

　第 6 章で微分の逆の操作として積分を導入し，その計算法を解説した．そこでは積分の計算にはどのような応用があるのかについては説明しなかった．積分は微分と逆の操作であるだけではなく，さまざまな応用や意味があるのであり，そのために実際に積分の計算をすることが必要になってくるのである．積分の応用の多様さにふれることが本章の主な目的である．すべての例題や例を自分で解く必要はないが，様々な問題の例を通じて微積分の威力が発揮されていることを味わってほしい．実際，数学に限らずこれからの自然科学の学習は，微積分の威力をより多岐にわたって思い知らされるという過程であるといえるのである．

■ 7.1　定積分の意味付け

　区間 $[a,b]$ で定められた関数 $y=f(x)$ を考える．ここで関数は $[a,b]$ で有界であって（すなわち $\sup_{a\leq x\leq b}|f(x)|<\infty$），有限個の点を除けば連続であるとする（このとき，f は**区分的に連続**であるとよぶ）．f が $[a,b]$ で有界であるとは $M>0$ を十分大きくとれば $a\leq x\leq b$ となるすべての x に対して $|f(x)|\leq M$ とできることといいかえてもよい．さて，区間 $[a,b]$ に $(n-1)$ 個の点 $x_1,...,x_{n-1}$ をとって，n 個の小区間に分割しよう：
$$a=x_0<x_1<...<x_{n-1}<x_n=b.$$
記号の便利のため $x_0=a, x_n=b$ とおいたことに注意する．さらに小区間 $[x_{k-1},x_k]$, $k=1,2,...,n$ の内部に点 ξ_k を勝手に選ぶ：$x_{k-1}\leq \xi_k\leq x_k$．
　そして和
$$R_n=\sum_{k=1}^{n}f(\xi_k)(x_k-x_{k-1})$$

を考える．R_n を f のリーマン (**Riemann**) 和とよぶ．

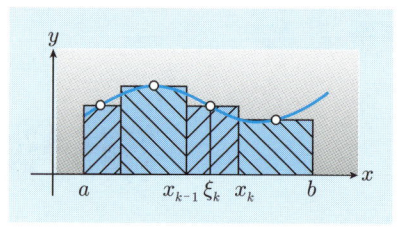

分割数 n を増やして，分割によってできる小区間 $[x_{k-1}, x_k], k=1,2,...,n$ のうちで最も長いものの幅を限りなく 0 に近づけよう．このとき，R_n がある値に収束し，しかもその値は分割の仕方や点 ξ_k の選び方に依存せずに関数 f と区間 $[a,b]$ によって決まることを証明することができる．証明には 1.5 節で紹介した実数の基本的な性質が不可欠である．この極限値を

$$\int_a^b f(x)dx$$

とかいて，f の $[a,b]$ における定積分とよぶ．ここで定義した定積分は 6.7 節で不定積分を通して定めた定積分と一致している (7.9 節を参照)．特に，$[a,b]$ を n 等分してリーマン和を考えると

$$\int_b^a f(x)dx = \lim_{n\to\infty} \sum_{k=1}^n f\left(\frac{k(b-a)}{n}+a\right)\frac{b-a}{n}$$
$$= \lim_{n\to\infty} \sum_{k=0}^{n-1} f\left(\frac{k(b-a)}{n}+a\right)\frac{b-a}{n}.$$

これは 7.8 節で解説するように特別な形をした無限級数の和の計算に利用できる．本書で考える積分を特に**リーマン積分**とよぶ．しかし本書ではそれ以外の意味の積分を考えることはないので，単に積分ということにする．

図形的解釈　　f は $[a,b]$ で連続で $f(x) \geq 0, a \leq x \leq b$ であるとする．このとき，リーマン和 R_n は右図の小長方形の面積の総和である．R_n は曲線 $y=f(x)$ と x 軸ならびに直線 $x=a$，直線 $x=b$ によって囲まれた領域の面積 S を近似しているものとみなすことができる．さらに区間の分割を細かくすればするほど近似の度合いは良

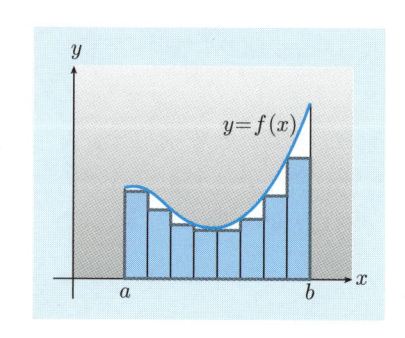

くなるものと考えることができるので,

$$S = \int_a^b f(x)dx.$$

注意 領域の面積 S とはそもそも何かという問題は実は厄介な問題である.三角形,多角形,円などの面積は公式を知っているので計算もできるし,わかったつもりになっているが,一般に曲線で囲まれた領域の面積を定めることは当たり前のことではない.面積の定義はむしろ定積分を通してなされるのであるが,本書では詳しくふれないことにする.

ここで定積分とリーマン和の関係を形式的に述べておこう:

$$\begin{aligned} R_n &= \sum_{k=1}^n f(\xi_k)(x_k - x_{k-1}) \\ &= \sum f(\xi_k)\Delta x \quad (\text{ただし } \Delta x = x_k - x_{k-1} \text{ とおく}) \end{aligned}$$

で

$$\lim_{n \to \infty} \sum f(\xi_k)\Delta x = \int_a^b f(x)dx.$$

このことは分割点 $x_1, ..., x_n$ を増やし分割を細かくしていくと,$\sum$ は $\int_a^b$ に,Δx は dx にかわり,リーマン和 $\sum f(\xi_k)\Delta x$ は $\int_a^b f(x)dx$ となると解釈できる.

Δx を限りなく小さくとって和 $\sum$ を "なめらかに" 考えるという意味で角張った $\sum$ を滑らかに引き伸ばして

$$\int_a^b$$

としたという説もある.$\Delta x \to 0$ として「離散的な」足し算を「連続的な」足し算である定積分に置き換えることができるという考え方は 7.4〜7.6 節や 7.8 節などで積分を用いてさまざまな量を計算する際にも有用である.

7.2 定積分の基本的な性質

積分の応用に入る前に基本的な性質を前章で解説したものも含めて改めて述べておこう．それらは以後有用に使用される．以下，考える関数は特に区間 $[a,b]$ で区分的に連続であって有界であるとする．

定理 7.1 (i) α, β は定数であるとする．
$$\int_a^b (\alpha f(x) + \beta g(x))dx = \alpha \int_a^b f(x)dx + \beta \int_a^b g(x)dx.$$
(ii) 勝手な $c \in [a,b]$ に対して
$$\int_a^b f(x)dx = \int_a^c f(x)dx + \int_c^b f(x)dx.$$
(iii) $a \leq x \leq b$ でつねに $f(x) \leq g(x)$ ならば
$$\int_a^b f(x)dx \leq \int_a^b g(x)dx.$$
しかも f, g が連続でない点を除いたすべての $x \in [a,b]$ に対して $f(x) \geq g(x)$ で $\int_a^b f(x)dx = \int_a^b g(x)dx$ ならば不連続点を除いたすべての x に対して $f(x) = g(x)$ である．

注意 f が有界で区分的に連続である区間であれば (ii) で a, b, c の大小関係は勝手でよい．

証明 飛ばしてもよいが，連続性の定義を使う証明としては典型的なものである．(i), (ii) と (iii) の前半は 7.1 節で述べた定積分の定義からわかる．(iii) の後半を証明しよう．$f - g$ をあらためて f とおくと，次の事実が証明できればよい：f の不連続点を除いたすべての $x \in [a,b]$ で $f(x) \geq 0$ かつ $\int_a^b f(x)dx = 0$ のとき，$f(x) = 0, a \leq x \leq b$ が成り立つ．

f は区分的に連続なので，f が連続である部分区間 $[a', b']$ ごとに上の性質を確かめればよい．すなわち，$a' \leq x \leq b'$ で f は連続で $f(x) \geq 0$ かつ $\int_{a'}^{b'} f(x)dx = 0$ のとき，$f(x) = 0, a' \leq x \leq b'$ が成り立つ．

7.2 定積分の基本的な性質

以下これを背理法で証明しよう．すなわち，結論 $f(x) = 0, a' \leq x \leq b'$ を否定して，矛盾を導き出そう．このとき，$f(x_0) = \delta > 0$ となる δ と $x_0 \in (a', b')$ をとることができる．f は連続なので 3.3 節で与えた極限の定義も用いて $|x - x_0|$ が十分小さければ $|f(x) - f(x_0)|$ も十分小さくすることができる．特に $\varepsilon > 0$ を十分小さく選べば $a' < x_0 - \varepsilon < x_0 + \varepsilon < b'$ であり，$x_0 - \varepsilon < x < x_0 + \varepsilon$ ならば $f(x) > \delta/2$ とできる．よって

$$\int_{a'}^{b'} f(x)dx = \int_{a'}^{x_0-\varepsilon} f(x)dx + \int_{x_0-\varepsilon}^{x_0+\varepsilon} f(x)dx + \int_{x_0+\varepsilon}^{b'} f(x)dx$$
$$\geq \int_{x_0-\varepsilon}^{x_0+\varepsilon} f(x)dx$$
$$\geq \frac{\delta}{2} \times 2\varepsilon = \delta\varepsilon$$

がわかる．この最後の不等式で (iii) の前半部を $f(x) > \delta/2$ として用いた．このとき，$\int_{a'}^{b'} f(x)dx = 0$ なので $0 \geq \delta\varepsilon$ となってしまい，$\delta > 0$ と $\varepsilon > 0$ に矛盾する．□

> **定理 7.2** 関数 f が区間 $[a, b]$ で連続であるとする．そのとき，以下が成り立つ．
> (i) $m \leq f(x) \leq M, a \leq x \leq b$ ならば
> $$m(b-a) \leq \int_a^b f(x)dx \leq M(b-a).$$
> (ii) $\left| \int_a^b f(x)dx \right| \leq \int_a^b |f(x)|dx.$

証明 定理 7.1 (iii) を $m \leq f(x) \leq M, a \leq x \leq b$ に対して使うと (i) の結論がわかる．一方，絶対値に関する不等式 $-|f(x)| \leq f(x) \leq |f(x)|, a \leq x \leq b$ と定理 7.1 (iii) から

$$-\int_a^b |f(x)|dx \leq \int_a^b f(x)dx \leq \int_a^b |f(x)|dx$$

がわかるので，(ii) もわかる．□

さて，次の定理も積分の理論を展開するうえで重要である．

> **定理 7.3**　(積分の平均値の定理)　関数 f, g は $[a, b]$ で連続であって，$g(x) \geq 0, a \leq x \leq b$ であるとする．そのとき，
> $$\int_a^b f(x)g(x)dx = f(\xi)\int_a^b g(x)dx$$
> となる $\xi \in [a, b]$ が存在する．ξ は 1 つとは限らない．

定理で特に $g(x) = 1$ とおくと，次がわかる．

> **系 7.1**　f が $[a, b]$ で連続であれば
> $$\int_a^b f(x)dx = f(\xi)(b-a)$$
> となる $\xi \in [a, b]$ が少なくとも 1 つ存在する．

証明　定理 7.3 の証明：$a \leq x \leq b$ で $g(x) \geq 0$ なので $\int_a^b g(x)dx = 0$ ならば定理 7.1 (iii) より $g(x) = 0, a \leq x \leq b$ なので結論は明らか．そこで $\int_a^b g(x)dx > 0$ と仮定して，証明を進めよう．区間 $[a, b]$ における f の最小値，最大値をそれぞれ m, M とすると (定理 3.8 (i) より存在する)，$mg(x) \leq f(x)g(x) \leq Mg(x), a \leq x \leq b$．したがって，定理 7.1 (iii) より

$$m\int_a^b g(x)dx \leq \int_a^b f(x)g(x)dx \leq M\int_a^b g(x)dx.$$

すなわち，

$$m \leq \frac{\int_a^b f(x)g(x)dx}{\int_a^b g(x)dx} \leq M.$$

ゆえに $m \leq c \leq M$ を満たすある数 c を選んで

$$\int_a^b f(x)g(x)dx = c\int_a^b g(x)dx$$

とすることができる．中間値の定理 (定理 3.8 (ii)) を f に適用してある $\xi \in [a, b]$ をとることができて $c = f(\xi)$ が成り立つ．これで定理の証明が終わった．□

7.3 面積の求め方 (その1)

以下，$y = f(x)$ は連続関数とする．すべての $x \in [a,b]$ に対して，$f(x) \leq 0$ であるとき，曲線 $y = f(x)$，x-軸ならびに直線 $x = a, x = b$ とで囲まれる領域の面積 S は，定積分の符号を変えて

$$S = -\int_a^b f(x)dx$$

で求めることができる（下図）．$f(x) \geq 0$ の場合は $S = \int_a^b f(x)dx$ となることはすでに 7.1 節で説明した．

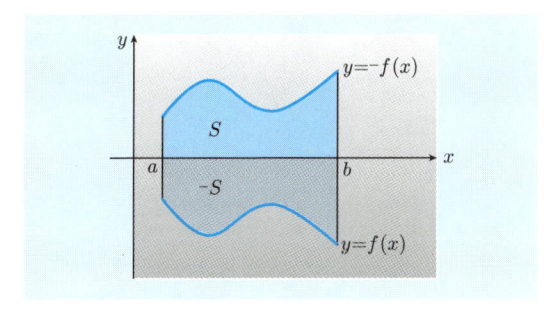

$f(x)$ の符号と面積

$f(x)$ の符号が変わるときは，$y = f(x)$ と x-軸，直線 $x = a, x = b$ で囲まれる図形の面積は，$f(x) \geq 0$ の部分区間の定積分に $f(x) \leq 0$ の部分区間の定積分の値にマイナスをつけて足し合わせればよい（下図）．

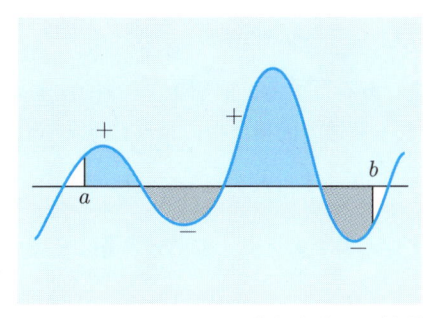

$y = 0$ と $y = f(x)$ の面積と定積分の符号

例題 7.1 曲線 $y = -x^3 + 3x$, x-軸, 直線 $x = -1$ で囲まれる領域の面積を求めよ．

解答 $-1 \leq x \leq 0$ で $-x^3 + 3x \leq 0$ なので面積は $-1 \leq x \leq 0$ における定積分について符号を変えて加えて，

$$-\int_{-1}^{0}(-x^3 + 3x)dx + \int_{0}^{\sqrt{3}}(-x^3 + 3x)dx$$
$$= \frac{5}{4} + \frac{9}{4} = \frac{7}{2}$$

となる．□

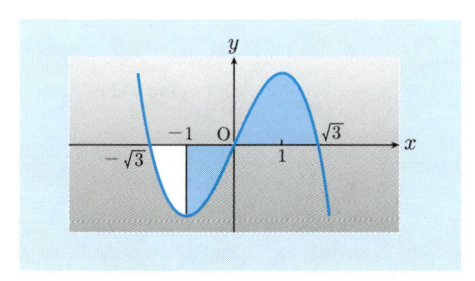

$y = -x^3 + 3x$

例題 7.2 曲線 $y = \sqrt{a^2 - x^2}$ と x-軸で囲まれる領域の面積を求めよ．

解答 例題 6.30 でやったように $\int_{-a}^{a}\sqrt{a^2 - x^2}\,dx = \int_{-\pi/2}^{\pi/2} a^2 \cos^2 t\,dt$ (置換積分：$x = a\sin t$) $= \int_{-\pi/2}^{\pi/2} \frac{a^2}{2}(1 + \cos 2t)dt = \frac{1}{2}\pi a^2$．

これは半円の面積そのものである．□

さらに f, g は連続であるとする．曲線 $y = f(x), y = g(x)$, および直線 $x = a, x = b$ で囲まれる領域の面積は次のように与えられる：

$$\int_{a}^{b} |f(x) - g(x)| dx$$

これは $f(x) - g(x)$ という差を考えて，定積分の考えを当てはめるとわかる (次ページ図左)．

$$\int_a^b |f(x) - g(x)| dx$$

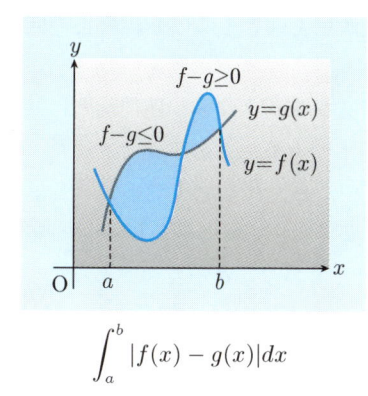

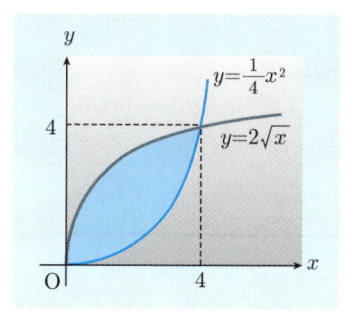

$y = \dfrac{1}{4}x^2$ と $y = 2\sqrt{x}$ の間の面積

例題 7.3　2つの曲線
$$y = \frac{1}{4}x^2, \quad y = 2\sqrt{x}$$
で囲まれる領域の面積 (上図右) を求めよ．

解答　交点は $(0,0), (4,4)$ なので次のように求めることができる．
$$\int_0^4 \left(2\sqrt{x} - \frac{1}{4}x^2\right) dx = \frac{16}{3}. \quad \square$$

■ 7.4　曲　線

パラメータ表示　平面曲線の表示の方法としては，$y = f(x)$ という形もあるがここではより一般的なパラメータ表示を紹介しよう．すなわち，$[a,b]$ を動く変数 t とともに xy-座標が連続的に $(x(t), y(t))$ と表される点は一般に 1 つの曲線 K を描く．特に t を時刻と考えるとこれは，平面内を動く質点の軌道を表すことになり，物理的にも有用である．

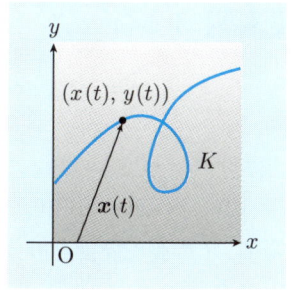

$$\boldsymbol{x}(t) = (x(t), y(t)), \qquad a \leq t \leq b$$

曲線のパラメータ表示

をこの**曲線 K のパラメータ表示**という．以下平面や空間内の点は $\boldsymbol{x}$ などと太字で表すこととする．t はパラメータで，区間 $[a,b]$ はパラメータが変化する範囲

ということになる．t が増加するときに点が動く向きをこの曲線の正の向きと定める．

また，$(x(a), y(a)) = (x(b), y(b))$ のとき，**閉曲線**とよぶ．閉曲線とは始点と終点が一致しているような閉じた曲線のことである．さらに $a < t < t' < b$ ならば $(x(t), y(t)) \neq (x(t'), y(t'))$ が成り立つとき，K は，1 つの領域を取り囲んでいる．閉曲線の向きは，t が a から b まで変化するとき，K が囲む領域を左手にみて反時計回りに 1 周するように決めておくことが普通である．

1 つの曲線 K が与えられたときにそれを表す仕方は 1 通りとは限らない．例えば，1 つの関数のグラフ $y = f(x)$ はパラメータ t として x をとって，$x(t) = t, y(t) = f(t)$ と表すこともできる．以下では，都合のよいパラメータ表示を選ぶこととする．

例 7.1 相異なる 2 点 (a_1, a_2) と (b_1, b_2) を通る直線は

$$x(t) = a_1 + t(b_1 - a_1), \quad y(t) = a_2 + t(b_2 - a_2), \qquad 0 \leq t \leq 1$$

とパラメータ表示ができる．このとき，(a_1, a_2) から (b_1, b_2) に向かう向きがこの直線の正の向きとなる．また，

$$y = \frac{b_2 - a_2}{b_1 - a_1}(x - a_1) + a_2, \quad a_1 \leq x \leq a_2$$

と表すこともできる．

例 7.2 中心 (a_1, a_2)，半径 r の円周は

$$x = a_1 + r \cos t, \quad y = a_2 + r \sin t, \qquad 0 \leq t \leq 2\pi$$

と表すことができる．このとき，反時計回りに回る向きが円周の正の向きとなる．t の動く範囲を $0 \leq t < 2\pi$ ととってもよい．

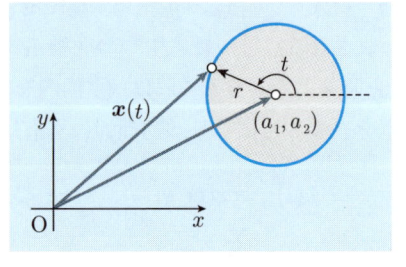

円周

7.4 曲線

例 7.3 $a, b > 0$ とする．楕円

$$\frac{x^2}{a^2} + \frac{y^2}{b^2} = 1$$

に対しては，$\left(\dfrac{x}{a}, \dfrac{y}{b}\right)$ が原点中心の半径 1 の円周上にあるとして，例 7.2 に基づいて $\dfrac{x}{a} = \cos t, \dfrac{y}{b} = \sin t$ と考えて

$$x = a\cos t, \quad y = b\sin t, \qquad 0 \leq t \leq 2\pi$$

と表示すると便利である．

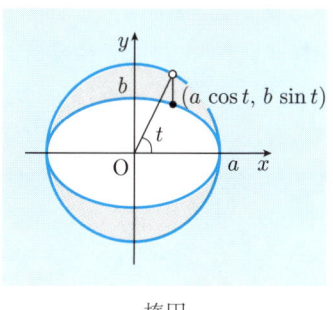

楕円

曲線の接線と法線 曲線 K のパラメータ表示 $\boldsymbol{x}(t) = (x(t), y(t))$ に対して，次のベクトルを考える．

$$\boldsymbol{x}'(t) = \lim_{h \to 0} \frac{\boldsymbol{x}(t+h) - \boldsymbol{x}(t)}{h}$$
$$= (x'(t), y'(t))$$

$\boldsymbol{x}'(t)$ は成分ごとに微分をとることを意味する．これは $\boldsymbol{x}(t)$ から $\boldsymbol{x}(t+h)$ に向かうベクトルを h で割ったベクトルの極限であり，点 $\boldsymbol{x}(t)$ における曲線 K の接線に平行なベクトルとなる．特に $\boldsymbol{x}(t)$ が時刻 t における

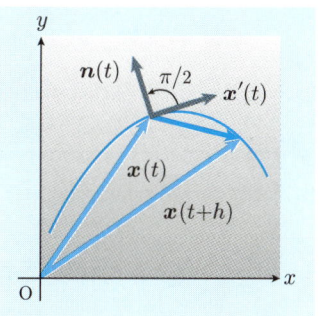

接ベクトルと法線ベクトル

質点の位置を表すものとすれば，$\boldsymbol{x}'(t)$ は時刻 t における速度を表す．

例 7.4 $t \geq 0$ として，$\boldsymbol{x}(t) = \left(0, \dfrac{1}{2}gt^2\right)$ のときは $\boldsymbol{x}'(t) = (0, gt)$ である．これは y 軸を鉛直方向にとったとして，質点の自由落下を記述している（例 3.1）．

以下，曲線のパラメータ表示としては，つねに関数 $x(t), y(t)$ が $[a, b]$ で微分できて，導関数は連続でしかも $|x'(t)| + |y'(t)| \neq 0, a \leq t \leq b$ であるもののみを考える（このようなパラメータ表示を**正則**であるとよぶこともある）．

注意 $\boldsymbol{x}(t) = (c_1, c_2), a \leq t \leq b$ を考える．ただし c_1, c_2 は定数とする．このときこれは形式的には 1 つのパラメータ表示であり，曲線を表すものとみなすこともできるが，つねに $|x'(t)| + |y'(t)| = 0$ であり，1 点しか表さない．また，$\boldsymbol{x}(t) = (t^2, t^4), 0 \leq t \leq 1$ のようなパラメータ表示も $|x'(0)| + |y'(0)| = 0$ なのでここでは考えない．

このとき，ベクトル $\boldsymbol{x}'(t)$ は決して 0 にならないので，実際に接線の方向を与えることができる．しかも，その向きは曲線の正の向きと同じである．$\boldsymbol{x}'(t)$ を**接ベクトル**（または**接線ベクトル**）とよぶ．

$\boldsymbol{x}'(t) = (x'(t), y'(t))$ に直交するベクトルは内積が 0 になることを考えると $(-y'(t), x'(t))$ と $(y'(t), -x'(t))$ の 2 つがあるが $\boldsymbol{x}'(t)$ を反時計回りに回転させた $\boldsymbol{n}(t)$ を選ぶことにする．前のページの図で $\boldsymbol{x}'(t)$ の x 成分は正であるので $\boldsymbol{n}(t)$ の y 成分は正でなくてはならない（$\boldsymbol{x}(t)$ の y 成分を考えても同じ）ので，$\boldsymbol{n}(t) = (-y'(t), x'(t))$ というベクトルが得られる．このベクトルは考えている点で曲線の接線と垂直であり，**法線ベクトル**とよぶ．$\boldsymbol{n}(t)$ の向きを法線の正の向きと定めておく．

曲線 K の上の点 $\boldsymbol{x}(t_0) = (x(t_0), y(t_0))$ における接線と法線の方程式が次のようにパラメータ t によって表示されることになる：

$$\text{接線}: x = x(t_0) + tx'(t_0), \quad y = y(t_0) + ty'(t_0)$$
$$\text{法線}: x = x(t_0) - ty'(t_0), \quad y = y(t_0) + tx'(t_0).$$

例 7.5 円周 $x(t) = a\cos t, y(t) = a\sin t, 0 \leq t \leq 2\pi$ を考える．そのとき，$\boldsymbol{x}'(t) = (-a\sin t, a\cos t), \boldsymbol{n}(t) = (-a\cos t, -a\sin t)$ である．

定義 7.1 （**曲線の長さ**）曲線 $(x(t), y(t)), a \leq t \leq b$ の長さ L は

$$L = \int_a^b \sqrt{x'(t)^2 + y'(t)^2}\, dt. \tag{1}$$

特に，$y = f(x)$ を連続的微分可能な関数とする．このとき，グラフ $y = f(x), a \leq x \leq b$ で表される曲線の長さは

$$L = \int_a^b \sqrt{f'(x)^2 + 1}\, dx. \tag{2}$$

実際，$x(t) = t, y(t) = f(t)$ がパラメータ表示となるので (1) に代入すれば (2) がわかる．

面積と同様に曲線の長さを定めることも一般にはあまり単純なことではないが，ここでは (1), (2) をもって曲線の長さを意味づけよう．この定義のもっともらしさは次のようにしてわかる．

7.4 曲線

パラメータ t が動く区間 $[a,b]$ を等間隔で n 個の小区間に分割する：
$a \equiv t_0 < t_1 < ... < t_{n-1} < b \equiv t_n$.

各小区間 $[t_{k-1}, t_k]$ に対応する曲線の部分の長さ ΔL は $\boldsymbol{x}(t_k)$ と $\boldsymbol{x}(t_{k-1})$ を結ぶ線分と近いと考える：

$$\Delta L \cong \sqrt{(\Delta x)^2 + (\Delta y)^2} = \sqrt{x'(\xi_k)^2 + y'(\eta_k)^2}\,\Delta t.$$

ここで平均値の定理を $\Delta x = x(t_k) - x(t_{k-1})$, $\Delta y = y(t_k) - y(t_{k-1})$ に適用すると t_k と t_{k-1} の間の数 ξ_k, η_k をとることができて，$\Delta x = x'(\xi_k)\Delta t$, $\Delta y = y'(\eta_k)\Delta t$ とおきかえることができるという事実を用いた．$k = 1, ..., n$ にわたって和をとって $\Delta t \to 0$ の極限を考えると上で述べた定義が得られる．

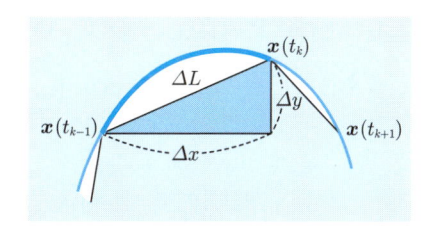

弧の長さ

例 7.6 線分 $\boldsymbol{x}(t) = (\alpha_1 t, \alpha_2 t), 0 \leq t \leq 1$ を考えると，$\boldsymbol{x}'(t) = (\alpha_1, \alpha_2)$ であるので

$$L = \int_0^1 \sqrt{\alpha_1^2 + \alpha_2^2}\,dt = \sqrt{\alpha_1^2 + \alpha_2^2}$$

がわかり，三角形の辺の長さとして理解できる．

例 7.7 中心が $(0,0)$ で半径 r の円周を考える：$\boldsymbol{x}(t) = (r\cos t, r\sin t)$, $0 \leq t \leq 2\pi$. $\boldsymbol{x}'(t) = (-r\sin t, r\cos t)$ なので

$$L = \int_0^{2\pi} \sqrt{x'(t)^2 + y'(t)^2}\,dt = \int_0^{2\pi} r\,dt = 2\pi r$$

として，円周の長さ $2\pi r$ を求めることができる．

注意 この計算は間違いではないが厳密にいうと，おかしい．というのも，ここで行った積分の計算のためには三角関数の導関数を使わなくてはならないのであるが，三角関数を定義するためには円周または弧の長さを用いた．したがって，弧の長さを計算するために，弧の長さを用いて定められた三角関数を使っていることになり，一種の堂々巡りとなっている．そうはいうものの，具体的な計算問題ではこのようなことは気にする必要はない．

例 **7.8**（サイクロイド） 半径 r の円板を x-軸の上を滑らずに転がす．そのとき，この円板の周の上の固定点が描く曲線をサイクロイドとよぶ．下図で回転角を t として，$t=0$ のとき固定点が $\mathrm{O}(0,0)$ の位置にあったとしてサイクロイドのパラメータ表示を求めてみる．円板が角 t だけ反時計回りに回転すると，弧 PQ と x-軸上の移動距離 OQ が常に等しい（弧度法から弧の長さは rt となる）ことから，円板の中心 O' は (rt, r) となる．円板は x-軸上を転がっているので，その中心の高さである y-座標は常に一定で r であることに注意しよう．よって，このときの点 P の位置は，$\overrightarrow{\mathrm{OO}'} + \overrightarrow{\mathrm{O}'\mathrm{P}} = (rt, r) + \overrightarrow{\mathrm{O}'\mathrm{P}}$．$\overrightarrow{\mathrm{O}'\mathrm{P}}$ が x-軸の正の方向となす角は $\dfrac{3}{2}\pi - t$ なので，$\cos\left(\dfrac{3}{2}\pi - t\right) = -\sin t$, $\sin\left(\dfrac{3}{2}\pi - t\right) = -\cos t$ に注意して，

$$x(t) = rt - r\sin t, \quad y(t) = r - r\cos t, \quad t \geq 0.$$

サイクロイド曲線は長さや面積に関する研究を巡って，17 世紀にパスカル (Pascal) を始めとして多くの数学者の関心を引いてきたものである．さてサイクロイドの $0 \leq t \leq 2\pi$ に対応する部分（1 回転分）の長さ L を計算しよう．

$$x'(t)^2 + y'(t)^2 = r^2(1-\cos t)^2 + r^2 \sin^2 t = 2r^2(1 - \cos t)$$

で，倍角公式より $1 - \cos t = 2\sin^2 \dfrac{t}{2}$ で $0 \leq t \leq 2\pi$ で $\sin \dfrac{t}{2} \geq 0$ なので

$$L = \int_0^{2\pi} \sqrt{4r^2 \sin^2 \dfrac{t}{2}}\, dt = 2r \int_0^{2\pi} \sin \dfrac{t}{2} dt = 8r$$

となる．

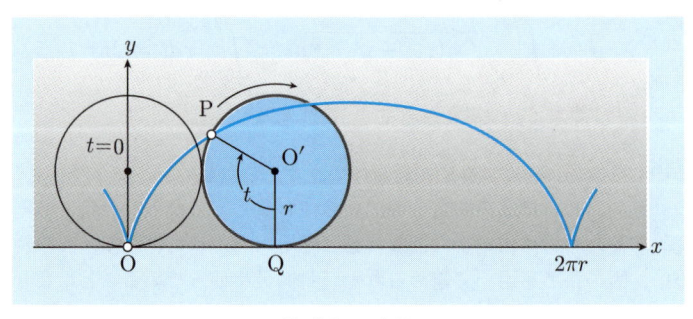

サイクロイド

7.4 曲　線

例 7.9 楕円 $\dfrac{x^2}{a^2} + \dfrac{y^2}{b^2} = 1$（ただし $0 < a < b$ とする），の極座標表示は $x = a\cos\theta, y = b\sin\theta, 0 \leq \theta \leq 2\pi$ なので，上に代入して楕円の長さ L は $b\displaystyle\int_0^{2\pi} \sqrt{1 - k^2 \sin^2 \theta}\, d\theta$ となる．ただし，$k = \dfrac{\sqrt{b^2 - a^2}}{b}$．これは 6.2 節で紹介した楕円関数であり，もはや初等関数の範囲で求めることはできない．

極座標　　曲線をパラメータ表示する際には，便利なパラメータを選ぶことが大事であるが，そのため極座標がしばしば用いられる．すでに円や楕円をパラメータ表示するときに用いたが，ここでまとめて解説しておこう．

直交座標（xy-座標）で表された点 $\mathrm{P}(x,y)$ は原点 $(0,0)$ からの距離 r と，(x,y) が x-軸の正の向きとなす角 θ によって定めることができる．θ は $0 \leq \theta < 2\pi$ の範囲に選んでおくことが普通である（こうしておくと，$\mathrm{P} \neq (0,0)$ ならば θ が一通りに定まる）．θ を **回転角**（または **偏角**）とよぶ．このとき，点の位置が r と θ とで表示されているものとして，(r,θ) を点 P の **(2次元) 極座標** とよぶ．特に原点 $(0,0)$ の極座標は $r = 0$ であり，回転角 θ は一通りには定まらないが，原点以外では与えられた点の極座標は一通りに定まる．

極座標と xy-座標の間の次の関係は，座標変換の式として特に重要である．

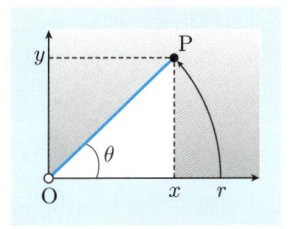

極座標

$$\begin{cases} x = r\cos\theta, \quad y = r\sin\theta, \quad r \geq 0, 0 \leq \theta < 2\pi, \\ r = \sqrt{x^2 + y^2}, \quad \tan\theta = \dfrac{y}{x} \quad (x \neq 0 \text{ のとき}). \end{cases}$$

(x,y) がパラメータ $t \in [a,b]$ を用いて $x = x(t), y = y(t)$ と表示されているときは，対応する極座標 (r,θ) もパラメータ t を用いて次のように表示される：

$$r(t) = \sqrt{x^2(t) + y^2(t)}, \quad \tan\theta(t) = \dfrac{y(t)}{x(t)} \tag{3}$$

あとで極座標で導関数などを考えるので，$\dfrac{dr(t)}{dt}, \dfrac{d\theta(t)}{dt}$ を計算しておこう：合成関数の微分を用いて

$$\frac{dr(t)}{dt} = \frac{1}{2\sqrt{x^2(t)+y^2(t)}} \frac{d}{dt}(x(t)^2 + y(t)^2) = \frac{x(t)x'(t) + y(t)y'(t)}{\sqrt{x^2(t)+y^2(t)}}. \quad (4)$$

一方，
$$\frac{d}{dt}\left(\frac{y(t)}{x(t)}\right) = \frac{d}{dt}(\tan\theta(t))$$

で両辺をそれぞれ計算すると

$$\frac{x(t)y'(t) - x'(t)y(t)}{x^2(t)} = \frac{1}{\cos^2\theta(t)} \frac{d\theta(t)}{dt}.$$

三角関数の基本公式 $\frac{1}{\cos^2\theta} = 1 + \tan^2\theta$ と (3) より $\cos^2\theta(t) = \frac{1}{1+(y(t)/x(t))^2}$. したがって，

$$\frac{d\theta(t)}{dt} = \frac{x(t)y'(t) - x'(t)y(t)}{x^2(t) + y^2(t)}. \quad (5)$$

曲線の極座標表示　　動点 P の原点からの距離 r が回転角 θ の関数で $r = r(\theta)$ のように表されていると，P は一般に 1 つの曲線上を動くことになる．この曲線は

$$r = r(\theta), \qquad a \leq \theta \leq b$$

で極座標表示されることになる．

　曲線の極座標表示と xy-座標表示の間の関係は次の通り：

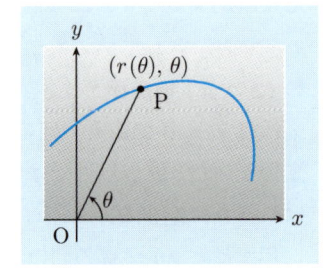

$$r = r(\theta), \quad a \leq \theta \leq b$$
$$\iff \quad x(\theta) = r(\theta)\cos\theta, \quad y(\theta) = r(\theta)\sin\theta, \quad a \leq \theta \leq b.$$

ただし，回転角 θ がパラメータとなる．

曲線の極座標表示

> **定理 7.4**　(極座標表示された曲線の長さ) 曲線 $r = r(\theta), a \leq \theta \leq b$, の長さは次で与えられる：
> $$\int_a^b \sqrt{r(\theta)^2 + \left(\frac{dr(\theta)}{d\theta}\right)^2}\, d\theta. \qquad (6)$$

証明　実際，$x(\theta) = r(\theta)\cos\theta, y(\theta) = r(\theta)\sin\theta$ なので，すでに述べた xy-座標による曲線の長さを定めた定義 7.1 の (1) に代入すればよい．□

> **例題 7.4** $\alpha > 0$ を定数とする．$r = e^{\alpha\theta}$ の点 $(1,0)$ から点 (r,θ) までの長さ L を求めよ．

> **解答**
> $$L = \int_0^\theta \sqrt{e^{2\alpha\theta} + \alpha^2 e^{2\alpha\theta}}\, d\theta$$
> $$= \sqrt{1+\alpha^2} \int_0^\theta e^{\alpha\theta} d\theta = \frac{\sqrt{1+\alpha^2}}{\alpha}(e^{\alpha\theta}-1). \quad \square$$

■ 7.5 面積の求め方 (その 2)

極座標で境界が表示されている場合に面積を求めるときは，次の定理が便利である．

> **定理 7.5** 関数 $r = r(\theta)$, $a \leq \theta \leq b$ は連続であるとする．このとき，極座標で表示された曲線 $r = r(\theta)$ と 2 直線 $\theta = a, \theta = b$ によって囲まれた扇形の領域の面積 S は次のようになる：
> $$S = \frac{1}{2} \int_a^b r(\theta)^2 d\theta.$$

> **証明** 角度が θ と $\theta + \Delta\theta$ となる間の領域の面積 ΔS は半径 $r(\theta)$ の円の対応する中心角をもった扇形の面積に近いとみなせる：
> $$\Delta S = \frac{\Delta\theta}{2\pi} r(\theta)^2 \pi = \frac{1}{2} r(\theta)^2 \Delta\theta.$$

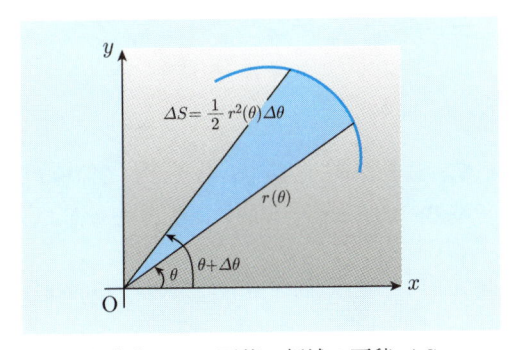

中心角 $\Delta\theta$ の扇状の領域の面積 ΔS

和をとる：$\sum \frac{1}{2}r(\theta)^2 \Delta\theta$．ここで角度の分割 $\Delta\theta$ を限りなく細かくしていくと結論がわかる．□

ここでの議論は厳密に行うこともできるが，離散的な和において，分割を細かくしていくと極限は定積分になるという 7.1 節の注意を思い出そう．実用上はこれで十分である．

例題 7.5 α を正の定数とする．極座標 $r = \alpha\theta$ で表された曲線は図のような渦巻き曲線であり，アルキメデス (Archimedes) の螺旋とよばれている．さて，これに沿って一回りしたときに描かれる扇形の面積を求めよ．

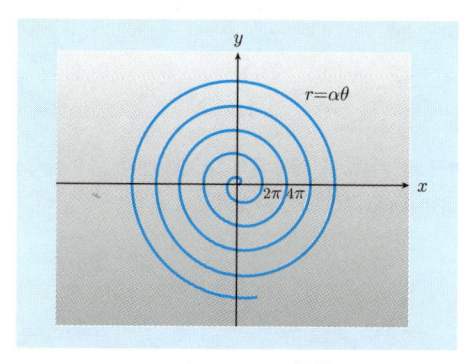

解答 $S = \dfrac{1}{2}\displaystyle\int_0^{2\pi} \alpha^2\theta^2 d\theta = \dfrac{4}{3}\pi^3\alpha^2$．□

アルキメデスの螺旋

例題 7.6 カージオイド（心臓形）とよばれる曲線 $r = \alpha(1+\cos\theta)$，$\theta \geq 0$ と $\theta = 0, \theta = 2\pi$ で囲まれた領域の面積 S を考えよ．

解答 これは円板を同じ半径をもつ円周の上を滑らずに転がしたとき，円板の縁の点が描く軌跡である．

$$S = \frac{1}{2}\int_0^{2\pi} r^2(\theta)d\theta = \frac{\alpha^2}{2}\int_0^{2\pi}(1+\cos\theta)^2 d\theta$$
$$= \frac{\alpha^2}{2}\int_0^{2\pi}\left(1+\frac{1+\cos 2\theta}{2}+2\cos\theta\right)d\theta$$
$$= \frac{\alpha^2}{2}\left[\frac{3}{2}\theta+\frac{\sin 2\theta}{4}+2\sin\theta\right]_0^{2\pi} = \frac{3}{2}\pi\alpha^2. \quad \square$$

定理 7.6 (パラメータ表示された領域の面積)

(i) 自分自身と交わることのない曲線 K が連続であって，区分的に連続的微分可能な関数を用いて $x=x(t), y=y(t), a\leq t\leq b$ とパラメータ表示されているものとする．しかも K 上の任意の点に対して，回転角が一通りに定まる（すなわち，原点から伸びる任意の半直線と K が交わるとすると交点はただ 1 つしかない）とする．このとき，K と 2 つの線分 $\mathrm{O}\,x(a)$, $\mathrm{O}\,x(b)$ で囲まれる扇形領域の面積は

$$\left|\frac{1}{2}\int_a^b (x(t)y'(t)-x'(t)y(t))dt\right|. \quad (7)$$

(ii) K が自分自身と交わらない閉曲線：$x(a)=x(b), y(a)=y(b)$ の場合には，K によって囲まれる領域の面積も (7) で与えられる．

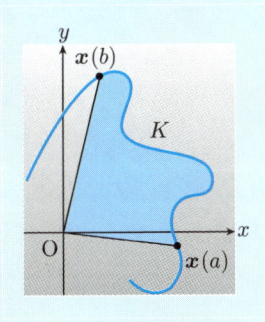

扇形領域

この定理は K を極座標で表示することによって，前の定理から次のようにして容易にわかる．$x(t)=r(\theta)\cos\theta, y(t)=r(\theta)\sin\theta, a\leq t\leq b$ とおくことができる．このとき，$\dfrac{y(t)}{x(t)}=\tan\theta(t)$ なので，(5) より $\dfrac{d\theta}{dt}=\dfrac{xy'-x'y}{x^2+y^2}$ である．よって定理 7.5 で置換積分をして変数を θ から t に変えると，定理の結論 (7) が得られる．(ii) に対しては K を適当に分割してそれぞれの範囲で (7) をあてはめればよい．

注意 これは 2 次元のグリーン (Green) の定理の特別な場合である．

例題 7.7 楕円 $x = a\cos t, y = b\sin t, 0 \leq t \leq 2\pi$ によって囲まれる面積を求めよ．

解答
$$S = \frac{1}{2}\int_0^{2\pi}(ab\cos^2 t + ab\sin^2 t)dt = \pi ab$$
である．□

7.6 体積と側面積

立体の体積

3次元空間に立体があって，x-軸に垂直な平面で切ったときの断面積 S が各 $x \in [a,b]$ に対して $S(x)$ と与えられているとする．そのとき，考えている立体の体積 V は
$$V = \int_a^b S(x)dx.$$

実際，厚さ Δx をもった薄い断片の体積は底面積が $S(x)$ で高さ Δx の柱体の体積とみなすことができる．よって，全体は $\sum S(x)\Delta x$ という和で近似でき，$\Delta x \to 0$ とするとこの表示式がわかる．

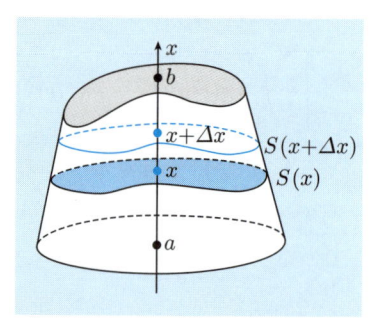

高さ Δx の薄い円柱

例題 7.8 2つの円柱面 $x^2 + y^2 = a^2, x^2 + z^2 = a^2$ で囲まれる立体の体積を求めよ．

解答 概形は次ページの図の通りである．x-軸に垂直な平面で切ると断面は一辺が $2\sqrt{a^2 - x^2}$ の正方形である．よって $S(x) = 4(a^2 - x^2)$．x の動く範囲は $-a \leq x \leq a$ なので
$$V = \int_{-a}^a 4(a^2 - x^2)dx = \frac{16}{3}a^3. \quad □$$

7.6 体積と側面積

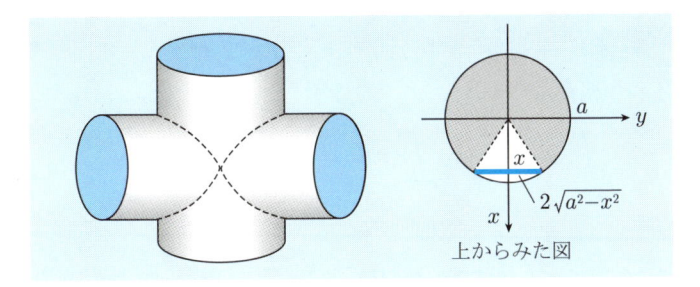

注意 ここで述べた考え方は，カヴァリエーリ (Cavalieri) の定理として古くから知られている事実と深く関連している．カヴァリエーリの定理とは，同じ高さをもつ2つの立体に対して，底面に平行で底面から同じ距離にある平面による切断面の面積が（高さを変えても）常に等しければ，等しい体積をもつというものである．カヴァリエーリの定理は 1629 年に発表されたものであるが，これはニュートンやライプニッツによる微積分の整備に先立つ時代であることに注意しよう．また，例 7.8 で説明したサイクロイドなどの曲線も長さや面積を求める問題に関連して，ニュートン以前に個別的に研究されていた．ニュートンやライプニッツによる微積分学はそれまでの個別的な研究成果を系統的に導き出すために実に有効なものであったのであり，現代に生きるわれわれはそのような恩恵を被っているのである．

回転体の体積 特別な場合として，切り口が半径 $f(x)$ の円板を考える．そのとき，$S(x) = \pi f(x)^2$ となるので

曲線 $y = f(x), a \leq x \leq b$ を x-軸の周りに回転してできる回転体の体積は次のようになる：
$$V = \pi \int_a^b f(x)^2 dx.$$

例題 7.9 (円錐の体積) 線分 $y = kx, 0 \leq x \leq h$ を x-軸の周りに回転させてできる円錐の体積を求めよ．

解答
$$\pi \int_0^h (kx)^2 dx = \frac{k^2 h^3}{3} \pi = \frac{1}{3} \pi (kh)^2 \times h$$

となる．最後の表現式からわかるように円錐の体積は，同じ底面と高さをもつ円柱の体積の 1/3 である．□

> **例題 7.10** 曲線 $y^2 = 4\alpha x, 0 \leq x \leq \alpha$ を x-軸の周りに回転させてできる立体の体積を求めよ．

解答 $\pi \int_0^\alpha y^2 dx = 4\pi\alpha \int_0^\alpha x\,dx = 2\pi\alpha^3$ となる． □

側面積

> $y = f(x), a \leq x \leq b$ を x-軸の周りに回転してできる回転体の側面積は
> $$2\pi \int_a^b f(x)\sqrt{1 + f'(x)^2}\,dx$$
> となる．

これは以下のようにしてわかる．x-座標が x のときの切り口と $x + \Delta x$ の切り口の間にある回転体の薄い板状の部分を考える．その側面積は高さ $\Delta h = \sqrt{1 + f'(x)^2}\,\Delta x$ の円柱の側面積で近似できる．ここで曲線の長さについて解説した (定義 7.1) ように $\sqrt{1 + f'(x)^2}\,\Delta x$ は曲線 $y = f(x)$ の x から $x + \Delta x$ までの $y = f(x)$ の部分の長さであ

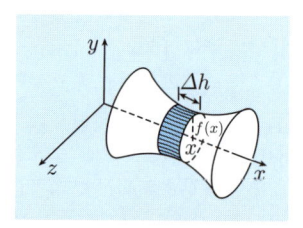

回転体の側面積

り，円柱の側面積で近似するときには，Δx ではなく (側面は曲がっている！) 対応する曲線の長さを高さにとらなくてはならないことに注意する．したがって，回転体の部分である円柱の側面積を ΔS とすると，
$$\Delta S = 2\pi f(x)\sqrt{1 + f'(x)^2}\,\Delta x.$$

これを Δx が十分小さいとして (または，$\Delta x \to 0$ として)，x について a から b まで足すと定積分を考えればよいことになり，側面積の表示式がかわった．

> **例題 7.11** (球の表面積) $y = f(x) = \sqrt{R^2 - x^2}, -R \leq x \leq R$ を x-軸の周りに 1 回転してできる球の表面積を求めよ．

解答 $f'(x) = -x/\sqrt{R^2 - x^2}$ なので
$$2\pi \int_{-R}^R R\,dx = 4\pi R^2$$
で半径 R の球の表面積がわかる．この場合，側面積は表面積に一致することに注意しよう． □

7.7 広義積分(特異積分)

定積分の定義は有限個の点を除いて連続で有界な関数に対して考えられており，6.7 節で述べたように原始関数に定積分の端点の値を代入してそのまま計算してもよい．しかし次の例ではそのように素朴に考えてはいけない．

$$\int_0^1 \frac{1}{x}dx, \qquad \int_{-1}^0 \frac{1}{x}dx.$$

実際，原始関数は $\int \frac{1}{x}dx = \log|x| + C$ であり，定積分の端点 $x=0$ で連続でなく有界でもないので，原始関数に端点の値をそのまま代入できない．

一方，次の例でも積分をしようとしている関数自体は端点で有界でなくその値が限りなく大きくなってしまうが，原始関数そのものに対しては端点 $x=0$ の値を代入することができる：

$$\int_0^1 \frac{1}{\sqrt{x}}dx = \left[2x^{1/2}\right]_0^1 = 2.$$

このような例では積分すべき関数が考えている区間のある点で有界でない．この場合，次のように考えることが自然である．2 番目の例では，とりあえず不連続点 $x=0$ を除外して定積分を計算してみよう：

$$\begin{aligned}\int_0^1 \frac{1}{\sqrt{x}}dx &= \lim_{\varepsilon \to 0, \varepsilon > 0}\int_\varepsilon^1 \frac{1}{\sqrt{x}}dx \\ &= \lim_{\varepsilon \to 0, \varepsilon > 0}\left[2x^{1/2}\right]_\varepsilon^1 = \lim_{\varepsilon \to 0, \varepsilon > 0}(2 - 2\varepsilon^{1/2}) = 2.\end{aligned}$$

一方，$\int_{-1}^1 \frac{1}{x}dx$ ではどうであろうか？

$$\begin{aligned}\int_{-1}^1 \frac{1}{x}dx &= \lim_{\varepsilon_1 \to 0, \varepsilon_1 > 0}\lim_{\varepsilon_2 \to 0, \varepsilon_2 > 0}\left(\int_{-1}^{-\varepsilon_1} \frac{dx}{x} + \int_{\varepsilon_2}^1 \frac{dx}{x}\right) \\ &= \lim_{\varepsilon_1 \to 0, \varepsilon_1 > 0}\lim_{\varepsilon_2 \to 0, \varepsilon_2 > 0}(\log\varepsilon_1 - \log\varepsilon_2). \qquad (8)\end{aligned}$$

ここで $\varepsilon_1 > 0$ と $\varepsilon_2 > 0$ の 0 への近づけ方をどうとっても同じ値に近づくか？ということを考えてみよう．例えば $\varepsilon_1 = \varepsilon_2 \to 0$ とおくと極限値は 0 であり，別の近づけ方を考えて $\varepsilon_1 = 2\varepsilon_2 \to 0$ をすると，極限値は $\log 2$ で全く異なって

しまう．そこで，この場合は考えている積分 $\int_{-1}^{1} \frac{1}{x} dx$ は存在しないと解釈する．

では，次の場合を考えてみよう．

$$\int_{1}^{\infty} \frac{1}{x^2} dx.$$

ここで，考える関数は有界であるが積分区間は無限区間である．そこで，上端の ∞ をとりあえず大きな数 $R > 0$ で置き換えて積分を考えて，そのあとで $R \to \infty$ としてみよう：

$$\lim_{R \to \infty} \int_{1}^{R} \frac{1}{x^2} dx = \lim_{R \to \infty} \left[-\frac{1}{x} \right]_{1}^{R} = \lim_{R \to \infty} \left(1 - \frac{1}{R} \right) = 1$$

これらの例を踏まえて，次のように約束（定義）する．

定義 7.2 $y = f(x)$ が $a < x \leq b$ で連続とする ($x = a$ で $f(x)$ がどうなっているか不明であるし，$f(a)$ が定まっていないかもしれない)．

$$\int_{a}^{b} f(x) dx = \lim_{\varepsilon \to 0, \varepsilon > 0} \int_{a+\varepsilon}^{b} f(x) dx$$

と定める．

定義 7.3 $f(x)$ が $a \leq x < c, c < x \leq b$ で連続とする．

$$\int_{a}^{b} f(x)\ dx = \lim_{\varepsilon_1 \to 0, \varepsilon_1 > 0} \lim_{\varepsilon_2 \to 0, \varepsilon_2 > 0} \left(\int_{a}^{c-\varepsilon_1} f(x)\ dx + \int_{c+\varepsilon_2}^{b} f(x)\ dx \right)$$

と定める．

定義 7.4 $\int_{a}^{\infty} f(x)\ dx = \lim_{R \to \infty} \int_{a}^{R} f(x)\ dx$

と定める．

関数が有界にならない点（特異点とよぶことにしよう）が定義 7.2 では区間の端点，定義 7.3 では区間の中にある場合であり，定義 7.4 では積分を考える区間が有限区間ではない場合である．

これらの定義の要点は，都合の悪い点（定義 7.2, 7.3 では f が有界にならな

7.7 広義積分 (特異積分)

い x, 定義 7.4 では $x = \infty$) をとりあえず避けてまず積分を計算しておいて，そのあとで，都合の悪い点を取り込む形で極限をとるということにある．

それぞれの定義で右辺の極限値が存在するとき，**広義積分は収束する**（または存在する）といい，極限値が存在しないとき，**広義積分は発散する**（存在しない）という．広義積分 $\int_1^\infty \frac{1}{x^2}dx, \int_0^1 \frac{1}{\sqrt{x}}dx$ は収束し，$\int_{-1}^1 \frac{1}{x}dx, \int_1^\infty \frac{1}{x}dx$ は発散する．

上で述べた場合以外に対しても同様に考える．例えば
f が $a \leq x < b$ で連続のとき，

$$\int_a^b f(x)dx = \lim_{\varepsilon \to 0, \varepsilon > 0} \int_a^{b-\varepsilon} f(x)dx$$

と解釈する．

さらに
$$\int_{-\infty}^a f(x)dx = \lim_{R \to \infty} \int_{-R}^a f(x)dx$$

や
$$\int_{-\infty}^\infty f(x)dx = \lim_{R_1 \to \infty, R_2 \to \infty} \int_{-R_2}^{R_1} f(x)dx$$

と定める．ここで R_1, R_2 は独立にとって $\to \infty$ としていることに注意する．

例 7.10 $\gamma \in \mathbf{R}$ とする．このとき，

$$\int_1^\infty \frac{1}{x^\gamma}dx = \begin{cases} \dfrac{1}{\gamma - 1}, & \gamma > 1 \quad (収束) \\ \infty, & \gamma \leq 1 \quad (発散). \end{cases}$$

実際，$\gamma \neq 1$ のときは

$$\int_1^\infty \frac{1}{x^\gamma}dx = \lim_{R \to \infty} \int_1^R \frac{1}{x^\gamma}dx = \lim_{R \to \infty} \frac{1}{\gamma - 1}\left(1 - \frac{1}{R^{\gamma-1}}\right)$$

よりわかる．$\gamma = 1$ のときは

$$\int_1^R \frac{1}{x}dx = \log R$$

なので発散する．

$$\int_0^1 \frac{1}{x^\gamma}dx = \begin{cases} \dfrac{1}{1-\gamma}, & \gamma < 1 \quad (\text{収束}) \\ \infty, & \gamma \geq 1 \quad (\text{発散}). \end{cases}$$

$\gamma \neq 1$ のときは

$$\int_0^1 \frac{1}{x^\gamma}dx = \lim_{\varepsilon \to 0, \varepsilon > 0} \int_\varepsilon^1 \frac{1}{x^\gamma}dx = \lim_{\varepsilon \to 0, \varepsilon > 0} \frac{1}{\gamma - 1}(\varepsilon^{1-\gamma} - 1)$$

で,$\gamma = 1$ のときは

$$\int_\varepsilon^1 \frac{1}{x}dx = -\log \varepsilon$$

なので結論を確かめることができる.

さて $\int_{-1}^1 \frac{1}{x}dx$ を再び考えよう (8) で $\varepsilon_1, \varepsilon_2$ を独立に ∞ に近づけると,極限値が存在しなかったり,存在しても値が異なっていた.ここで $\varepsilon_1 = \varepsilon_2$ とおいて 0 への特別な近づけ方だけを考えよう.そのとき,極限は存在して 0 となる.これを特に

$$V.P. \int_{-1}^1 \frac{1}{x}dx = \lim_{\varepsilon \to 0, \varepsilon > 0} \left(\int_\varepsilon^1 \frac{1}{x}dx + \int_{-1}^{-\varepsilon} \frac{1}{x}dx \right) = 0$$

とかき,**コーシーの主値積分**とよんで,普通に定めた広義積分と区別する.$\int_{-1}^1 \frac{dx}{x}$ とかけばこれは定義 7.3 による広義積分であるので,既に説明したように存在しない.

同様に以下のようにコーシーの主値積分を定めておく:

$$V.P. \int_{-\infty}^\infty f(x)dx = \lim_{R \to \infty} \int_{-R}^R f(x)dx$$

$$V.P. \int_a^b f(x)dx = \lim_{\varepsilon \to 0, \varepsilon > 0} \int_{a+\varepsilon}^{b-\varepsilon} f(x)dx.$$

例 7.11 広義積分 $\int_0^3 \frac{1}{x-1}dx$ は発散する.コーシーの主値は次のようになる:

$$V.P. \int_0^3 \frac{1}{x-1}dx = \lim_{\varepsilon \to 0, \varepsilon > 0} \left(\int_0^{1-\varepsilon} \frac{1}{x-1}dx + \int_{1+\varepsilon}^3 \frac{1}{x-1}dx \right)$$
$$= \lim_{\varepsilon \to 0, \varepsilon > 0} (\log \varepsilon + \log 2 - \log \varepsilon) = \log 2.$$

広義積分の収束の判定　広義積分の値を求めることも重要であるが，まずそれが収束するのかどうかを判定することも重要である．そのために第 2 章で解説したような比較による方法がある．そのために広義積分の収束や発散が容易にわかる関数を準備することが必要であるが，先の例 7.10 で求めた関数 $\frac{1}{x^\gamma}$ を使うのが便利である．

定理 7.7　γ, C は実数の定数とする．
(i) f は $[a, \infty)$ で連続とし，
$$|f(x)| \le \frac{C}{x^\gamma}, \quad a \le x < \infty$$
が満たされるとする．さらに $\gamma > 1$ とする．このとき，$\int_a^\infty f(x)dx$ は収束する．

(ii) g は $(0, b]$ で連続とし，
$$|g(x)| \le \frac{C}{x^\gamma}, \quad 0 < x \le b$$
が満たされるとする．さらに $0 < \gamma < 1$ とする．このとき，$\int_0^b g(x)dx$ は収束する．

一般に次も証明できる．

(iii) f は $[a, \infty)$ で連続とし，
$$|f(x)| \le F(x), \quad a \le x < \infty, \qquad \int_a^\infty F(x)dx < \infty$$
が満たされるとする．このとき，$\int_a^\infty f(x)dx$ は収束する．

(iv) g は $(0, b]$ で連続とし，
$$|g(x)| \le G(x), \quad 0 < x \le b, \qquad \int_0^b G(x)dx < \infty$$
が満たされるとする．このとき，$\int_0^b g(x)dx$ は収束する．

この定理は広義積分が存在するような関数で $f(x)$ の絶対値が上から押さえ込まれていれば，f の広義積分も収束することを示している．

証明 コーシーの収束判定条件 (定理 1.9) を用いると

$$\int_a^\infty f(x)dx \text{ が収束する} \iff \lim_{R_1, R_2 \to \infty} \left| \int_{R_1}^{R_2} f(x)dx \right| = 0$$

がわかる．

そこで $\gamma > 1$ のとき，

$$\left| \int_{R_1}^{R_2} f(x)dx \right| \leq \int_{R_1}^{R_2} |f(x)|dx \leq C \int_{R_1}^{R_2} \frac{1}{x^\gamma} dx$$
$$= \frac{C}{1-\gamma}(R_2^{1-\gamma} - R_1^{1-\gamma}) \to 0 \quad (R_1, R_2 \to \infty).$$

よって，最初の部分が証明された．後半も同様に証明することができる．□

例題 7.12 $\displaystyle\int_0^\infty \frac{\sin x}{x} dx$ の収束を判定せよ．

解答 これは，下端で考えている関数の分母が 0 になりさらに積分する範囲も ∞ に及んでいる．そこで積分の両端での関数の振る舞いを調べる必要がある．正の数 c を勝手に固定して

$$\int_0^R \frac{\sin x}{x} dx = \int_0^c \frac{\sin x}{x} dx + \int_c^R \frac{\sin x}{x} dx$$

として，2 つの広義積分を別々に考えよう．この 2 つの広義積分が収束するときに限って，考えている広義積分も収束する．

第一の積分：命題 3.8 ですでに学んだように $\displaystyle\lim_{x\to 0} \frac{\sin x}{x} = 1$ であるので，積分する関数 $f(x) = \dfrac{\sin x}{x}$ の値を $x = 0$ では 1 とおくと f は $x = 0$ でも連続な関数と考えることができる．よって

$$\int_0^c \frac{\sin x}{x} dx = \lim_{\varepsilon \to 0, \varepsilon > 0} \int_\varepsilon^c \frac{\sin x}{x} dx$$

は収束する．

第二の積分：このままでは，比較定理は使えない：直接には $\left|\dfrac{\sin x}{x}\right| \leq \dfrac{1}{x}$ しかわからないので．このような場合，分母の次数を稼ぐため，部分積分を適用することはよ

く使われる手である：$u'(x) = \sin x$, $v(x) = 1/x$ とおいて，部分積分を適用する．

$$\int_c^R \frac{\sin x}{x} dx = \left[-\frac{1}{x}\cos x\right]_c^R - \int_c^R \frac{\cos x}{x^2} dx$$

とすると，$R \to \infty$ のとき右辺第 1 項は $\dfrac{\cos c}{c}$ に収束する．第 2 項は $\displaystyle\int_c^R \frac{1}{x^2} dx < \infty$ で定理 7.7 (i) を使うことができて収束する．したがって，$\displaystyle\int_0^\infty \frac{\sin x}{x} dx$ は収束する． □

注意 この方法では広義積分の存在は示せても，値を求めることはできない．微分積分のあとで学ぶ関数論の知識を用いると $\displaystyle\int_0^\infty \frac{\sin x}{x} dx = \frac{\pi}{2}$ となることがわかる．

例題 7.13 $\displaystyle I_n = \int_0^\infty \frac{1}{(x^2+1)^n} dx, \quad n \in \mathbf{N}$

とおく．
(i) $I_n = \dfrac{2n-3}{2n-2} I_{n-1}, \quad n \geq 2$ を示せ．
(ii) $I_n, n \in \mathbf{N}$ を求めよ．

解答 (i) 例題 6.22 より $n \geq 2$ に対して

$$\int \frac{1}{(x^2+1)^n} dx = \frac{x}{2(n-1)(x^2+1)^{n-1}} + \frac{2n-3}{2n-2} \int \frac{1}{(x^2+1)^{n-1}} dx.$$

よって，$n \geq 2$ に対して

$$I_n = \lim_{R\to\infty} \left[\frac{x}{2(n-1)(x^2+1)^{n-1}}\right]_0^R + \frac{2n-3}{2n-2} I_{n-1} = \frac{2n-3}{2n-2} I_{n-1}$$

であるので (i) がわかった．

(ii) (i) を繰り返して使うと $I_1 = \left[\arctan x\right]_0^\infty = \dfrac{\pi}{2}$ も用いて，$n \geq 2$ に対して

$$I_n = \frac{(2n-3)(2n-5)\cdots 1}{(2n-2)(2n-4)\cdots 2} \frac{\pi}{2}$$

がわかる． □

例題 7.14 $f(x)$ は $x \geq 0$ で区分的に連続であるとする．広義積分

$$\int_0^\infty f(x)e^{-px}dx$$

を考える．

(i) ある定数 $C > 0, \alpha$ が存在して $|f(x)| \leq Ce^{\alpha x}, x \geq 0$ ならばすべての $p > \alpha$ に対して，この広義積分が収束することを示せ．

(ii) $f(x)$ が以下のそれぞれの場合に広義積分が収束するための実数 p の条件を求めて，積分の値を求めよ．ただし a, q は実数である．
  (a) $f(x) = xe^{ax}$ (b) $f(x) = \sin qx$.

解答 (i) $|f(x)e^{-px}| \leq Ce^{-(p-\alpha)x}, x \geq 0$ であって，$p - \alpha > 0$ のとき，$\int_0^\infty e^{-(p-\alpha)x}dx < \infty$ なので，定理 7.7 (iii) より広義積分は収束する．

(ii) (a) $a - p \neq 0$ とする．

$$I_R \equiv \int_0^R xe^{(a-p)x}dx = \left[\frac{xe^{-(a-p)x}}{a-p}\right]_0^R - \frac{1}{a-p}\int_0^R e^{(a-p)x}dx \quad \text{(部分積分)}$$

$$= \frac{Re^{(a-p)R}}{a-p} - \frac{e^{(a-p)R}-1}{(a-p)^2} = \frac{e^{(a-p)R}\{(a-p)R-1\}+1}{(a-p)^2}.$$

$a > p$ ならば $\lim_{R \to \infty} e^{(a-p)R} = \infty$ なので発散．$a < p$ ならば例 5.6 より勝手な $c > 0$ に対して $\lim_{R \to \infty} e^{-cR}R = 0$ なので収束して $1/(a-p)^2$.

$a = p$ ならば，求める積分は $\int_0^\infty x dx$ なので発散．

(b) 例題 6.12 より

$$\int e^{-px}\sin qx\,dx = \frac{-p\sin qx - q\cos qx}{p^2 + q^2}e^{-px} + C$$

なので，$p > 0$ のとき，

$$\int_0^\infty e^{-px}\sin qx\,dx = \frac{q}{p^2 + q^2}$$

となる．$p \leq 0$ のときは発散する．

ここで p を変数と考えたとき，$(Lf)(p) \equiv \int_0^\infty f(x)e^{-px}dx$ は広義積分が収束する

ような p の範囲で p の関数と見なすことができる．したがって，$f(x)$ という関数を $(Lf)(p)$ という別の関数に変換することになる．Lf を $f(x)$ の**ラプラス (Laplace) 変換**とよび，微分方程式を解く際に便利であり，本ライブラリの続巻で詳しくとり扱われる．□

例題 7.15　次の広義積分が収束するための α の条件を求めよ．
$$\int_0^{\pi/2} \frac{\sin x}{x^\alpha} dx.$$

解答　定理 7.7 で使った関数と比較してみよう．すなわち，$\dfrac{\sin x}{x^\alpha}$ と $\dfrac{1}{x^\beta}$ の形の関数を比較してみよう．$\displaystyle\lim_{x\to 0}\frac{\sin x}{x} = 1$ (命題 3.8) に注意すると $\dfrac{\sin x}{x}$ は $x = 0$ の近くで大体 1 なので $\dfrac{\sin x}{x^\alpha}$ と $\dfrac{\sin x}{x^\alpha} \bigg/ \dfrac{\sin x}{x} = \dfrac{1}{x^{\alpha-1}}$ は $x = 0$ の近くでの挙動は同じである．この事実に注意すると定数 $C_1, C_2 > 0$ をうまくとると

$$C_1 \frac{1}{x^{\alpha-1}} \leq \frac{\sin x}{x^\alpha} \leq C_2 \frac{1}{x^{\alpha-1}}, \quad 0 \leq x \leq \frac{\pi}{2} \tag{9}$$

が成り立つことを示すことができる．したがって，定理 7.7 より，$I = \displaystyle\int_0^{\pi/2} \frac{\sin x}{x^\alpha} dx$ と $J = \displaystyle\int_0^{\pi/2} \frac{1}{x^{\alpha-1}} dx$ はともに収束するか，ともに発散するかのいずれかの場合しかない（片方が収束して他方が発散することはありえない）．実際，(9) の第一の不等式より I が収束すれば，J が収束することがわかり，(9) の第二の不等式より J が収束すれば，I が収束することがわかる．例 7.10 より J は $\alpha - 1 < 1$ のとき収束で $\alpha - 1 \geq 1$ のとき発散するので考えている広義積分が収束するのは $\alpha < 2$ の場合である．□

例 7.12　(ガンマ関数) $x > 0$ とする．

$$\Gamma(x) = \int_0^\infty t^{x-1} e^{-t} dt$$

が存在することを示そう．

$t = 0, \infty$ が関数の不連続点となる可能性があるので例題 7.12 と同様に別個に調べてみよう．まず，$t = 0$ の近くから始めよう：

$$\int_0^1 t^{x-1} e^{-t} dt = \lim_{\varepsilon \to 0, \varepsilon > 0} \int_\varepsilon^1 t^{x-1} e^{-t} dt.$$

さて $|t^{x-1}e^{-t}| < t^{x-1}$, $0 < t \leq 1$ で, $x-1 > -1$ より $x-1$ を $-\gamma$ とみなして例 7.10 を用いて $\int_0^1 t^{x-1}dt$ は収束する. したがって, 定理 7.7 (i) により, $\int_0^1 t^{x-1}e^{-t}dt$ は存在する.

次に $\lim_{R\to\infty}\int_1^R t^{x-1}e^{-t}dt$ の収束を調べよう. $x > 0$ に対して $\lim_{t\to\infty}\dfrac{t^{x+1}}{e^t} = 0$ である (例 5.6 参照). よって, ある定数 $C > 0$ を選ぶことができて, すべての $t \geq 1$ に対して $\dfrac{t^{x+1}}{e^t} \leq C$. したがって, $t \geq 1$ に対して $|t^{x-1}e^{-t}| = e^{-t}|t^{x+1}t^{-2}| \leq Ct^{-2}$ であるので, $\int_1^\infty \dfrac{1}{t^2}dt < \infty$ と定理 7.7 (i) から $\Gamma(x), x > 0$ は収束する.

$x > 0$ の範囲で考えるとして $\Gamma(x) = \int_0^\infty t^{x-1}e^{-t}dt$ を x の関数と考えて, **ガンマ関数**とよぶ.

ガンマ関数にはいろいろ重要な性質があるが, 基本的なものは次のものである.

(i) $\Gamma(x+1) = x\Gamma(x)$. 実際, $u(t) = t^x$, $v'(t) = e^{-t}$ とおいて部分積分をする: $u'(t) = xt^{x-1}$, $v(t) = -e^{-t}$ なので

$$\Gamma(x+1) = \int_0^\infty t^x e^{-t}dx = \left[-t^x e^{-t}\right]_{t=0}^{t=\infty} + \int_0^\infty xt^{x-1}e^{-t}dt = x\Gamma(x).$$

(ii) n が自然数のとき, $\Gamma(n) = (n-1)!$

まず, 直接に計算できるように, $\Gamma(1) = \int_0^\infty e^{-t}dt = 1$ である. あとは (i) を繰り返し使えばよい:

$$\Gamma(n) = (n-1)\Gamma(n-1) = (n-1)(n-2)\Gamma(n-2) = \cdots = (n-1)!.$$

注意 $\Gamma(1/2) = \sqrt{\pi}$ が知られている.

例題 7.16 $p > 0, q > 0$ のとき

$$B(p,q) = \int_0^1 x^{p-1}(1-x)^{q-1}dx$$

は収束することを示せ.

解答 $p \geq 1, q \geq 1$ ならば, $f(x) = x^{p-1}(1-x)^{q-1}$ は $0 \leq x \leq 1$ で連続なので積分可能である. $0 < p < 1$ のときは $x = 0$ が不連続点になるが $x = 0$ の近くで

$|f(x)| \leq Cx^{p-1}$ (C はある定数) で，$\int_0^1 x^{p-1}dx = \dfrac{1}{p}$ なので定理 7.7 (iii) より c を $0 < c < 1$ となる勝手な定数として広義積分 $\int_0^c f(x)dx$ は収束する．一方 $0 < q < 1$ ならば $x = 1$ の近くで同様に考えればよい．したがって広義積分 $B(p,q)$ は収束する．
□

注意 $B(p,q)$ をベータ関数とよぶ．ガンマ関数 $\Gamma(p)$ との間に $B(p,q) = \dfrac{\Gamma(p)\,\Gamma(q)}{\Gamma(p+q)}$, $p,q > 0$ という関係があることが知られている．

7.8 その他の応用

密度と質量，平均　$y = f(x)$ は区間 $[a,b]$ で連続な関数で $f(x) > 0$ とする．ここで区間を1つの棒とみなし，$f(x)$ を棒の場所 x における単位長さあたりの密度と考えよう．すなわち，棒の x から $x + \Delta x$ までの微小部分の質量が $f(x)\Delta x$ で与えられるものとする．したがって，棒全体の質量は $\sum f(x)\Delta x$ という和をとって，Δx を限りなく小さくすれば定積分

$$\int_a^b f(x)dx$$

によって求めることができると考えることができる．棒の質量の平均値は全質量を棒の長さで割ったものとなる：

$$\frac{1}{b-a}\int_a^b f(x)dx.$$

一般に x に対して関数 $f(x) \geq 0$ で表される量を区間 $[a,b]$ で考えたとき，

$$\frac{1}{b-a}\int_a^b f(x)dx$$

は $f(x)$ の $a \leq x \leq b$ における**平均値**であると考えることができる．

例題 7.17　一直線上を運動している質点の時刻 t における速度 $v(t)$ が $v(t) = \alpha t + \beta$ で表されるとする．$t \sim t + \Delta t$ の間に質点が動いた変位は $v(t)\Delta t$ であるので $t_0 \sim t_1$ の間の変位はそれらを加えて $\Delta t \to 0$ とした $\int_{t_0}^{t_1} v(t)dt$ となる．さらに時刻 t_0 から時刻 t_1 までの平均の速度を求めよ．

解答 $\dfrac{1}{t_1-t_0}\displaystyle\int_{t_0}^{t_1}(\alpha t+\beta)dt = \dfrac{1}{t_1-t_0}\left\{\dfrac{\alpha}{2}(t_1^2-t_0^2)+\beta(t_1-t_0)\right\} = \dfrac{\alpha}{2}(t_0+t_1)+\beta$ となる．さらに，時刻 t_0,t_1 における速度をそれぞれを v_0,v_1 とおく：$v_0=\alpha t_0+\beta,\ v_1=\alpha t_1+\beta$．このとき，上で求めた平均の速度は $(1/2)(v_0+v_1)$ となり，始めと終わりの時刻の速度の平均値に一致する．□

注意 この質点の運動は加速度 $v''(t)$ が α で一定の運動であり，**等加速度運動**とよばれる．

例題 7.18 平面内を動く質点の時刻 t における位置が

$$x(t)=\beta t\cos\theta,\quad y(t)=\beta t\sin\theta-\dfrac{1}{2}gt^2$$

で表されているものとする．これは，g を重力加速度とすると原点から初速度 β，角 θ で発射した弾丸の時刻 t における位置を表す．x-軸を地表面とすると，$y(t)=0$ となる点の x-座標は弾丸の到達する水平距離となる．ϕ を $0<\phi<\pi/4$ となる定数とする．このとき，射角 θ を $\pi/4-\phi$ から $\pi/4+\phi$ まで変化させたときの到達距離 $f(\theta)$ の平均値を求めよ．

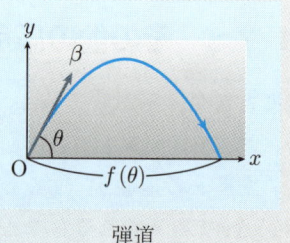

弾道

解答 $y(t)=0$ とおくと $t=0$ または $t=2\beta\sin\theta/g$ である．地表面に再び到達するのは $t>0$ のときなので，$t=2\beta\sin\theta/g$ に対応する $x(t)$ の値が到達距離となる：

$$f(\theta)=\dfrac{\beta^2\sin 2\theta}{g}.$$

ここで $2\sin\theta\cos\theta=\sin 2\theta$ も用いた．よって，到達距離の θ についての平均値は

$$\dfrac{1}{2\phi}\int_{\pi/4-\phi}^{\pi/4+\phi}f(\theta)d\theta=\dfrac{\beta^2}{2g\phi}\int_{\pi/4-\phi}^{\pi/4+\phi}\sin 2\theta d\theta=\dfrac{\beta^2}{2g\phi}\sin 2\phi$$

である．ここで $\cos(\pi/2-2\phi)=\sin 2\phi$ も用いた．□

注意 ルネサンス期においては，ここで考察したような質点の運動の研究が特に大事であった．質点はその場合，大砲の砲弾であり，弾丸の到達距離などを求めることがいかに重要であったかは，当時の政治状況（ヨーロッパ内の多くの戦争さらにはヨーロッパにとってのオスマントルコ帝国の脅威など）を考えれば理解されよう．

7.8 その他の応用

重心　区間 $[a,b]$ で連続で正の値をとる関数 $f(x)$ を考え，これが棒の x における密度を表すものとする．このとき，棒の**重心**の位置は

$$\frac{\int_a^b xf(x)dx}{\int_a^b f(x)dx}$$

で表される．

例題 7.19　$[0,l]$ に2種の棒がおかれており，x における密度がそれぞれで $f(x)=1, f(x)=x^2$ であるとするとき，棒の重心を求めよ．

解答
$$\frac{\int_0^l xdx}{\int_0^l dx} = \frac{l}{2}, \quad \frac{\int_0^l x \times x^2 dx}{\int_0^l x^2 dx} = \frac{3}{4}l$$

で与えられる．□

確率　区間 $[a,b]$ で定義され，$f(x) \geq 0, \int_a^b f(x)dx = 1$ となる連続関数 $y = f(x)$ を考える．このような関数は**確率密度**とよばれる．意味は次の通りである：グラフ $y = f(x)$ と $y = 0, x = a, x = b$ で囲まれる領域 D を考える．このとき，$a \leq \alpha < \beta \leq b$ とし，D から点 (x,y) を勝手に選んだとき，その点が $\alpha \leq x \leq \beta, 0 \leq y \leq f(x)$ という部分に属する確率は部分の面積の全体に面積に対する割合：

$$\frac{\int_\alpha^\beta f(x)dx}{\int_a^b f(x)dx} = \int_\alpha^\beta f(x)dx$$

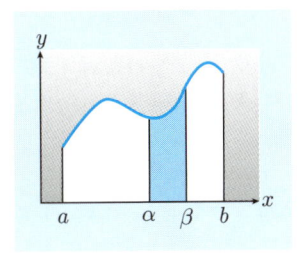

であると考えることは自然である．

また変数 x が x と $x + \Delta x$ の間にある確率が $f(x)\Delta x$ と表されるとき，x が α と β の間にある確率は $f(x)\Delta x$ を足しあわせて $\Delta x \to 0$ とした $\int_\alpha^\beta f(x)dx$ となることは 7.1 節の最後の説明から納得できるであろう．

例 7.13 (ビュフォン (**Buffon**) の問題)　床一面に等間隔 $2a$ で平行線が引かれている．長さ $2c$ の 1 本の針を任意に床に落とすとき，針が平行線の 1 本と交わる確率を求める．ただし，$a > c$ とする．

解答　問題は直観的に述べられているが（針の太さは考えない，針を任意に落とすとは例えば特定の場所を狙ったりしないことを意味する，など），意味は大体明らかであると思う．針の中心を P で表し，図のように角 θ を取ると，θ は 0 と $\pi/2$ の間を動く．P に最も近い平行線からの距離が x と $x+\Delta x$ の間に針が落ちる確率は $\Delta x/a$ である．このとき，針が最も近い平行線に交わる確率は

$$\frac{\arccos(x/c)}{\pi/2}$$

ビュフォンの問題

である．実際，

針が最も近い平行線に交わる　$\iff$　PX の長さ $\leq c$,

よって，$x/c < \cos\theta$．$\cos\theta$ は $0 \leq \theta \leq \pi/2$ で単調減少なので，これは

$$0 \leq \theta \leq \arccos\frac{x}{c}$$

を意味する．θ の動く範囲は $[0, \pi/2]$ なので $\pi/2$ で割ると求めたい確率となる．

したがって，P が平行線の 1 つからの距離が x と $x+\Delta x$ の間に落ちてしかも最も近い平行線と交わる確率は

$$\frac{\Delta x}{a} \times \frac{\arccos(x/c)}{\pi/2}.$$

一般に，2 つの事柄（事象とよぶ）A, B が独立に起こると考えることができ，それぞれが起こる確率を p, q とすると，A, B が同時に起きる確率は pq となることにも注意しよう．

x が最も長くなれるのは P と平行線の距離が c であり，針が平行線に垂直に落ちたときであることに注意すると，x は $0 \leq x \leq c$ の間を動くので，求める確率は

$$\frac{2}{\pi a}\int_0^c \arccos\frac{x}{c}dx = \frac{2}{\pi a}\left\{\left[x\arccos\frac{x}{c}\right]_0^c + \int_0^c \frac{x}{\sqrt{c^2-x^2}}dx\right\}$$

$$= \frac{2}{\pi a}\left[-\sqrt{c^2-x^2}\right]_0^c = \frac{2c}{\pi a}$$

となる．ここで $u(x) = \arccos(x/c), v'(x) = 1$ とおいて部分積分を行い，そのとき現れた積分は $t = c^2 - x^2$ という置換積分で処理をした．$\arccos 1 = 0$ にも注意しよう．□

注意 この結果を利用すれば，針を無作為に多数回落とし，平行線と交わる回数を記録することにより，円周率 π の近似値を求めることが可能である．また，確率と面積の関係を用いて，無作為にとった点がその領域に属する確率を多数回の試行によって求めて（実際には計算機によって乱数などを用いてシミュレーションを行う），その領域の面積を近似的に求めることができる．このような方法を**モンテカルロ法**とよぶ．

定積分の無限級数への応用

$$\int_a^b f(x)dx = \lim_{n\to\infty} \sum_{k=0}^{n-1} f\left(\frac{k(b-a)}{n}+a\right)\frac{b-a}{n}$$
$$= \lim_{n\to\infty} \sum_{k=1}^{n} f\left(\frac{k(b-a)}{n}+a\right)\frac{b-a}{n}$$

を用いると無限級数や数列の和を求めることができたり，無限級数の収束を判定することができる．

例題 7.20 $n \to \infty$ のときの極限を求めよ．

(i) $\displaystyle\sum_{k=1}^{n} \frac{1}{n+k}$ (ii) $\displaystyle\sum_{k=0}^{n-1} \frac{1}{\sqrt{n^2-k^2}}$ (iii) $\displaystyle\left(\frac{n!}{n^n}\right)^{1/n}$.

解答 見かけ上，定積分を定める無限級数と違う形であるが，次のように変形できる．

(i) $\displaystyle\sum_{k=1}^{n} \frac{1}{n+k} = \frac{1}{n}\left(\frac{1}{1+\frac{1}{n}}+\frac{1}{1+\frac{2}{n}}+\cdots+\frac{1}{1+\frac{n}{n}}\right)$

なので $\displaystyle\lim_{n\to\infty} \sum_{k=1}^{n} \frac{1}{n+k} = \int_0^1 \frac{1}{1+x}dx = \Big[\log(1+x)\Big]_0^1 = \log 2.$

(ii) $\displaystyle\lim_{n\to\infty}\sum_{k=0}^{n-1}\frac{1}{\sqrt{n^2-k^2}} = \lim_{n\to\infty}\frac{1}{n}\sum_{k=0}^{n-1}\frac{1}{\sqrt{1-k^2/n^2}}$
$= \displaystyle\int_0^1 \frac{1}{\sqrt{1-x^2}}dx = \Big[\arcsin x\Big]_0^1 = \frac{\pi}{2}.$

(iii) 掛け算やべき乗を含む量を取り扱うときには対数をとると便利である．$a_n = (n!/n^n)^{1/n}$ とおくと，

$$\log a_n = \frac{1}{n}\left(\log\frac{1}{n}+\log\frac{2}{n}+\cdots+\log\frac{n}{n}\right)$$

である．よって，例題 6.13 や $\lim_{x\to 0, x>0} x\log x = 0$ (例題 5.3 (ii)) にも注意して

$$\lim_{n\to\infty} \log a_n = \lim_{\varepsilon \to 0, \varepsilon > 0} \int_\varepsilon^1 \log x\, dx = \lim_{\varepsilon \to 0, \varepsilon > 0} \Big[x\log x - x\Big]_\varepsilon^1 = -1.$$

よって e の右肩にこれらをのせて

$$\lim_{n\to\infty} a_n = e^{-1}. \quad \square$$

例題 7.21 $p > 0, p \neq 1$ に対して

$$S_n = \sum_{k=1}^n \frac{1}{k^p}, \quad n \in \mathbf{N}$$

とおく．このとき，

(i) $\dfrac{1}{1-p}\{(n+1)^{1-p} - 1\} < S_n < 1 + \dfrac{1}{1-p}(n^{1-p} - 1)$

であることを示せ．

(ii) $p > 1$ のとき $\lim_{n\to\infty} \sum_{k=1}^n \dfrac{1}{k^p}$ は収束することを示せ．さらに $p < 1$ のとき $\lim_{n\to\infty} \sum_{k=1}^n \dfrac{1}{k^p}$ は発散することを示せ．

解答 (i) $f(x) = 1/x^p$ とおくと，$f(x)$ は単調減少であるので，次ページのグラフから

$$f(2) + \cdots + f(n) < \int_1^n f(x)\,dx < f(1) + f(2) + \cdots + f(n-1)$$

がわかる．最初の不等式を考えてその両辺に 1 を足して

$$S_n < \int_1^n f(x)\,dx + 1 = \frac{1}{1-p}(n^{1-p} - 1) + 1$$

がわかった．一方，上で述べた 2 番目の不等式で n を $n+1$ で置き換えると

$$\frac{1}{1-p}\{(n+1)^{1-p} - 1\} = \int_1^{n+1} f(x)\,dx < S_n.$$

これで (i) の証明が終わった．

(ii) $p > 1$ のとき (i) で示した第二の不等式において，$\lim_{n\to\infty} \left(1 + \frac{1}{1-p}(n^{1-p} - 1)\right)$ $= \frac{p}{p-1}$ であることから S_n は有界な単調増加数列なので収束する (定理 1.5)．$p < 1$ の

7.8 その他の応用

とき，(i) の第一の不等式において，

$$\lim_{n\to\infty} \frac{1}{1-p}\{(n+1)^{1-p}-1\} = \infty$$

なので，それより大きい S_n も ∞ に発散する (定理 1.4).

この収束はすでに命題 2.1 で確かめた.

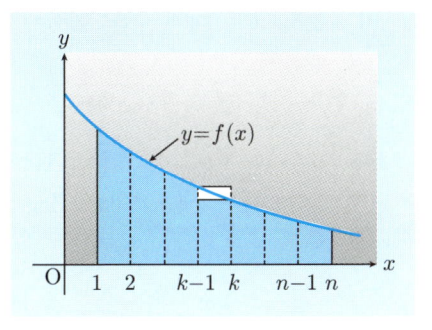

□

面積の比較

注意 $p>1$ のとき，$\sum_{k=1}^{\infty} \frac{1}{k^p}$ の値を求めることは難しい．p が偶数の場合はオイラーによって求められているが (例えば金子晃著「数理系のための 基礎と応用 微分積分 II」の系 8.13), 3 以上の奇数 p の場合の値は知られていない．

例題 7.22 $\qquad S_n = 1 + \dfrac{1}{2} + \dfrac{1}{3} + \cdots + \dfrac{1}{n}$

とおく．

(i) $\log(n+1) < S_n < 1 + \log n$ を示せ．これから，特に $\sum_{k=1}^{\infty} \dfrac{1}{k}$ は発散することがわかる．

(ii) $\displaystyle\lim_{n\to\infty} \dfrac{S_n}{\log n} = 1$ を示せ．

(iii) $\displaystyle\lim_{n\to\infty} (S_n - \log n) = \gamma$ が存在することを示せ．このとき，極限 γ を**オイラー (Euler) の定数**とよぶ．

解答 (i) $f(x) = 1/x$ とおくと，これは単調減少関数なので，例題 7.21 と同様にしてグラフより

$$f(2) + f(3) + \cdots + f(n) < \int_1^n f(x)dx$$

$$\int_1^{n+1} f(x)dx < f(1) + f(2) + f(3) + \cdots + f(n).$$

よって (i) の証明が終わる．$\displaystyle\lim_{n\to\infty} \log(n+1) = \infty$ なので，それより大きな S_n も ∞ に発散する (定理 1.4).

(ii) $n \geq 2$ として $\log n$ で (i) で得られた不等式の両辺を割ると

$$\frac{\log(n+1)}{\log n} < \frac{S_n}{\log n} < 1 + \frac{1}{\log n}$$

である．$n \to \infty$ としよう．このとき，$\displaystyle\lim_{n\to\infty} \frac{\log(n+1)}{\log n} = 1$ である．実際，平均値の定理 (定理 5.1) を $\log x$ に用いて $\log(n+1) - \log n = 1/(n+c)$ （c は 0 と 1 の間のある数）．よって

$$\lim_{n\to\infty} \frac{\log(n+1)}{\log n} = \lim_{n\to\infty} \frac{\log n + 1/(n+c)}{\log n} = 1.$$

ロピタルの定理を使ってもよい．したがって，はさみうちの原理 (定理 1.3) より $\displaystyle\lim_{n\to\infty} \frac{S_n}{\log n} = 1$.

(iii) （飛ばしてもよい）$b_n = S_n - \log n$ とおく．そのとき，

$$b_n - b_{n+1} = -\frac{1}{n+1} + \{\log(n+1) - \log n\} = \log\left(1 + \frac{1}{n}\right) - \frac{1}{n+1}.$$

さて，すべての $0 < x < 1$ に対して $\log(1+x) > x/(1+x)$ を証明する．実際，$h(x) = \log(1+x) - \frac{x}{1+x}$ とおくと $h'(x) = \frac{1}{1+x} - \frac{1}{(1+x)^2} > 0$ なので，この関数は単調増加であってさらに $h(0) = 0$ となるので $h(x) > 0$.
$x = \frac{1}{n}$ とおくと $\log\left(1 + \frac{1}{n}\right) > \frac{1}{n+1}$. したがって，$b_n - b_{n+1} > 0$. すなわち，$b_n, n \in \mathbf{N}$ は単調減少数列である．また (i) で示した不等式を用いると

$$0 < \log(n+1) - \log n < b_n < 1$$

なので，$b_n, n \in \mathbf{N}$ は有界数列でもある．有界な単調数列は収束する（定理 1.5）ので，b_n は収束することがわかった．

よく使われる積分に関する不等式を述べてこの節を締めくくりたい．□

> **定理 7.8** （シュワルツ (**Schwarz**) の不等式）f, g は $[a, b]$ で有限個の点を除いて連続で有界とする．このとき，次式が成り立つ：
>
> $$\int_a^b |f(x)g(x)|dx \leq \left(\int_a^b f(x)^2 dx\right)^{1/2} \left(\int_a^b g(x)^2 dx\right)^{1/2}.$$

注意 等号が成り立つ，すなわち，

$$\int_a^b f(x)g(x)dx = \left(\int_a^b f(x)^2 dx\right)^{1/2} \left(\int_a^b g(x)^2 dx\right)^{1/2}$$

7.8 その他の応用

$\iff$ 同時に 0 にならない定数 α, β があって, すべての $x \in [a, b]$ に対して $\alpha f(x) + \beta g(x) = 0$ となる.

証明 $f(x)$ が常に 0 のときは不等式の両辺はともに 0 なので証明する必要はない. そうでないとすると, 定理 7.1 の (iii) で示したように $\int_a^b f(x)^2 dx \neq 0$ である. さて,

$$F(t) = \int_a^b (t|f(x)| + |g(x)|)^2 dx$$
$$= \left(\int_a^b f(x)^2 dx\right) t^2 + 2t \int_a^b |f(x)g(x)| dx + \int_a^b g(x)^2 dx$$

とおくと $\int_a^b f(x)^2 dx \neq 0$ なのでこれは t の二次関数である. 一方, すべての t に対して $F(t) \geq 0$ となるのでグラフを考えると, 頂点の y-座標は ≥ 0, すなわち,

$$\left(\int_a^b |f(x)g(x)|dx\right)^2 - \left(\int_a^b f(x)^2 dx\right)\left(\int_a^b g(x)^2 dx\right) \leq 0$$

でなくてはならない. □

注意 さらに一般に次の不等式も成り立つ:
(ヘルダー (**Hölder**) の不等式) $p > 1, q > 1, 1/p + 1/q = 1$ として

$$\int_a^b |f(x)g(x)|dx \leq \left(\int_a^b f(x)^p dx\right)^{1/p} \left(\int_a^b g(x)^q dx\right)^{1/q}.$$

ここで特に $p = q = 2$ という特別な場合を考えると, シュワルツの不等式が得られる.

これらの不等式は本書では, 直接使われることはないが, 積分値の上からの見積もりなどでいろいろな場面で活用される.

定理 7.9 (グロンウォール (**Gronwall**) の不等式) $\alpha, \beta \geq 0$ であって f は $[a, b]$ で有限個の点を除いて連続で有界とし,

$$0 \leq f(x) \leq \alpha + \beta \int_a^x f(t)dt, \quad x \in [a, b]$$

が成り立つとする. このとき

$$f(x) \leq \alpha e^{\beta(x-a)}, \quad x \in [a, b]$$

である.

7.9 補遺

有限個の点を除き連続で有界な関数について定積分を考えてきたが，もう少し一般的な関数に対して，定積分を考えることが可能である．

一般に，そのような性質を持たない関数 f に対してリーマン和
$$\sum_{k=1}^{n} f(\xi_k)(x_k - x_{k-1})$$
が区間の分割のしかた $a = x_0 < x_1 < \cdots < x_{n-1} < x_n = b$ や ξ_k の選び方によらず分割を限りなく細かくしていったときに，一定の値に収束するとき $y = f(x)$ は $[a,b]$ で**積分可能**であるとよび，極限を $\int_b^a f(x)dx$ とかいて f の a から b までの定積分とよぶ．7.1 節で述べたことは関数 f が有限個の点を除き $[a,b]$ で連続で有界であれば，$[a,b]$ で積分可能であることを意味している．さらに，$[a,b]$ で関数 f, g が積分可能であれば，$f + g, f - g, \alpha f$（ただし，α は定数とする），$fg, |f|, f/g$（ただし，すべての $x \in [a,b]$ に対して $g(x) \neq 0$ とする）はいずれも積分可能である．

多くの具体的な計算の場合では，あらかじめ積分可能な関数しか出てこないので，積分可能性を気にする必要はあまりない．しかし，例えば将来，微積分を用いて現実に現れる極めて多様な問題を解くことが求められた場合（実はこれが微積分を学習している主目的の 1 つ），われわれの関数が本当に積分できるかどうか判定することが難しいこともあろう．そこで，積分可能な関数の特徴付けを 1 つ紹介する．証明はかなり複雑なので省略する．

まず，定義から始める．実数の集合 B が**零集合**であるとは，$\varepsilon > 0$ をどのように与えても閉区間の列 $I_n, n \in \mathbf{N}$ をうまくとると
$$B \subset \bigcup_{n=1}^{\infty} I_n, \quad \sum_{n=1}^{\infty} |I_n| \leq \varepsilon$$
とできることをいう．以下，$|I|$ は区間 I の長さを表すものとする．

B が零集合であるとは，個数が無限個になってもよいとして長さの総和がいくらでも小さいような小区間で B を覆うことができるような集合のことである．

例 7.14 有限集合 $\{a_1,...,a_N\}$ は零集合である．実際，a_n に対して $I_n = \left[a_n - \dfrac{\varepsilon}{2N}, a_n + \dfrac{\varepsilon}{2N}\right]$ とおく．このとき，$\bigcup_{n=1}^{N} I_n \supset \{a_1,...,a_N\}$ であって，$\sum_{n=1}^{N}\left|\left[a_n - \dfrac{\varepsilon}{2N}, a_n + \dfrac{\varepsilon}{2N}\right]\right| = \varepsilon$ である．さらに要素の数が無限個あるような集合 $\{a_n\}_{n\in \mathbf{N}}$ は零集合であることがわかる．実際，$I_n = \left[a_n - \dfrac{\varepsilon}{2^{n+1}}, a_n + \dfrac{\varepsilon}{2^{n+1}}\right]$ とおくと $\bigcup_{n=1}^{\infty} I_n \supset \{a_n\}_{n\in \mathbf{N}}$ であって，

$$\sum_{n=1}^{\infty}\left|\left[a_n - \dfrac{\varepsilon}{2^{n+1}}, a_n + \dfrac{\varepsilon}{2^{n+1}}\right]\right| = \sum_{n=1}^{\infty} \dfrac{\varepsilon}{2^n} = \varepsilon$$

であるからである．

このとき，積分可能性を不連続点で特徴づける定理を述べることができる．

定理 7.10 有限閉区間 I で定義された有界な関数 f が積分可能であるための必要十分条件は f の不連続点の集合が零集合であることである．

例 7.14 で示したように，有限個の要素からなる集合は零集合なので有限個の不連続点を除いて連続な有界な関数は積分可能であることが自動的にわかる．この定理は不連続点の集合が有限個でなくても積分可能になることがあることを意味している．

例 7.15 $0 \leq x \leq 1$ に対して，関数 f を以下で定める：$f(0)=0$ で $n=1,2,3,...$ に対して，$1/(n+1) < x \leq 1/n$ のとき，$f(x) = 1/n$．関数 $y = f(x)$ のグラフは描くことはできないが，f の不連続点の集合は $1/n, n=2,3,4,...$ であって，例 7.14 より零集合であるので積分可能である．実際に定積分は次のように計算できる：

$$\sum_{n=1}^{\infty}\left(\dfrac{1}{n} - \dfrac{1}{n+1}\right)\dfrac{1}{n} = \sum_{n=1}^{\infty}\dfrac{1}{n^2} - \sum_{n=1}^{\infty}\left(\dfrac{1}{n} - \dfrac{1}{n+1}\right) = \sum_{n=1}^{\infty}\dfrac{1}{n^2} - 1.$$

本書では確かめなかったが，$\sum_{n=1}^{\infty}\dfrac{1}{n^2} = \dfrac{\pi^2}{6}$ が知られているので $\int_0^1 f(x)dx = \dfrac{\pi^2}{6} - 1$ となる．

例 7.16 しかし，不連続点が無限個あると積分可能にならないこともある．

$$f(x) = \begin{cases} 1, & x \text{ が有理数}, \\ 0, & x \text{ が無理数} \end{cases}$$

は区間 $[0,1]$ で積分可能ではない．実際，$[0,1]$ を n 等分してリーマン和を考えると，どのような小区間にも無理数と有理数が含まれているので ξ_k として無理数をとるとリーマン和は 0，有理数をとるとリーマン和は 1 なので，リーマン和は $n \to \infty$ のとき，一定の値に収束することはない．この f の不連続点の集合は零集合ではない．

閉区間 I で積分可能であるための別の十分条件として次が知られている：$y = f(x)$ が I で有界であって，I を有限個の閉区間に分けてそれぞれの小区間で単調増加または単調減少であるならば f は I で積分可能である．

第 6 章で原始関数を用いて，定積分を定義したが，そこでの定義は面積などの量と直接に関連づけられるものではなかった．すでにふれたように，本章で与えた定積分の定義は第 6 章の定義と連続関数については一致している．少し詳しく述べよう．以下，$\int_a^b f(t)dt, \int_a^x f(t)dt$ はとりあえず本章の 7.1 節でリーマン和に基づいて定義されたものとして次の定理を考える．

定理 7.11　(微積分学の基本定理)　f が閉区間 I で連続であって，$a, b, x \in I$ とするとき，次が成り立つ：

(i) $$F(x) = \int_a^x f(t)dt$$

は f の原始関数である．すなわち，

$$\frac{d}{dx}\left(\int_a^x f(t)dt\right) = f(x), \quad x \in I.$$

(ii)　f の任意の原始関数 $\widetilde{F}$ について次が成り立つ：

$$\int_a^b f(t)dt = \widetilde{F}(b) - \widetilde{F}(a).$$

証明 (i) 定理 7.1 と系 7.1（積分の平均値の定理）から

$$F(x+h) - F(x) = \int_a^{x+h} f(t)dt - \int_a^x f(t)dt$$
$$= \int_x^{x+h} f(t)dt = f(\xi)h.$$

ただし，$\lim_{h \to 0} \xi = x$. それゆえ f の連続性も用いて

$$F'(x) = \lim_{h \to 0} \frac{1}{h}(F(x+h) - F(x)) = \lim_{h \to 0} f(\xi) = f(x)$$

が成り立つ．(ii) は次のようにして証明される．(i) によって $\widetilde{F}(x) = \int_a^x f(t)dt + C$ となる．ここで $x = a$ とおくと $\widetilde{F}(a) = C$ がわかる．したがって，$\int_a^x f(t)dt = \widetilde{F}(x) - \widetilde{F}(a)$. 特に $x = b$ とおくと結論がわかる．□

この定理の (i) はリーマン和に基づいて原始関数を定義することができることを示している．一方，(ii) はリーマン和による定積分は原始関数によって計算できることを示している．かくして，連続関数に関しては定積分を第 6 章の意味で理解しても第 7 章の意味で理解してもどちらでもかまわないことになった．

章 末 問 題

以下 (r, θ) は極座標を表すとする．

問題 1 $y = x^2$ と $y = 3x - 2$ で囲まれる領域の面積を求めよ．

問題 2 次の曲線の長さを求めよ．
 (i) $r = a\sin^3 \frac{\theta}{3}, 0 \leq \theta \leq 3\pi$ ただし $a > 0$ は定数である．
 (ii) $y = x^2, 0 \leq x \leq 1$ （ヒント：第 6 章の公式 (11) をあてはめよ．）

問題 3 （パラメータ表示された関数の導関数）$x = f(t), y = g(t)$ であって $x = f(t)$ の逆関数 $t = f^{-1}(x)$ が存在し，いずれも微分可能で $f'(t) \neq 0$ ならば，

$$\frac{dy}{dx} = \frac{g'(t)}{f'(t)}$$

が成り立つことを逆関数の微分（定理 4.6）を用いて確かめよ．

問題 4 次の曲線で囲まれる面積を求めよ: $r = 1 + 2\cos 2\theta, 0 \leq \theta \leq \pi$.

問題 5 (i) 曲線 $(x^2 + y^2)^3 = 4x^2y^2$ を極座標 (r, θ) で表せ．
 (ii) この曲線で囲まれる面積を求めよ．

問題 6 $a,b,c > 0$ は定数とする．

(i) $\dfrac{x}{a} + \dfrac{y}{b} + \dfrac{z}{c} = 1$ と 3 つの座標平面で囲まれる立体の体積を求めよ．

(ii) $\dfrac{x^2}{a^2} + \dfrac{y^2}{b^2} + \dfrac{z^2}{c^2} = 1$ で囲まれる立体の体積を求めよ．

問題 7 次の曲線を x-軸の周りに回転してできる立体の体積を求めよ．

(i) $x^{2/3} + y^{2/3} = R^{2/3}$ (ii) $\dfrac{x^2}{a^2} + \dfrac{y^2}{b^2} = 1$. ただし $R, a, b > 0$ は定数とする．

問題 8 次の曲線を x-軸の周りに回転してできる曲面の表面積を求めよ．

(i) $x^{2/3} + y^{2/3} = R^{2/3}$

(ii) $x^2 + (y-a)^2 = R^2$. ただし，$R, a > 0$ は定数で $a > R$ とする．

問題 9 次の広義積分の収束，発散を判定し，収束する場合には値を求めよ．

(i) $\displaystyle\int_1^\infty \dfrac{1}{x(x^2+1)} dx$ (ii) $\displaystyle\int_{-\infty}^\infty \dfrac{x}{x^2+1} dx$

(iii) $\displaystyle\int_{-1}^0 \dfrac{1}{\sqrt{x+1}} dx$ (iv) $\displaystyle\int_0^2 \dfrac{1}{x^2-3x+2} dx.$

問題 10 $\gamma > 0$ として $\displaystyle\int_0^\infty \dfrac{x^{\gamma-1}}{x+1} dx$ の収束，発散を決定せよ．

第 8 章

関数の級数

　与えられた 2 つの関数 f, g の間の距離についてまず考察する．これが関数ではなく 2 つの数 a, b であれば，$|a-b|$ が小さいとき，これらの数は相互に近いと考えることができる．それでは関数の間の近さをどのように決めるのがよいであろうか？ 言い換えれば，関数の列 $f_1, f_2, f_3, \ldots$ が与えられたとき，それが関数 f に収束するとはどのようなことであろうか？ 数列の場合は，いうまでもなく近さの尺度（距離ともいう）は絶対値で自然に決められていて，それに基づいて収束の意味も定まっている．関数の場合，距離の決め方は一通りではなく，それに応じて関数列の収束にもいろいろな意味のものがある．ここではやはり微分，積分という操作と関数列の極限をとるという操作の間に単純な関係が成り立つような関数列の収束を考えたい．そのために一様収束の概念を導入する．この概念は例えば関数の近似の際にも便利である．次に，関数の級数のうちで特に重要なべき級数の性質を解説し，さらに代表的なべき級数であるテイラー級数を学習する．

8.1　関数の一様収束

　ある区間 I で定義された関数の列 $f_1(x), f_2(x), f_3(x), \ldots$ を考えよう．区間としてはしばらく (a, b)，$[a, b]$，$(a, b]$，$[a, b)$ のどれでもよいがことわりがない限りは有限区間を考える．x を 1 つ固定すると（例えば x_0 とかく），$f_1(x_0), f_2(x_0), f_3(x_0), \ldots$ は普通の数の列である．

　ある関数 $f(x)$ が存在して，勝手な $x_0 \in I$ に対して数列 $f_1(x_0), f_2(x_0), f_3(x_0), \ldots$ が $f(x_0)$ に収束するとき，関数列 $f_1, f_2, f_3, \ldots$ は区間 I で f に**各点収束**するという．この場合，収束の速さは点 x_0 ごとに異なる．例えばある点での収束の速さが別の点での速さに較べて極めて遅いかもしれない．この意味で収束の速さは I の場所を通じて一様ではない．

次に $x \in I$ に関して収束の速さが一様になるような関数の列の収束を考えてみよう.

> **定義 8.1** $f_1, f_2, f_3, \ldots$ が f に区間 I で**一様収束**するとは
> $$\lim_{n \to \infty} \sup_{x \in I} |f(x) - f_n(x)| = 0$$
> となることである.

f_n が f に一様収束するとは次のように解釈できる.

グラフ $y = f(x)$ を中心とした幅 ε の領域をとったとき, n を増やすと, グラフ $y = f_n(x)$ は, いつかはそのような領域に含まれる.

一様収束

注意 I で f_n が f に一様収束すれば, I で f に各点収束することは定義からわかる. 実際, すべての $x_0 \in I$ に対して,
$$|f(x_0) - f_n(x_0)| \leq \sup_{x \in I} |f(x) - f_n(x)|$$
なので
$$\lim_{n \to \infty} |f(x_0) - f_n(x_0)| \leq \lim_{n \to \infty} \sup_{x \in I} |f(x) - f_n(x)| = 0$$
である.

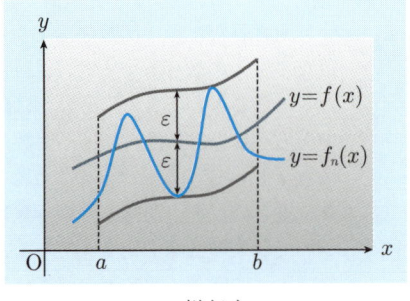

もし, $|f(x) - f_n(x)|$ の最大値が存在すれば $\lim_{n \to \infty} \max_{x \in I} |f(x) - f_n(x)| = 0$ として一様収束を定めてもよいが, 必ずしも I で最大値がない場合も考察したいので, sup を用いた.

例 8.1 $I = (0, 1/2)$ とし, そこで関数列 $f_n(x) = x^n$ を考える. f を $0 < x < 1/2$ に対して $f(x) = 0$ とおいて定める. 公比 $1/2$ の等比数列の極限より, $n \to \infty$ のとき $\sup_{0 < x < 1/2} |f_n(x) - f(x)| = 1/2^n \to 0$ なので, f_n は $(0, 1/2)$ で, $f \equiv 0$ に一様収束する. この場合, $(0, 1/2)$ は開区間であり $|f_n(x) - f(x)|$ は $0 < x < 1/2$ で最大値をとらない (上限はある). 次に, $I = [0, 1]$ として f_n の収束を調べてみよう. f_n は I で

8.1 関数の一様収束

$$\widetilde{f}(x) = \begin{cases} 0, & 0 \leq x < 1, \\ 1, & x = 1 \end{cases}$$

という関数に各点収束していることを確かめることは難しくない。

しかしながら，f_n は $\widetilde{f}$ に $I = [0,1]$ で一様収束しない．実際，$\sup_{0 \leq x \leq 1} |f_n(x) - \widetilde{f}(x)| = \sup_{0 \leq x < 1} |x^n| = 1$ であって，$n \to \infty$ としても 0 に収束しない．

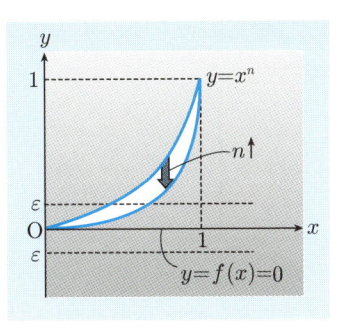

$f_n(x) = x^n$ のグラフ

> **定理 8.1** $I = [a,b]$ とする．f_n は I で連続，f_n は I で f に一様収束するならば f も I で連続．

この定理は一様収束によって，連続性が保たれることを意味している．

例 8.2 $I = [0,1]$ で，$f_n(x) = x^n$ を考える．例 8.1 でみたように，

$$\widetilde{f}(x) = \begin{cases} 0, & 0 \leq x < 1, \\ 1, & x = 1 \end{cases} \quad \text{とおくと，各点収束の意味で} \lim_{n \to \infty} f_n(x) = \widetilde{f}(x).$$

このように連続関数 f_n は連続でない関数 $\widetilde{f}$ に各点収束しているが，一様収束していない．連続関数がある関数に各点収束したとしても，極限の関数が連続であるとは限らない．

注意 一様収束は次のようにいいかえることもできる：

I で，f_n が f に一様収束するとは，勝手な $\varepsilon > 0$ に対して，$N > 0$ を適当にとると

$$n \geq N \implies |f_n(x) - f(x)| < \varepsilon$$

が，すべての $x \in I$ に対して成立するようにできる．ここで，$N > 0$ は ε のみによって決まり，$x \in I$ に関して独立に（一様に）とることができる．一方，各点収束の定義は次のようにいいかえることができる：勝手な $\varepsilon > 0$ と，$x \in I$ に対して，$N > 0$ があって，$n \geq N$ のとき $|f(x) - f_n(x)| < \varepsilon$. ここで N は ε と x によって変わってもよい．

さて，積分をとるという操作と一様収束との関係を調べてみよう．次の例から考えてみよう：

例 8.3 図のように $f_n(x)$ を定める．式でかくと

$$f_n(x) = \begin{cases} n^3 x, & 0 \le x \le 1/n, \\ -n^3 (x - 2/n), & 1/n < x < 2/n, \\ 0, & 2/n \le x \le 1. \end{cases}$$

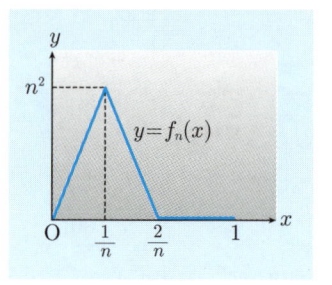

このとき，f_n は $[0,1]$ で，恒等的に 0 である関数 $f \equiv 0$ に各点収束する．実際，$x = 0$ では常に $f_n(0) = 0$ なので，$\lim_{n \to \infty} f_n(0) = 0$ となる．$0 < x \le 1$ とすると，x に対して N を十分大きくとると，$x > 2/N$ とできるので，そのような番号 N から先ではつねに $f_n(x) = 0$ となる．よって f_n は $f(x) \equiv 0$ へ各点収束することがわかった．一方，$f_n(x)$ は $[0,1]$ では，0 に一様収束しない．実際，$\sup_{0 \le x \le 1} |f_n(x)| = n^2$ であるので．

さて，積分の列 $\int_0^1 f_n(x) dx$ を考えよう．図から三角形の面積を考えてもわかるように $\int_0^1 f_n(x) dx = n$ である．もちろん $\int_0^1 f(x) dx = 0$ である．よって，$\lim_{n \to \infty} f_n(x)$ を各点収束の意味で考えると，

$$\lim_{n \to \infty} \int_0^1 f_n(x) dx \ne \int_0^1 \lim_{n \to \infty} f_n(x) dx.$$

この例から，各点収束だけでは，極限と積分をとる順序の交換はできないことがわかる．さらには各点収束の意味で関数列の極限をとる操作と微分をとる操作も交換はできない．一様収束では，それらが可能である！

定理 8.2 閉区間 $I = [a,b]$ を考える．$f_n, n \in \mathbf{N}$ は連続であって，f_n が f に I で一様収束するとする．このとき，

$$\lim_{n \to \infty} \int_a^b f_n(x) dx = \int_a^b \lim_{n \to \infty} f_n(x) dx.$$

> **定理 8.3**
> (i) f_n が $[a,b]$ で微分可能で，f_n' も $[a,b]$ で連続．
> (ii) f_n が f に $[a,b]$ 上で各点収束．
> (iii) f_n' がある関数に $[a,b]$ 上で一様収束．
> このとき，f も $[a,b]$ で微分できて，f' は連続で
> $$\lim_{n\to\infty} f_n'(x) = \frac{d}{dx}\left(\lim_{n\to\infty} f_n(x)\right).$$

閉区間で微分可能であることの定義については 4.1 節を参照してほしい．さらに仮定 (i) が成り立つとき，$f_n \in C^1[a,b]$ とかいて，1 回連続的微分可能であるとよんだのであった (4.6 節)．

8.2 関数の級数

$[a,b]$ で定義された関数の列 $f_1(x), f_2(x), f_3(x), \ldots$ に対して，無限級数を考える．第 2 章で解説した数の級数にならって，第 N 部分和

$$S_N(x) = \sum_{n=1}^{N} f_n(x)$$

を考える．

$S_N(x)$ が $[a,b]$ で一様収束するとき，$\sum_{n=1}^{\infty} f_n$ は $[a,b]$ で**一様収束**するという．

注意 S_N が $[a,b]$ で各点収束するとき，$\sum_{n=1}^{\infty} f_n$ は $[a,b]$ で各点収束するという．

連続関数の無限級数が一様収束すれば，その極限も連続である．すなわち，

> **定理 8.4** f_n は $[a,b]$ で連続とする．$\sum_{n=1}^{\infty} f_n$ が $[a,b]$ で一様収束すれば $\sum_{n=1}^{\infty} f_n$ も $[a,b]$ で連続である．

関数の無限級数の一様収束と微分や積分に関しても定理 8.2, 8.3 と同様な結論が成り立つ．すなわち，

> **定理 8.5** （一様収束と積分）f_n は $[a,b]$ で連続とし，$\sum_{n=1}^{\infty} f_n$ が $[a,b]$ で一様収束するとする．このとき，
> $$\int_a^b \sum_{n=1}^{\infty} f_n(x)dx = \sum_{n=1}^{\infty} \int_a^b f_n(x)dx.$$

この定理の結論が成り立つとき，級数は**項別積分**できるという．

> **定理 8.6** （一様収束と微分）f_n は $[a,b]$ で微分できて，f_n' もそこで連続であるとする．しかも次を仮定する．
> (i) $\sum_{n=1}^{\infty} f_n$ が $[a,b]$ で各点収束．
> (ii) $\sum_{n=1}^{\infty} f_n'$ が $[a,b]$ で一様収束．
> このとき，$\sum_{n=1}^{\infty} f_n(x)$ も $[a,b]$ で微分可能で $\sum_{n=1}^{\infty} f_n'(x)$ も連続．しかも
> $$\sum_{n=1}^{\infty} f_n'(x) = \frac{d}{dx}\left(\sum_{n=1}^{\infty} f_n(x)\right), \quad a \leq x \leq b.$$

この定理の結論が成り立つとき，級数は**項別微分**できるという．

特に無限級数の一様収束を判定する便利な方法がある．この判定法では，一様収束の定義を直接確かめる必要が全くない．さまざまな応用で重要であり，是非とも使いこなしてほしい．

> **定理 8.7** （一様収束級数の判定）次を満たす定数 $M_n, n \in \mathbf{N}$ をとることができたとする．
> (i) すべての $x \in [a,b]$ に対して，$|f_n(x)| \leq M_n$．
> (ii) $\sum_{n=1}^{\infty} M_n < \infty$．
> このとき，$\sum_{n=1}^{\infty} f_n(x)$ は $[a,b]$ で一様かつ絶対収束する．

ここで $\sum_{n=1}^{\infty} f_n(x)$ が $[a,b]$ で**絶対収束**するとは，$\sum_{n=1}^{\infty} |f_n(x)|$ が $[a,b]$ で各点収束することである．このとき，定理 2.11 からわかるように足す順番を勝手に入れかえても和は変わらない．

8.2 関数の級数

定理 8.7 はワイエルストラス (**Weierstrass**) の **M-テスト**または**優級数定理**とよばれ，いろいろな場面で有効に使われる．

証明 定理 8.7 の証明：まず，一様収束の定義をいいかえる．$S_N(x) \equiv \sum_{k=1}^{N} f_k(x)$ が $[a,b]$ で一様収束するとは，任意の $\varepsilon > 0$ に対して番号 N をとることができて，

$$m, n > N \implies \text{すべての } x \in [a,b] \text{ に対して，} |S_n(x) - S_m(x)| < \varepsilon$$

とできる．これは特に一様収束に関わる定理などを示す際に有用であり，数の級数に対するコーシーの収束判定条件である定理 2.4 を一様収束の場合にいいかえたものである．ここで $m > n$ と仮定してよい．さて，これを示そう．定理の仮定 (i) よりすべての $x \in [a,b]$ に対して，

$$|S_n(x) - S_m(x)| = \left| \sum_{k=n+1}^{m} f_k(x) \right| \leq \sum_{k=n+1}^{m} |f_k(x)| \leq \sum_{k=n+1}^{m} M_k$$

に注意．$\sum_{k=1}^{\infty} M_k < \infty$ なので，勝手な $\varepsilon > 0$ に対して，ある N が存在して $n, m > N$ ならば $\sum_{k=n+1}^{m} M_k < \varepsilon$ とできる（定理 2.4）．したがって，$m, n > N \implies$ すべての $x \in [a,b]$ に対して $|S_n(x) - S_m(x)| < \varepsilon$. □

例題 8.1 $\alpha > 0$ を定数とする．

$$\sum_{n=1}^{\infty} e^{-n^2(x+1)} n^\alpha$$

は $[0,1]$ で一様かつ絶対収束する．

解答 $0 \leq x \leq 1$ で $e^{-n^2(x+1)} n^\alpha \leq e^{-n^2} n^\alpha \equiv M_n$ である．ここで $n \to \infty$ のとき，

$$\frac{M_{n+1}}{M_n} = \frac{e^{-(n+1)^2}(n+1)^\alpha}{e^{-n^2} n^\alpha} = \left(1 + \frac{1}{n}\right)^\alpha e^{-2n-1} \to 0$$

なので定理 2.7 より $\sum_{n=1}^{\infty} M_n < \infty$ がわかる．よって M-テストより一様かつ絶対収束することがわかった．同様にして，この級数は何回でも項別微分できて，結果の級数も $[a,b]$ で一様かつ絶対収束することを確かめることができる．□

8.3 べき級数

$\sum_{n=0}^{\infty} a_n x^n$ の形の級数のことを**べき級数**または**整級数**とよぶ．a_n をべき級数の係数とよぶ．

べき級数が与えられたときの，当面の問題点は次の通りである．

(1) どのような x に対して収束するのか？
(2) 一様収束するか？（そのとき項別積分や項別微分できて大変便利である）

べき級数を作ったとしても収束に関してきちんと調べる必要があることは次の例からもわかる．

例 8.4 $\sum_{n=0}^{\infty} n! x^n$ を考えよう．この級数は $x=0$ に対しては収束するが，$x \neq 0$ では収束しない．実際，$x \neq 0$ として固定すると，$\lim_{n \to \infty} n! x^n \neq 0$ なので，定理 2.3 を用いると発散することがわかる．このべき級数は $x=0$ でしか収束しないので，実質的には無意味であろう．これは極端な例であるが，べき級数が与えられたときそれが収束して意味をもつ x の範囲を定めることが重要である．

定義 8.2 $$R = \sup\left\{|x|; \sum_{n=0}^{\infty} a_n x^n が収束\right\}$$

とおく．ただし，すべての x で $\sum_{n=0}^{\infty} a_n x^n$ が収束するときは $R=\infty$ とおく．この R を級数 $\sum_{n=0}^{\infty} a_n x^n$ の**収束半径**とよぶ．

上の例 8.4 では収束半径は 0．

定理 8.8 $R>0$ とする．

(i) $0<r<R$ となる r を勝手にとる．$|x| \leq r$ において $\sum_{n=0}^{\infty} a_n x^n$ は一様かつ絶対収束する．しかも $|x| \leq r$ で，何回でも項別積分，項別微分でき，その結果得られるべき級数の収束半径も R である．例えば

$$\sum_{n=1}^{\infty} n a_n x^{n-1} の収束半径も R.$$

$|\alpha| < R, |\beta| < R$ となる勝手な α, β に対して,

$$\int_\alpha^\beta \sum_{n=0}^\infty a_n x^n dx = \sum_{n=0}^\infty \int_\alpha^\beta a_n x^n dx = \sum_{n=0}^\infty \frac{a_n}{n+1}(\beta^{n+1} - \alpha^{n+1}).$$

(ii) $|x| > R$ ならば $\sum_{n=0}^\infty a_n x^n$ は収束しない.

注意 $r = R$ の場合はべき級数の収束, 発散に関しては一般には何もいえない. 定理 8.11 も参照.

この定理から $R > 0$ のとき, べき級数が収束するような x の範囲は複雑な集合になることはなく,

$$[-R, R], [-R, R), (-R, R], (-R, R)$$

のいずれかである. これらの区間をべき級数の**収束円**とよぶ. しかも, 収束円の内部 $(-R, R)$ で自由に何回でも項別積分, 項別微分することができる. その意味で収束半径や収束円を求めることがきわめて重要になる.

注意 べき級数はここでは実数の x に対してだけ考えているが, 実は複素数の x に対して取扱う方が見通しがよい. しかし, そのような取扱いは複素解析学といわれる科目の範囲であり, 本ライブラリにもそのような教科書が計画されている. ここで学んでいる微積分はそれ自体で完結した科目ではなく, いろいろな分野に発展していく根のようなものである.

例 8.5 $\sum_{n=0}^\infty x^n$ の収束半径は 1 で収束円は $(-1, 1)$ である. なぜならば, これは等比級数なので $|x| < 1$ ならば収束し, $|x| \geq 1$ のときは発散するからである (命題 2.1 (i)). したがって, この定理 8.8 から勝手な $0 < r < 1$ に対して, $|x| \leq r$ では項別微分, 項別積分を自由にできて, それらの結果得られるべき級数の収束半径も 1 である. 例えば,

$$\sum_{n=0}^\infty x^n = \frac{1}{1-x}, \quad |x| < 1, \qquad \sum_{n=0}^\infty n x^{n-1} = \frac{1}{(x-1)^2}, \quad |x| < 1.$$

一般論からは $x = -1, 1$ を代入できるかどうかわからない (実際は不可能). 特に, $x = -1$ を代入して $1 - 2 + 3 - 4 + \cdots$ を $1/4$ と結論してはいけない.

さて，与えられたべき級数に関して収束半径をどのようにして求めることができるであろうか？

> **定理 8.9** (収束半径の求め方) 極限 $\lim_{n\to\infty} |a_n/a_{n+1}|$ が (有限値で) 存在するか，または ∞ であるならば，
> $$R = \lim_{n\to\infty}\left|\frac{a_n}{a_{n+1}}\right|.$$

具体的に与えられたべき級数に関しては，だいたいはこの定理で収束半径を求めることができる．

例 8.6 例8.5と同じく，$\sum_{n=0}^{\infty} x^n$ を考える．すでに収束半径は1と求まっているが，定理8.9を使ってみよう．$a_n = 1, n = 0, 1, 2, 3, ...$ なので，$\lim_{n\to\infty} |a_n/a_{n+1}| = 1$.

例 8.7 $\sum_{n=0}^{\infty} \dfrac{x^n}{n!}$ を考える．$a_n = \dfrac{1}{n!}$ なので

$$\lim_{n\to\infty} \frac{a_n}{a_{n+1}} = \lim_{n\to\infty}(n+1) = \infty$$

よって収束半径 R は ∞ で，特にすべての x に対して，一様かつ絶対収束する．

注意 もし，係数 a_n のうちで $a_n = 0$ のものが有限個しかないときは，そのような係数を抜かして，上の定理を適用すればよい．2.1節でも注意したが，収束の定義からもわかるように無限級数の収束，発散は有限個の項を入れかえてもなんら影響はない（和は変わるが）．

例 8.8 $a_0 + a_2 x^2 + a_4 x^4 + \cdots + a_{2n} x^{2n} + \cdots$ のような場合は $a_n = 0$ となる係数が無限個でてきてしまい，上の定理をそのまま適用できない．しかし，$x^2 = z$ とおいて，x に関してのべき級数に置き換えて，定理8.9をあてはめることができる．

$$a_0 + a_2 z + a_4 z^2 + \cdots + a_{2n} z^n + \cdots.$$

よって $z = x^2$ についての収束半径は $\lim_{n\to\infty} |a_{2n}/a_{2n+2}|$ であり，$|x^2| < \lim_{n\to\infty} |a_{2n}/a_{2n+2}|$ で収束．ゆえに $|x| < \sqrt{\lim_{n\to\infty} |a_{2n}/a_{2n+2}|}$ で収束．すなわち，x についての収束半径 $= \sqrt{\lim_{n\to\infty} |a_{2n}/a_{2n+2}|}$.

8.3 べき級数

もし，極限 $\lim_{n\to\infty} |a_n/a_{n+1}|$ が存在しなければ，この方法で収束半径を求めることはできない．定理 8.9 で極限が存在しないからといって，収束半径が存在しないと考えてはいけない！収束半径は 1 つのべき級数について必ず決まるはずである．

定理 8.9 を用いてもどうしても収束半径 R が求まらない場合は次の手がある．

定理 8.10

$$R = \sup\{r \geq 0;\ |a_n|r^n\ が\ n = 0, 1, 2, 3, \cdots\ について有界\}.$$

注意 定理 8.10 はコーシー-アダマール (Cauchy-Hadamard) の公式とよばれる事実のいいかえである．

証明 定理の結論の右辺の集合 S とかく．収束半径の定義 8.2 より $r < R$ ならば $\sum_{n=0}^{\infty} |a_n|r^n$ が収束．したがって $|a_n|r^n,\ n = 0, 1, 2, 3, \ldots$ は有界数列．ゆえに $r \in S$．$\sup$ の定義より $r \leq \sup S$．r として $\lim_{n\to\infty} r_n = R, r_n < R$ となる数列 r_n をとると，いま証明したことから $r_n \leq \sup S$．$n \to \infty$ として，$R \leq \sup S$ がわかる．

したがって，証明を完結させるためには $R \geq \sup S$ を示せばよい．$r \in S$ となる勝手な r をとる．$|x| < r$ とする．$r \in S$ より，定数 $C > 0$ をとることができて，すべての $n = 0, 1, 2, 3, \ldots$ に対して $|a_n|r^n \leq C$．したがって，

$$\sum_{n=0}^{\infty} |a_n||x|^n = \sum_{n=0}^{\infty} |a_n|r^n \left|\frac{x}{r}\right|^n \leq C \sum_{n=0}^{\infty} \left|\frac{x}{r}\right|^n < \infty$$

(公比 $|x/r| < 1$ より，収束する)．したがって，収束半径の定義 8.2 より $|x| \leq R$．ここで x として $|x_n| < r$ で $\lim_{n\to\infty} |x_n| = r$ となる数列 x_n を選ぶと $|x_n| \leq R$ が得られる．よって $n \to \infty$ とすると，$r \leq R$．これは勝手な $r \in S$ に対して成り立つので r について $\sup$ をとって，$\sup S \leq R$．これで $R = \sup S$ の証明が終了した． □

例 8.9 $\sum_{n=1}^{\infty} x^{n^3}$ の収束半径をこの定理によって求めよう．r^{n^3} が n について有界な r の範囲を求めればよいことになる．

$r \leq 1$ ならば $r^{n^3} \leq 1$ で有界．

$r > 1$ ならば $n^3 \geq n$ より $r^{n^3} \geq r^n$ であり，$\lim_{n\to\infty} r^{n^3} \geq \lim_{n\to\infty} r^n = \infty$ なので有界にならない．よって収束半径 R は 1 である．

例題 8.2 定理 8.8 を用いて，和 $f(x) = \sum_{n=0}^{\infty} \dfrac{x^n}{n!}$ を求めてみよ．

解答 例 8.7 で確かめたように収束半径は ∞．よって勝手な x に対して自由に項別微分してよい：

$$f'(x) = \sum_{n=0}^{\infty} \left(\dfrac{x^n}{n!}\right)' = \sum_{n=1}^{\infty} \dfrac{x^{n-1}}{(n-1)!} = \sum_{n=0}^{\infty} \dfrac{x^n}{n!}.$$

したがって，すべての x に対して，$f'(x) = f(x)$ が成立．しかも，$f(0) = 1$ が $x = 0$ を代入すればわかるので，例題 5.7 から

$$e^x = \sum_{n=0}^{\infty} \dfrac{x^n}{n!}, \qquad x \in \mathbf{R}$$

がわかる．□

収束円の端点 $x = R, -R$ ではべき級数の収束，発散については一般には何もいえないが，次のような場合には収束を保証することができる．

定理 8.11 (アーベル (**Abel**) の定理) $f(x) = \sum_{n=0}^{\infty} a_n x^n$ の収束半径を $R > 0$ とする．$\sum_{n=0}^{\infty} a_n R^n$ が収束するならば，

$$\lim_{x \to R, x < R} f(x) = \sum_{n=0}^{\infty} a_n R^n$$

である．

証明は例えば金子晃著「数理系のための 基礎と応用 微分積分 II」第 8 章の章末問題 5 を参照．

x を a だけずらして $\sum_{n=0}^{\infty} a_n (x-a)^n$ という型の級数を考えることもできる．(a を中心とするべき級数とよぶ)．この場合，収束半径 R は $x - a$ をあらためて x とみなして定めることができ，収束円は $(-R+a, R+a)$ となる．さらに一様かつ絶対収束や収束円における収束，発散について全く同様な結論が成り立つ．

8.4 テイラー級数

さて，次の 2 つの問いかけは重要である：

(i) べき級数の和をどのようにして求めればよいか? いいかえれば与えられたべき級数を多項式，分数関数，三角関数，指数関数やそれらの逆関数である初等関数で表すにはどうしたらよいか?

(ii) 与えられた関数をべき級数で表示するにはどうしたらよいか? (そのようなことができたとして)

このうち 2 番目の問いについてはここで解説するテイラー級数が解答となる．与えられた関数のべき級数は一通りに定まることが次のようにしてわかる：

収束半径 $R>0$ として $f(x)$ が $-R<x<R$ で $\sum_{n=0}^{\infty} a_n x^n$ と表されたとする．そのとき，別の係数 b_n を用いて $f(x) = \sum_{n=0}^{\infty} a_n x^n = \sum_{n=0}^{\infty} b_n x^n$, $|x|<R$ となったとする．$x=0$ を代入すると $a_0 = b_0$. $|x|<R$ の範囲で項別微分をして，$x=0$ を代入をすると $a_1 = b_1$. これを繰り返すとすべての $n=0,1,2,3,\ldots$ に対して $a_n = b_n$ がわかる．

最初の問い (i) については決定的な方法はないが，微分方程式を利用する方法 (例題 8.2) やすでに得られているテイラー級数を組み合わせて求めることができる．

以下，f は開区間 I で何回でも微分できて，すべての導関数は連続としよう．$a \in I$ とする．

まず
$$f(x) = f(a) + \int_a^x f'(s) ds$$

と変形する．さらに $u(s) = f'(s), v'(s) = 1$ とおいて部分積分を行う：

$$f(x) = f(a) + \left[(x-s)f'(s)\right]_{s=x}^{s=a} + \int_a^x (x-s)f''(s)ds$$
$$= f(a) + (x-a)f'(a) + \int_a^x (x-s)f''(s)ds.$$

さらに同様にして部分積分を行う：

$$f(x) = f(a) + (x-a)f'(a) + \left[\frac{(x-s)^2}{2!}f^{(2)}(s)\right]_{s=x}^{s=a} + \int_a^x \frac{(x-s)^2}{2!}f^{(3)}(s)ds.$$

よって，

$$f(x) = f(a) + (x-a)f'(a) + \frac{(x-a)^2}{2!}f^{(2)}(a) + \int_a^x \frac{(x-s)^2}{2!}f^{(3)}(s)ds.$$

これを繰り返すと次がわかる．

> **定理 8.12** (テイラー (**Taylor**) の公式) $a, x \in I$ とすると，$n = 1, 2, 3, \ldots$ に対して，
>
> $$\begin{aligned} f(x) &= f(a) + (x-a)f'(a) + \frac{(x-a)^2}{2!}f''(a) \\ &\quad + \cdots + \frac{(x-a)^n}{n!}f^{(n)}(a) + \int_a^x \frac{(x-s)^n}{n!}f^{(n+1)}(s)ds \\ &= f(a) + (x-a)f'(a) + \frac{(x-a)^2}{2!}f''(a) + \cdots + \frac{(x-a)^n}{n!}f^{(n)}(a) \\ &\quad + \frac{(x-a)^{n+1}}{(n+1)!}f^{(n+1)}(\xi). \end{aligned}$$
>
> ただし，ξ は x と a の間のある数である．

テイラーの公式の 2 番目の表示式は $\int_a^x \frac{(x-s)^n}{n!}f^{(n+1)}(s)ds$ に積分の平均値の定理 (定理 7.3) をそこでの記号で $g(s) = \frac{(x-s)^n}{n!}$ として用いるとわかる．

テイラーの公式は一般の関数 $f(x)$ を

$$f(x) = ((x-a) \text{ の } n \text{ 次式}) + (\text{残りの項：剰余項})$$

の形に書き表すものである．これは一般の関数を n 次の多項式で近似するという考え方でもある．近似については 8.6 節でもふれる．

テイラーの公式で n を限りなく大きくしていくとどうなるのかについて調べてみよう．例として $f(x) = e^x$ を $a = 0$ として考える．ξ は 0 と x の間のある数として，定理 8.12 より

$$e^x = 1 + x + \frac{x^2}{2} + \cdots + \frac{x^n}{n!} + \frac{x^{n+1}}{(n+1)!}e^\xi.$$

$M > 0$ を勝手に固定しておき，$-M \leq x \leq M$ となる x でもっぱら考える．そのとき，$|\xi| \leq M$ なので $e^\xi \leq e^M$，$|x^{n+1}| \leq M^{n+1}$ を用いて，$n \to \infty$ のとき，

$$|\text{剰余項}| = \left|\frac{x^{n+1}}{(n+1)!}e^\xi\right| \leq \frac{M^{n+1}}{(n+1)!}e^M \to 0.$$

8.4 テイラー級数

これは,
$$\lim_{n\to\infty} \frac{\frac{M^{n+1}}{(n+1)!}e^M}{\frac{M^n}{n!}e^M} = \lim_{n\to\infty} \frac{M}{n+1} = 0$$

より, 定理 1.8 (ii) によってわかる. ゆえにすべての x に対して

$$e^x = 1 + x + \frac{x^2}{2} + \cdots + \frac{x^n}{n!} + \cdots.$$

しかも右辺のべき級数の収束半径はすでに求めたように ∞ である. このことから $x \in \mathbf{R}$ のとき, 関数 e^x はべき級数で表されることになる.

そこで次のように約束する.

定義 8.3
$$R_n(x) = \frac{(x-a)^{n+1} f^{(n+1)}(\xi)}{(n+1)!}$$

とおき, I を a を含む開区間とする. そのとき, $x \in I$ に対して,
$$\lim_{n\to\infty} R_n(x) = 0$$
となるとき, $f(x)$ は $x = a$ で, **テイラー (Taylor) 展開可能**であるとよび, 級数
$$f(x) = f(a) + (x-a)f(a) + \cdots + \frac{(x-a)^n}{n!} f^{(n)}(a) + \cdots$$
$$= \sum_{n=0}^{\infty} \frac{f^{(n)}(a)}{n!} (x-a)^n$$
を a を中心とする $f(x)$ の**テイラー展開** (または**テイラー級数**) とよぶ:

定理 8.13 $x \in I$ に対して $\lim_{n\to\infty} R_n(x) = 0$ とすると, テイラー級数は $x \in I$ に対して各点収束する. さらにこのべき級数の収束半径 R が正ならば, 開区間 $(a+R, a-R)$ に含まれる閉区間で一様かつ絶対収束し, そこで何回でも項別積分, 項別微分をしてもよい. しかも結果として得られるべき級数の収束半径も R である.

特に $a = 0$ とすることも多い. この場合, テイラー展開を**マクローリン (Maclaurin) 展開**とよぶ.

さて，テイラー展開可能であるための1つの判定条件として

命題 8.1 I を $x = a$ を含む開区間とする．ある $C > 0, M > 0$ があって，すべての $n = 0, 1, 2, 3, \ldots$ と $x \in I$ に対して，
$$|f^{(n)}(x)| \leq CM^n n!$$
ならば，$x = a$ でテイラー展開可能である．

証明 ここで $x \in I$ であって $|x - a| < 1/M$ となるような a を含む開区間 J の x に対して考えよう．このとき，
$$|R_n(x)| \leq C(n+1)! M^{n+1} \frac{(x-a)^{n+1}}{(n+1)!} = C(M(x-a))^{n+1}.$$

すべての $x \in J$ に対して $n \to \infty$ のとき，$|M(x-a)| < 1$ なので，$|R_n(x)| \to 0$. よって，命題が確かめられた． □

例 8.10（二項級数）

$(1+x)^\alpha = \sum_{n=0}^{\infty} \binom{\alpha}{n} x^n$, 収束半径 $= 1$. ただし $\alpha \in \mathbf{R}$ で $n \in \mathbf{N}$ に対して
$$\binom{\alpha}{0} = 1, \quad \binom{\alpha}{n} = \frac{\alpha(\alpha-1)\cdots(\alpha-n+1)}{n!}$$
とおく．

収束について調べよう．以下の議論は飛ばしてもよいが二項級数自体は収束半径とともに記憶しよう．$|x| < 1$ の範囲で $f(x) = (x+1)^\alpha$ を考えよう．ここで $f(x)$ は $|x| < 1$ で何回でも微分できることに注意．$f^{(n)}(0), n = 0, 1, 2, 3, \ldots$ を計算する．例 4.9 にならって順次計算すると，
$$f^{(n)}(x) = \alpha(\alpha-1)(\alpha-2)\cdots(\alpha-n+1)(1+x)^{\alpha-n} \quad \text{より}$$
$$f^{(n)}(0) = \alpha(\alpha-1)(\alpha-2)\cdots(\alpha-n+1).$$

よって，定理 8.12 より剰余項は $R_n(x) = \dfrac{\alpha(\alpha-1)\cdots(\alpha-n)}{(n+1)!} x^{n+1} (1+\xi)^{\alpha-n-1}$ であって

8.4 テイラー級数

$$f(x) = 1 + \alpha x + \frac{\alpha(\alpha-1)}{2!}x^2 + \cdots + \frac{\alpha(\alpha-1)\cdots(\alpha-n+1)}{n!}x^n + R_n(x)$$

ここで ξ は 0 と x の間の数で n にも依存している．$0 < r < 1$ となる r を固定して $|x| < r$ となる x で考えよう．ここで定数 $C > 0, M > 0$ をうまくとると，すべての $n = 0, 1, 2, 3, \ldots$ と $|x| < r$ に対して

$$|f^{(n)}(x)| \leq CM^n n! \tag{1}$$

を示すことができる．実際，$|x| < r$ に対して $|(1+x)^{-n}| \leq (1-r)^{-n}$ で，$\alpha \in \mathbf{R}$ に対して $|(1+x)^\alpha| \leq \max\{(1+r)^\alpha, (1-r)^\alpha\}$ であって，

$$\frac{1}{n!}|\alpha(\alpha-1)\cdots(\alpha-n+1)| = \left|\frac{\alpha}{1}\frac{\alpha-1}{2}\cdots\frac{\alpha-n+1}{n}\right|$$

$$\leq |\alpha|\left(|\alpha|+\frac{1}{2}\right)\left(|\alpha|+\frac{2}{3}\right)\cdots\left(|\alpha|+\frac{n-1}{n}\right) \leq (|\alpha|+1)^n$$

なので $C = \max\{(1+r)^\alpha, (1-r)^\alpha\}$, $M = \dfrac{|\alpha|+1}{1-r}$ ととると (1) の証明が終わる．

よって，命題 8.1 よりある定数 $\delta > 0$ をとることができて，$|x| < \delta$ で

$$f(x) = 1 + \alpha x + \frac{\alpha(\alpha-1)}{2!}x^2 + \cdots + \frac{\alpha(\alpha-1)\cdots(\alpha-n+1)}{n!}x^n + \cdots$$

とテイラー展開できた．ここで δ はいまのところ小さい数にしかとれない．

さらに，右辺のべき級数の収束半径は定理 8.9 を用いて，

$$\lim_{n \to \infty}\left|\frac{\dfrac{\alpha(\alpha-1)\cdots(\alpha-n+1)}{n!}}{\dfrac{\alpha(\alpha-1)\cdots(\alpha-n+1)(\alpha-n)}{(n+1)!}}\right| = 1$$

となる．これを用いるとこのテイラー級数は $|x| < \delta$ (ここで δ ははっきり決めることができない数である) に対してではなくて $|x| < 1$ で成り立つことを示すことができる (解析関数の知識が必要になるのでここでは詳しい証明は省略する)．

例えば，$\alpha = \dfrac{1}{2}$ とすると，$\begin{pmatrix} 1/2 \\ 0 \end{pmatrix} = 1$ であって，

$$\begin{pmatrix} 1/2 \\ n \end{pmatrix} = \frac{\frac{1}{2}\left(\frac{1}{2}-1\right)\cdots\left(\frac{1}{2}-n+1\right)}{n!}$$

$$= \frac{(-1)^{n-1} 1 \cdot 3 \cdot 5 \cdots (2n-3)}{2 \cdot 4 \cdots (2n)} = \frac{(-1)^{n-1}(2n-3)!!}{(2n)!!}, \quad n \geq 1$$

なので

$$\sqrt{1+x} = 1 + \sum_{n=1}^{\infty} \frac{(-1)^{n-1}(2n-3)!!}{(2n)!!} x^n$$

$$= 1 + \frac{1}{2}x - \frac{1}{8}x^2 + \frac{1}{16}x^3 + \cdots, \quad |x| < 1.$$

ただし

$$n!! = \begin{cases} n(n-2)\cdots 2, & n:偶数 \\ n(n-2)\cdots 3 \cdot 1, & n:奇数 \end{cases}$$

とおいた（これはすでに例題 6.31 で用いた）．$\alpha = m \in \mathbf{N}$ のときは n が m より大きいとき係数は 0 になるので二項定理：

$$(1+x)^m = \sum_{n=0}^{m} \begin{pmatrix} m \\ n \end{pmatrix} x^n$$

になる．ただし，${}_m C_n = \begin{pmatrix} m \\ n \end{pmatrix} = \frac{m!}{n!(m-n)!}$ である．

例 8.11 $f(x) = \begin{cases} e^{-1/x^2}, & x \neq 0 \\ 0, & x = 0 \end{cases}$ とおくと，$y = f(x)$ は $x = 0$ を含む開区間をどのようにとっても，そこでテイラー展開できない．

これを背理法で確かめてみよう：$x = 0$ を含む開区間 I をうまくとってテイラー展開できたとしよう．$I = (-\delta, \delta)$ とおく．$-\delta < x < \delta$ に対して，$f(x) = \sum_{n=0}^{\infty} \frac{f^{(n)}(0)}{n!} x^n$ となるが，ここですべての $n = 0, 1, 2, 3, \ldots$ に対して $f^{(n)}(0) = 0$ である．

実際，例 5.6 より $\lim_{y \to \infty} \frac{y^\alpha}{e^y} = 0$ が勝手な $\alpha \in \mathbf{R}$ に対して成り立つので $y = \frac{1}{x^2}$ とおく

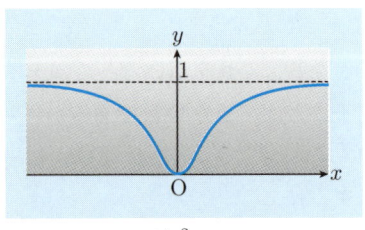

$y = e^{-1/x^2}$ のグラフ

と $\lim_{x\to 0} x^{-2\alpha} e^{-1/x^2} = 0$. よって, $f'(x) = \dfrac{2}{x^3} e^{-1/x^2}$ より, $f'(0) = 0$. 一般に $f^{(n)}(x)$ を計算すると, 項の数は増えるが, $x^l e^{-1/x^2}$, $l \in \mathbf{N}$, の形の項を定数倍して足した形になる. ゆえに, すべての $n = 0, 1, 2, 3, ...$ に対して, $f^{(n)}(0) = 0$.

かくして, $f(x) = 0$, $-\delta < x < \delta$. 明らかに $y = f(x)$ は $x = 0$ の近くで 0 以外の値をとることができるので矛盾である. よって $y = f(x)$ はテイラー展開できない.

この例からもわかるように,

$$\text{何回でも微分できる.} \quad \neq \quad \text{テイラー展開できる.}$$

■ 8.5 テイラー級数の求め方

[1] 直接求める.
$$f(x) = \sum_{n=0}^{\infty} \frac{f^{(n)}(a)}{n!} (x-a)^n$$

にあてはめる. 具体的には $f^{(n)}(a)$ を計算し, 収束半径を調べることになる. $e^x = \sum_{n=0}^{\infty} \dfrac{1}{n!} x^n$, $x \in \mathbf{R}$ はすでに求めた.

例 8.12

$$\sin x = \sum_{n=0}^{\infty} \frac{(-1)^n}{(2n+1)!} x^{2n+1} = x - \frac{x^3}{3!} + \frac{x^5}{5!} - \frac{x^7}{7!} + \cdots, \quad x \in \mathbf{R} \qquad (2)$$

$$\cos x = \sum_{n=0}^{\infty} \frac{(-1)^n}{(2n)!} x^{2n} = 1 - \frac{x^2}{2!} + \frac{x^4}{4!} - \frac{x^6}{6!} + \cdots, \quad x \in \mathbf{R}. \qquad (3)$$

(2) については例 4.12 を用いて

$$f^{(n)}(0) = \begin{cases} 1, & n = 4k+1, k = 0, 1, 2, 3, ..., \\ -1, & n = 4k+3, k = 0, 1, 2, 3, ..., \\ 0, & n : \text{偶数} \end{cases}$$

に注意する. そこで $M > 0$ を勝手に選んでおいて固定しておくと, $-M \leq x \leq M$ で $|R_n(x)| \leq \dfrac{M^{n+1}}{(n+1)!}$ なので $\lim_{n\to\infty} R_n(x) = 0$ がわかる. しかも定理 8.9 より収束半径は ∞ である. (3) も同様にしてわかる. または (2) を項別微分して

もよい.

場合によっては,高階導関数を求めることが大変な場合もある. そこで, すでに得られているテイラー級数をもとに次のようにしてみよう.

[2] 和,差などをとる.
[3] 代入.
[4] 項別微分, 項別積分を行う.

[2] の例.　$\sinh x = \dfrac{e^x - e^{-x}}{2}$

$$= \frac{1}{2}\left(\sum_{k=0}^{\infty} \frac{x^k}{k!} - \sum_{k=0}^{\infty} \frac{(-x)^k}{k!}\right) = \sum_{k=0}^{\infty} \frac{x^{2k+1}}{(2k+1)!}.$$

[3] の例. $\sqrt{1-x^2}$ のテイラー級数を二項級数を用いて求めよう.
すでに求めたように

$$(1+y)^{1/2} = 1 + \sum_{n=1}^{\infty} \frac{(-1)^{n-1}(2n-3)!!}{(2n)!!} y^n.$$

$y = -x^2$ を代入して,

$$(1-x^2)^{1/2} = 1 - \sum_{n=1}^{\infty} \frac{(2n-3)!!}{(2n)!!} x^{2n}, \quad |x| < 1. \tag{4}$$

[4] の例. $\sin x$ のテイラー級数が求まれば項別微分して $\cos x$ のテイラー級数も求めることができる.

$\arcsin x$ のテイラー級数を求めてみよう: $\displaystyle\int_0^x \frac{dx}{\sqrt{1-x^2}} = \arcsin x$. (4) と同様にして $(1-x^2)^{-1/2} = 1 + \displaystyle\sum_{n=1}^{\infty} \frac{(2n-1)!!}{(2n)!!} x^{2n}$ でこの収束半径は 1 なのでそこで項別微分できる:

$$\arcsin x = \int_0^x (1-x^2)^{-1/2} dx$$
$$= x + \sum_{n=1}^{\infty} \frac{(2n-1)!!}{(2n)!!\,(2n+1)} x^{2n+1}, \quad |x| < 1.$$

さらに,

$$\log(1+x) = \sum_{n=0}^{\infty} \frac{(-1)^n}{n+1} x^{n+1} = x - \frac{x^2}{2} + \frac{x^3}{3} - \frac{x^4}{4} + \cdots, \quad |x| < 1$$

$$\arctan x = \sum_{n=0}^{\infty} \frac{(-1)^n}{2n+1} x^{2n+1} = x - \frac{x^3}{3} + \frac{x^5}{5} - \frac{x^7}{7} + \cdots, \quad |x| < 1.$$

直接求めてもよいが，等比級数

$$\frac{1}{1+t} = \sum_{n=0}^{\infty} (-1)^n t^n, \quad |t| < 1, \qquad \frac{1}{1+t^2} = \sum_{n=0}^{\infty} (-1)^n t^{2n}, \quad |t| < 1$$

を項別積分して求めてもよい．ここで $\int_0^x \frac{1}{1+t} dt = \log(1+x)$, $\int_0^x \frac{1}{1+t^2} dt = \arctan x$ に注意する．

注意 定理 8.11 と定理 2.13 を用いると，$\log(1+x)$, $\arctan x$ のテイラー級数は $x = 1$ のときも成り立つことがわかる．したがって，

$$1 - \frac{1}{2} + \frac{1}{3} - \frac{1}{4} + \cdots = \log 2, \quad 1 - \frac{1}{3} + \frac{1}{5} - \frac{1}{7} + \cdots = \frac{\pi}{4}.$$

特に 2 番目の式は π がかなり単純な型の分数の無限級数で表されることを示している．

8.6 テイラーの公式やテイラー級数の応用

重要な応用例を 2 つだけ解説する．

応用その 1: 近似式.

例 8.13 テイラーの公式 (定理 8.12) より ξ を 0 と x の間でうまく選ぶと

$$\cos x = 1 - \frac{x^2}{2!} + \frac{x^4}{4!} - \frac{\cos \xi}{6!} x^6$$

である．したがって，

$$\left| \cos x - \left(1 - \frac{x^2}{2!} + \frac{x^4}{4!} \right) \right| \leq \left| \frac{\cos \xi}{6!} x^6 \right| \leq \frac{|x|^6}{6!}.$$

$|x|$ がある程度小さいと，$1 - \frac{x^2}{2!} + \frac{x^4}{4!}$ は $\cos x$ の 1 つの近似式となる．

例 8.14 $f(x) = \sqrt{1+x}$ にテイラーの公式をあてはめてみよう：

$$f(x) = \sqrt{1+x} = 1 + f'(0)x + \frac{f''(\xi)}{2!} x^2.$$

ただし，$x \geq 0$ として ξ は 0 と x の間の適当な数である．$f'(0) = \dfrac{1}{2}$，$f''(\xi) = -\dfrac{1}{4}(1+\xi)^{-3/2}$ なので，

$$\left| \sqrt{1+x} - \left(1 + \frac{1}{2}x\right) \right| \leq \frac{1}{8}|x|^2.$$

$|x|$ が小さいと

$$\sqrt{1+x} \cong 1 + \frac{1}{2}x.$$

これは 4.1 節ですでに触れた関数の一次式による近似式である．

応用その 2: 積分の級数による表示． 楕円積分

$$\int_0^{\pi/2} \sqrt{1 - \alpha^2 \sin^2 t}\, dt, \quad 0 \leq \alpha < 1$$

に対して，積分すべき関数を級数で表し，それから項別積分してみよう．二項級数 (4) において $x = \alpha \sin t$ とおく．$|\alpha| < 1$ なので $|x| < 1$ である．よって

$$\sqrt{1 - \alpha^2 \sin^2 t} = 1 - \sum_{n=1}^{\infty} \alpha^{2n} \frac{(2n-3)!!}{(2n)!!} \sin^{2n} t.$$

二項級数の収束半径は 1 なので $0 \leq t \leq \pi/2$ で項別積分してよい．例題 6.31 より

$$\int_0^{\pi/2} \sin^{2n} t\, dt = \frac{(2n-1)!!}{(2n)!!} \frac{\pi}{2}, \quad n \in \mathbf{N}$$

なので

$$\int_0^{\pi/2} \sqrt{1 - \alpha^2 \sin^2 t}\, dt = \frac{\pi}{2} \left(1 - \sum_{n=1}^{\infty} \alpha^{2n} \frac{(2n-1)!! (2n-3)!!}{(2n)!! (2n)!!} \right)$$

が得られた．右辺は α の関数としてこれもべき級数である．すでにふれたように，楕円積分は一般に初等関数で表すことはできないが，一般に**超幾何関数**とよばれる関数の特別なものになっている．

初等関数の他に物理的にも（単なる数学上の興味からだけではなく）重要な関数がたくさんある．そのような関数を定めるやり方としてべき級数による方法があり，広大な解析の世界を拓くことができるのであるが，本書の範囲を越えているので，これ以上解説できない．興味を覚えた読者は金子晃著「基礎と

応用 微分積分 II」などで補っていただきたい.

さらにべき級数の重要な応用として，微分方程式をべき級数を用いて解くことがあるが，これは本ライブラリの常微分方程式の巻でふれる．

さて，代表的なテイラー級数をまとめておく．x の範囲は収束円である．

$$e^x = \sum_{n=0}^{\infty} \frac{1}{n!} x^n, \qquad x \in \mathbf{R}.$$

$$\sin x = \sum_{n=0}^{\infty} \frac{(-1)^n}{(2n+1)!} x^{2n+1}, \qquad x \in \mathbf{R}.$$

$$\cos x = \sum_{n=0}^{\infty} \frac{(-1)^n}{(2n)!} x^{2n}, \qquad x \in \mathbf{R}.$$

$$\log(1+x) = \sum_{n=0}^{\infty} \frac{(-1)^n}{n+1} x^{n+1}, \quad |x| < 1.$$

$$(1+x)^\alpha = \sum_{n=0}^{\infty} \binom{\alpha}{n} x^n, \qquad |x| < 1.$$

$$\arctan x = \sum_{n=0}^{\infty} \frac{(-1)^n}{2n+1} x^{2n+1}, \quad |x| < 1.$$

章 末 問 題

関数列の収束と積分についての補足 極限

$$\lim_{n \to \infty} \int_0^{\pi/2} e^{-n \sin x} dx$$

を考えよう．$0 \leq x \leq \frac{\pi}{2}$ で $\sin x \geq \frac{2}{\pi} x$ なること（例題 5.11）を用いて，この極限が 0 となることを確かめよ．ここで関数列 $f_n(x) = e^{-n \sin x}$ は $0 \leq x \leq \frac{\pi}{2}$ で一様収束しない（確かめよ）．したがって定理 8.2 を適用することはできない．しかしながら次の有用な定理が成り立つ：(i) f_n, $n \in \mathbf{N}$ は有限区間 $[a,b]$ で連続．(ii) $[a,b]$ の有限個の値を除いたすべての x に対して $\lim_{n \to \infty} f_n(x) = f(x)$. しかも f は積分可能．(iii) ある定数 $M > 0$ をとることができて，すべての $n \in \mathbf{N}$ とすべての $x \in [a,b]$ に対して $|f_n(x)| \leq M$. このとき,

$$\lim_{n\to\infty}\int_a^b f_n(x)dx = \int_a^b f(x)dx$$

(すなわち，一様収束していなくても定理 8.2 の結論が成り立つ！）この定理は有名な**ルベーグ (Lebesgue) の収束定理**の一例である．証明はルベーグ積分論が必要となり，大学初年次の数学の範囲を越えるが，事実として適用するのはかまわないと思う．この定理なしで積分の極限を求めようとすると，例題 5.11 を使うなど技巧をこらす必要がある．ルベーグの定理をあてはめると上の極限が 0 となることはただちにわかる．

問題 1 次の関数列は $[0,1]$ で一様収束するかどうかを判定せよ．

(i) $f_n(x) = \dfrac{1}{n}\sin nx$ (ii) $f_n(x) = e^{-n^2 x}$.

問題 2 勝手な $R > 0$ に対して，$|x| \leq R$ に対して次の級数が一様かつ絶対収束することを確かめよ．

(i) $\sum_{n=1}^{\infty}(-1)^{n-1}\dfrac{\cos nx}{n^\gamma}, \gamma > 1$

(ii) $\sum_{n=1}^{\infty}\dfrac{r^{2n}\sin^{4n}x}{n!}$. ただし r は勝手な定数である．

問題 3 次のべき級数の収束半径を求めよ．r は定数である．

(i) $\sum_{n=1}^{\infty}(n+1)x^n$ (ii) $\sum_{n=1}^{\infty}\dfrac{r^n}{n^2}x^{2n}$ (iii) $\sum_{n=1}^{\infty}nx^{n^2}$.

問題 4 (i) $y = \sum_{n=0}^{\infty}\dfrac{x^n}{(n!)^2}$ の収束半径を求めよ．

(ii) 収束円の内部のすべての x に対して微分方程式 $xy'' + y' - y = 0$ が満たされることを確かめよ．

問題 5 指示された項までのマクローリン展開を求めよ．

(i) $y = \sqrt{x^2+x+1}$ (x^3 まで) (ii) $y = e^x\sqrt{1+x}$ (x^4 まで).

問題 6 テイラー展開し，収束半径を求めよ．

(i) $y = \sin^2 x$ (ii) $y = \dfrac{1}{1-x^2}$.

第 9 章

多変数関数の微積分要論

　第 8 章までで独立変数が 1 つの場合の関数に対して，微分や積分などの解説が終わった．いろいろな現象を解析する場合には状態量が単一の変数ではなく，いくつかの変数によって決定されることがむしろ普通であり，そのためには多変数関数の微積分が必要となる．その本格的な解説は本ライブラリの中のベクトル解析に譲るが，以下の理由で本巻でも簡単にふれる： (1) 大学初年次の微積分のカリキュラムはしばしば多変数関数の微積分の初歩を含むこと． (2) 大学初年次で学ぶ物理学や物理化学などで偏微分や重積分が必要となること．

■ 9.1 多変数の関数

　まず 2 つの変数 x_1, x_2 によって実数が決まる規則 $f(x_1, x_2)$ を考える．主にこの規則が式で表される場合を考察する．ここで (x_1, x_2) は $x_1 x_2$-平面内のある範囲 D を動くものとする．そのような D としては次のような領域を考える．

$$D = \{(x_1, x_2); a < x_1 < b, p(x_1) < x_2 < q(x_1)\} \tag{1}$$

または

$$D = \{(x_1, x_2); c < x_2 < d, r(x_2) < x_1 < s(x_2)\}. \tag{2}$$

ここで p, q, r, s は考えている範囲で C^1 級とする (4.6 節参照)．このとき，f は D で定義されている (または定まっている) といい，$f : D \to \mathbf{R}$ とかく．

例 9.1　$D = \{(x_1, x_2); -1 < x_1 < 1, -\sqrt{1-x_1^2} < x_2 < \sqrt{1-x_1^2}\}$. D は原点中心で半径が 1 の円周で囲まれた領域である．$D = \{(x_1, x_2); x_1^2 + x_2^2 < 1\}$ と表すこともできる．

2 変数関数の図形的な解釈　　(x_1, x_2) のかわりに (x, y) とかき，$z = f(x, y)$ とする．(x, y) がここで述べたような領域 D を動くとき，$(x, y, f(x, y))$ は一般

に xyz-空間において 1 つの曲面を表す．この曲面は 2 変数関数 $y = f(x, y)$ のグラフと考えることもできる．

一般の D も考えることももちろんできるが，大体は (1), (2) のような形で十分である．

さらに (1), (2) でそれぞれ

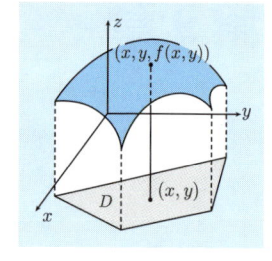

$$\overline{D} = \{(x_1, x_2); a \leq x_1 \leq b, p(x_1) \leq x_2 \leq q(x_1)\}$$
$$\overline{D} = \{(x_1, x_2); c \leq x_2 \leq d, r(x_2) \leq x_1 \leq s(x_2)\}$$

とおいて，$\overline{D}$ を D の**閉包**とよび，D の**境界**を ∂D とかくことにする．$\overline{D}$ は D と ∂D との和集合である．D が (1) で表されている場合，

$$\partial D = \{(a, x_2); p(a) \leq x_2 \leq q(a)\} \cup \{(b, x_2); p(b) \leq x_2 \leq q(b)\}$$
$$\cup \{(x_1, p(x_1)); a \leq x_1 \leq b\} \cup \{(x_1, q(x_1)); a \leq x_1 \leq b\}$$

である．例 9.1 では ∂D は半径 1 で原点中心の円周である．

注意 D の勝手な 2 点を D 内に含まれる曲線で結ぶことができるとき D は**連結**であるという．D が境界 ∂D を含まないとき D は**開集合**であるという．連結な開集合を**領域**とよぶ．例えば (1), (2) で表される D は領域である．

関数を D だけではなく閉包 $\overline{D}$ で考えることもあるが，しばらくは，D のような境界を含まない領域で関数を考察する．

以下，$\boldsymbol{x} = (x_1, x_2), \boldsymbol{a} = (a_1, a_2)$ とかく．さらに

$$|\boldsymbol{x} - \boldsymbol{a}| = \sqrt{(x_1 - a_1)^2 + (x_2 - a_2)^2}$$

によって，2 点 $\boldsymbol{x}$ と $\boldsymbol{a}$ の間の距離を定める．このとき，関数 f が $\boldsymbol{a}$ で**連続**であるとは，$\lim_{\boldsymbol{x} \to \boldsymbol{a}} f(\boldsymbol{x}) = f(\boldsymbol{a})$ であることをいう．

ここで $\lim_{\boldsymbol{x} \to \boldsymbol{a}}$ は $\boldsymbol{x}$ が $\boldsymbol{a}$ にどのような近づき方をしても $f(\boldsymbol{x})$ は $f(\boldsymbol{a})$ に近づくという意味である．f が $\boldsymbol{a}$ で連続であるとは

$$\lim_{|\boldsymbol{x} - \boldsymbol{a}| \to 0} |f(\boldsymbol{x}) - f(\boldsymbol{a})| = 0$$

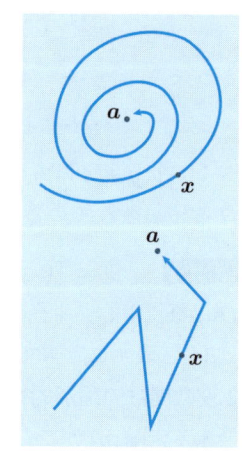

であるといいかえてもよい．ここで平面内で点 x を a に近づけるやり方は前ページの図からも推察されるようにたくさんある！

f が D のすべての点で連続のとき，f は D で**連続**であるとよぶ．次を証明することができる．

$$f, g : D \text{ で連続} \Longrightarrow f+g, fg, \alpha f \ (\alpha \in \mathbf{R}) \text{ も連続}.$$

さらに， $$D \text{ で } g \neq 0 \Longrightarrow f/g \text{ も } D \text{ で連続}.$$

例 9.2 $D = \{(x_1, x_2); x_1^2 + x_2^2 < 1\}$ とする．
$$f(x_1, x_2) = \begin{cases} \dfrac{x_1 x_2}{x_1^2 + x_2^2}, & (x_1, x_2) \neq (0, 0), \\ 0, & (x_1, x_2) = (0, 0) \end{cases}$$
を考えよう．

(x_1, x_2) を直線 $x_1 = x_2$ に沿って $(0, 0)$ に近づけると，$f(x_1, x_2)$ は $1/2$ に近づく．$x_2 = x_1^2$ に沿って $(0, 0)$ に近づけると $f(x_1, x_2) = \dfrac{x_1^3}{x_1^4 + x_1^2} \to \infty$．$x_2 = 0, x_1 \to 0$ という近づけ方をすると $f(x_1, 0) = 0$ なので 0 に収束する．このように近づけ方によって異なる値に収束するので f は $(0, 0)$ で連続ではない．

以下，$f(x_1, x_2)$ のような 2 変数関数だけではなく，n 個の変数 $(x_1, ..., x_n)$ に 1 つの実数を対応させる関数 $f(x_1, ..., x_n)$ も考えよう．$(x_1, ..., x_n)$ は次の (3) や (4) などで表示される領域とよばれる $\mathbf{R}^n$ の部分集合内を動くものとする：

$$D = \{(x_1, ..., x_n); a_1 < x_1 < b_1, ..., a_n < x_n < b_n\} \tag{3}$$

$$\begin{aligned} D = \{(x_1, ..., x_n); &a_1 < x_1 < b_1, ..., a_{n-1} < x_{n-1} < b_{n-1}, \\ &p(x_1, ..., x_{n-1}) < x_n < q(x_1, ..., x_{n-1})\}. \end{aligned} \tag{4}$$

ただし，$a_1, ..., a_n, b_1, ..., b_n$ は適当な定数で p, q は考えている範囲で C^1 級とする．(4) で x_n の役割を他の成分と入れかえたような

$$\begin{aligned} D = \{(x_1, ..., x_n); &a_1 < x_1 < b_1, ..., a_{n-2} < x_{n-2} < b_{n-2}, \\ &a_n < x_n < b_n, p(x_1, ..., x_{n-2}, x_n) < x_{n-1} < q(x_1, ..., x_{n-2}, x_n)\}. \end{aligned}$$

なども考えることにする．

以下で，$\mathbf{R}^n$ の点を $\boldsymbol{x} = (x_1, ..., x_n)$, $\boldsymbol{a} = (a_1, ..., a_n)$ などとかく．
$\boldsymbol{x} = (x_1, ..., x_n)$, $\boldsymbol{a} = (a_1, ..., a_n)$ のとき $\boldsymbol{x}$ と $\boldsymbol{a}$ の間の距離を

$$|\boldsymbol{x} - \boldsymbol{a}| = \sqrt{\sum_{i=1}^{n} |x_i - a_i|^2}$$

とし，$\boldsymbol{x}$ と $\boldsymbol{a}$ の内積 $\boldsymbol{x} \cdot \boldsymbol{a}$ を

$$\boldsymbol{x} \cdot \boldsymbol{a} = \sum_{i=1}^{n} a_i x_i$$

で定める．$n = 2, 3$ に対してはこれらは2次元または3次元空間における普通の意味での距離と内積である．この距離を用いて $f(\boldsymbol{x})$ の連続性は $n = 2$ の場合と全く同様に定義することができる．

■ 9.2 偏微分

$$e_1 = (1, 0, ..., 0), \quad e_2 = (0, 1, 0, ..., 0), \quad \cdots, \quad e_n = (0, ..., 0, 1)$$

とおく．いいかえれば $i = 1, 2, ..., n$ として，e_i は i 番目の成分のみが1であとの成分はすべて0となるベクトルである．

さて，n 変数関数 $f(x_1, ..., x_n)$ において $x_2, ..., x_n$ を固定して x_1 だけを動かすと x_1 だけの関数を得ることができるが，この関数の $x_1 = a_1$ における微分係数

$$\lim_{h \to 0} \frac{f(a_1 + h, a_2, ..., a_n) - f(a_1, a_2, ..., a_n)}{h}$$

を考察してみよう．この極限が存在するとき，f は $\boldsymbol{a}$ で x_1 に関して**偏微分可能**であるといい，極限を $\boldsymbol{a} = (a_1, ..., a_n)$ における x_1 に関する**偏微分係数**とよび，

$$\frac{\partial f}{\partial x_1}(a_1, a_2, ..., a_n)$$

とかく．D の各点 $\boldsymbol{x}$ で x_1 について偏微分可能であるとき，f は D で x_1 について偏微分可能であるといい，$a_1, ..., a_n$ を D 全体にわたって動かすとして，

$$\frac{\partial f}{\partial x_1}(x_1, x_2, ..., x_n)$$

を x_1 に関する **1階偏導関数**とよぶ．残りの成分 $x_2, ..., x_n$ についても同様であ

9.2 偏微分

る．すでに定義したベクトル e_i を用いて，次のように表すこともできる:

$$\frac{\partial f}{\partial x_i}(x) = \lim_{h \to 0} \frac{f(x + he_i) - f(x)}{h}$$

要は $\dfrac{\partial f}{\partial x_i}$ とは x_i 以外の変数は定数とみなして x_i について微分したものである．

注意 $\dfrac{\partial f}{\partial x_i}$ の代わりに $f_{x_i}, \partial_i f, \partial_{x_i} f$ ともかくことがある．

1階の偏導関数の偏微分をさらに考えてみよう．

$$\frac{\partial}{\partial x_j}\left(\frac{\partial f}{\partial x_i}(x)\right) = \lim_{h \to 0} \frac{\frac{\partial f}{\partial x_i}(x + he_j) - \frac{\partial f}{\partial x_i}(x)}{h}.$$

ここで $\dfrac{\partial}{\partial x_j}\left(\dfrac{\partial f}{\partial x_i}f(x)\right)$ と $\dfrac{\partial}{\partial x_i}\left(\dfrac{\partial f}{\partial x_j}f(x)\right)$ は別ものである (偏微分をとる順番が違う) が，実は次が成り立つ:

定理 9.1 $i = 1, 2, \ldots, n$ とする． $\dfrac{\partial}{\partial x_j}\left(\dfrac{\partial f}{\partial x_i}\right), \dfrac{\partial}{\partial x_i}\left(\dfrac{\partial f}{\partial x_j}\right)$ が D で連続であるならば

$$\frac{\partial}{\partial x_j}\left(\frac{\partial f}{\partial x_i}\right) = \frac{\partial}{\partial x_i}\left(\frac{\partial f}{\partial x_j}\right).$$

初等関数などで表される関数の偏導関数を計算するときは定理の仮定は通常満たされており偏微分の順番は気にしなくてもよい．したがって，例えば $\dfrac{\partial}{\partial x_j}\left(\dfrac{\partial f}{\partial x_i}\right)$ と $\dfrac{\partial}{\partial x_i}\left(\dfrac{\partial f}{\partial x_j}\right)$ は区別する必要はなく，単に $\dfrac{\partial^2 f}{\partial x_i \partial x_j}$ とかく． $i = j$ のときは $\dfrac{\partial^2 f}{\partial x_i^2}$ とかく．これらを **2階偏導関数** とよぶ．

注意 $f_{x_i x_j}, \partial_i \partial_j f, \partial_{x_i} \partial_{x_j} f$ などともかく．

3階以上の偏導関数も同様に定めることができる．以後，便利なので次のように関数のクラスを定義する．

$$C(D) = \{f;\ f は D で連続\},$$
$$C^1(D) = \{f;\ D で f とすべての 1 階偏導関数が連続\}.$$

f が $C^1(D)$ の要素であるとき，f は D で **1 回連続的微分可能**であるという．

自然数 k に対して

$$C^k(D) = \{f;\ D\ \text{で}\ f\ \text{と}\ k\ \text{階までのすべての偏導関数が連続}\}$$

とおき，f が $C^k(D)$ の要素であるとき，f は D で，**k 回連続的微分可能**であるという．

注意 $C(D) \supset C^1(D) \supset C^2(D) \supset \cdots$．

以下では特に断りがない限り，考える関数は十分大きな自然数 k と D を含むある領域 $\widetilde{D}$ に対して，$C^k(\widetilde{D})$ に含まれるものとする (いいかえれば，考えている関数は十分広い領域で必要な回数だけ微分できてすべての偏導関数も連続とする)．

$$\nabla f = \begin{bmatrix} \partial f/\partial x_1 \\ \vdots \\ \partial f/\partial x_n \end{bmatrix}$$

とおき，f の**勾配**とよぶ．$\mathrm{grad}\ f$ ともかく．さらに，物理などで次も重要である：

$$\Delta f = \sum_{i=1}^{n} \frac{\partial^2 f}{\partial x_i^2}$$

とおき，f の (n 次元) **ラプラシアン**とよぶ．

9.3 全微分

$D \subset \mathbf{R}^n$ を (3) や (4) で表されるような領域としよう．$\boldsymbol{x}, \boldsymbol{a} \in D$ とする．このとき，

$$f(\boldsymbol{x}) = g(\boldsymbol{x}) + o(|\boldsymbol{x} - \boldsymbol{a}|)$$

とは，$\displaystyle\lim_{\boldsymbol{x} \to \boldsymbol{a}} \frac{f(\boldsymbol{x}) - g(\boldsymbol{x})}{|\boldsymbol{x} - \boldsymbol{a}|} = 0$ を意味する ($\boldsymbol{x} \to \boldsymbol{a}$ のとき，$f(\boldsymbol{x}) - g(\boldsymbol{x})$ の 0 に近づく速さは，$|\boldsymbol{x}-\boldsymbol{a}|$ より速い)．例えば，$f(\boldsymbol{x})-g(\boldsymbol{x}) = C|\boldsymbol{x}-\boldsymbol{a}|^{1+\gamma}$ ($\gamma > 0$) なら $f(\boldsymbol{x}) = g(\boldsymbol{x}) + o(|\boldsymbol{x}-\boldsymbol{a}|)$．これは 4.1 節で説明したランダウの記号である．

9.3 全微分

注意 $x \to a$ のとき, $f(x) = O(g(x))$ とは, ある定数 $C > 0$ がとれて, x が a の近くにあれば $|f(x)| \leq C|g(x)|$ とできることであった (定義 4.1).

> **定義 9.1** $f : D \subset \mathbf{R}^n \to \mathbf{R}$ が $a \in D$ で**全微分可能**とは, ある $p \in \mathbf{R}^n$ がとれて, $x \to a$ のとき
> $$f(x) = f(a) + p \cdot (x - a) + o(|x - a|) \tag{5}$$
> とかけることをいう.

この定義から次を証明することができる.

> **定理 9.2** f が $a \in D$ で全微分可能であるとする. そのとき,
> (i) f は a で連続である.
> (ii) a で $x_1, ..., x_n$ に関してそれぞれ偏微分可能であり, (5) において $p = (\nabla f)(x)$ である.

以上をまとめると, f が a で全微分可能であれば,
$$f(x) = f(a) + (\nabla f)(a) \cdot (x - a) + o(|x - a|).$$

全微分可能とは, x が a に近ければ $f(x)$ が一次関数で近似されることを意味している:
$$f(x) \cong f(a) + (\nabla f)(a) \cdot (x - a).$$
このような一次関数による近似の考え方は 1 変数の場合にすでに第 4 章でふれた.

$p = (p_1, ..., p_n)$ とおくと,
$$f(x_1, ..., x_n) \cong f(a_1, ..., a_n) + \frac{\partial f}{\partial x_1}(a)(x_1 - a_1) + \cdots + \frac{\partial f}{\partial x_n}(a)(x_n - a_n)$$
である. 特に $n = 3$ のとき
$$f(x_1, x_2, x_3) \cong f(a_1, a_2, a_3) + \frac{\partial f}{\partial x_1}(a)(x_1 - a_1) + \frac{\partial f}{\partial x_2}(a)(x_2 - a_2) + \frac{\partial f}{\partial x_3}(a)(x_3 - a_3)$$
で,
$$f(a_1, a_2, a_3) + \frac{\partial f}{\partial x_1}(a)(x_1 - a_1) + \frac{\partial f}{\partial x_2}(a)(x_2 - a_2) + \frac{\partial f}{\partial x_3}(a)(x_3 - a_3) = 0$$

は a における曲面 $f(x_1, x_2, x_3) = 0$ の**接平面**の方程式とみなすことができる.

次に f が全微分可能であるための条件を述べよう.一般の場合は全微分可能であれば偏微分可能であるということしかいえないが,f が C^1 級であれば,その逆も正しく偏微分可能であることと全微分可能であることは同じである:

> **定理 9.3** f が D で C^1 級 $\Longrightarrow$ f は D のすべての点で全微分可能.

まとめ 一般に

全微分可能 $\begin{cases} \Longrightarrow & x_1,...,x_n \text{ について } 1 \text{ 回偏微分可能}, \\ \Longrightarrow & \text{連続}. \end{cases}$

C^1 級の関数に対しては,全微分可能 $\Longleftrightarrow$ $x_1,...,x_n$ について 1 回偏微分可能.

■ 9.4 合成関数の微分

> **定理 9.4** (合成関数の微分) $f : D \to \mathbf{R}^n$, $\boldsymbol{x} :$ 開区間 $I \to D$ に対して,合成関数 $f(\boldsymbol{x}(t)) : I \to \mathbf{R}$ を考える.成分でかくと,$\boldsymbol{x}(t) = (x_1(t),..., x_n(t))$ である.このとき,
> $$\frac{df(\boldsymbol{x}(t))}{dt} = (\nabla f)(\boldsymbol{x}(t)) \cdot \frac{d\boldsymbol{x}(t)}{dt}$$
> $$= \frac{\partial f}{\partial x_1}(\boldsymbol{x}(t)){x_1}'(t) + \cdots + \frac{\partial f}{\partial x_n}(\boldsymbol{x}(t)){x_n}'(t).$$

例えば右辺に現れる $\frac{\partial f}{\partial x_1}(\boldsymbol{x}(t))$ は f を x_1 で偏微分してから $\boldsymbol{x}(t)$ を代入したものである.

次に $\boldsymbol{x}$ のそれぞれの成分が別の変数 $u_1,...,u_n$ の関数になっている場合に合成関数の偏微分を考えよう.D, E を $\mathbf{R}^n$ における適当な領域とし,$y = f(x_1,...,x_n)$ は $(x_1,...,x_n) \in D$ で定義されており,$(x_1,...,x_n) \in D$ は別の n 個の変数 $(u_1,...,u_n) \in E$ で表されているとする:

$$\begin{cases} x_1 = x_1(u_1,...,u_n), \\ \quad ..., \\ x_n = x_n(u_1,...,u_n). \end{cases}$$

9.4 合成関数の微分

ここで $x_1, ..., x_n$ を左辺では変数として，右辺では $u_1, ..., u_n$ の関数を表す記号として使っていることに注意．本来は異なる文字を使うべきであるが，記号の節約である．

定理 9.5 以上の設定の下で，$i = 1, 2, ..., n$ に対して，
$$\frac{\partial y}{\partial u_i} = \sum_{j=1}^{n} \frac{\partial y}{\partial x_j} \frac{\partial x_j}{\partial u_i}.$$

左辺の $\dfrac{\partial y}{\partial u_i}$ は $\dfrac{\partial f(x_1(u_1,...,u_n),...,x_n(u_1,...,u_n))}{\partial u_i}$ であって f を $u_1,...,u_n$ の関数とみて u_i で偏微分する，すなわち，$x_1 = x_1(u_1,...,u_n),...,x_n = x_n(u_1,...,u_n)$ を代入してから u_i で偏微分することを意味しており，右辺の $\dfrac{\partial y}{\partial x_j}$ は $\dfrac{\partial y}{\partial x_j}(x_1(u_1,...,u_n),...,x_n(u_1,...,u_n))$ を表しており，x_j で f を偏微分してから $x_1 = x_1(u_1,...,u_n),...,x_n = x_n(u_1,...,u_n)$ を代入することを意味している．さらに $\dfrac{\partial x_j}{\partial u_i}$ は $\dfrac{\partial x_j}{\partial u_i}(u_1,...,u_n)$ を意味している．

ルール $n = 2$ の場合に具体的にかくと，
$$\frac{\partial y}{\partial u_1} = \frac{\partial y}{\partial x_1}\frac{\partial x_1}{\partial u_1} + \frac{\partial y}{\partial x_2}\frac{\partial x_2}{\partial u_1}, \quad \frac{\partial y}{\partial u_2} = \frac{\partial y}{\partial x_1}\frac{\partial x_1}{\partial u_2} + \frac{\partial y}{\partial x_2}\frac{\partial x_2}{\partial u_2}$$

となる．(u_1, u_2) も (x_1, x_2) も独立変数の 2 つの組である．したがって，x_1 と x_2，u_1 と u_2 は共に無関係であるが，x_1 は u_1, u_2 によって決まる変数であるので $\dfrac{\partial x_1}{\partial u_1}, \dfrac{\partial x_1}{\partial u_2}$ を 2 変数 u_1, u_2 の関数 x_1 の偏微分として考えていることに注意しよう．このように変数変換では独立変数の組合せ $(x_1, x_2), (u_1, u_2)$ を混同しないことが肝心である．

他のタイプの合成関数もある．例えば I を開区間として $f : I \to \mathbf{R}$, $x_1 : (u_1, u_2) \in D \to \mathbf{R}$ という 2 つの関数 $y = f(x_1), x_1 = x_1(u_1, u_2)$ に対して合成関数 $y = f(x_1(u_1, u_2))$ を考える．この場合，
$$\frac{\partial y}{\partial u_1} = \frac{\partial y}{\partial x_1}\frac{\partial x_1}{\partial u_1} = \frac{dy}{dx_1}\frac{\partial x_1}{\partial u_1}, \quad \frac{\partial y}{\partial u_2} = \frac{\partial y}{\partial x_1}\frac{\partial x_1}{\partial u_2} = \frac{dy}{dx_1}\frac{\partial x_1}{\partial u_2} \qquad (6)$$

である．

途中の変数 $x_1, ..., x_m$ の個数 m が何であっても

$$\frac{\partial y}{\partial u_1} = \frac{\partial y}{\partial x_1}\frac{\partial x_1}{\partial u_1} + \cdots + \frac{\partial y}{\partial x_m}\frac{\partial x_m}{\partial u_1}$$

のように，右辺の各項で ∂ 付きの $x_1, ..., x_m$ 同士が分母と分子で形式的に約分できるようにしてすべて足し合わせることがポイントである．(6) では $m=1$ であり，定理 9.4, 9.5 では $m=n$ である．さらに考えている関数が 1 変数の場合は $\partial/\partial *$ を $d/d*$ などとおきかえている．(6) のパターンの例として

例 9.3 $y = u(x,t) = f(x+t)$ は**波動方程式**：

$$\frac{\partial^2 u}{\partial t^2}(x,t) = \frac{\partial^2 u}{\partial x^2}(x,t) \tag{7}$$

を満たす．実際，$(u_1, u_2) = (x,t)$, $x_1 = x+t$ として $\dfrac{\partial u}{\partial t} = \dfrac{\partial f}{\partial x_1}\dfrac{\partial x_1}{\partial t} = \dfrac{\partial f}{\partial x_1} = \dfrac{df}{dx_1}$. よって (6) を再び用いて，同様にして

$$\frac{\partial^2 u}{\partial t^2} = \frac{\partial}{\partial t}\left(\frac{df}{dx_1}\right) = \frac{d}{dx_1}\left(\frac{df}{dx_1}\right) = f''(x+t).$$

同じ方法で $\dfrac{\partial^2 u}{\partial x^2} = f''(x+t)$. したがって，(7) が満たされることがわかった．$y = f(x-t)$ も (7) を満たすことも同じやり方で確かめられるので $y = f(x+t) + f(x-t)$ も (7) を満たす．

次に定理 9.5 の重要な応用例を示そう．

2 次元極座標 7.4 節で導入した極座標を考える：

$$\begin{cases} x_1 = r\cos\theta, \\ x_2 = r\sin\theta, \end{cases} r \geq 0, 0 \leq \theta < 2\pi.$$

$y = f(x_1, x_2)$ とし，点 $P(x_1, x_2)$ が極座標 (r, θ) で表されているとする：$x_1 = x_1(r, \theta)$, $x_2 = x_2(r, \theta)$. このとき，$\partial f/\partial r, \partial f/\partial \theta$ を (r, θ) を独立変数とみなして計算してみよう．$\dfrac{\partial x_1}{\partial r} = \cos\theta$, $\dfrac{\partial x_2}{\partial r} = \sin\theta$, $\dfrac{\partial x_1}{\partial \theta} = -r\sin\theta$, $\dfrac{\partial x_2}{\partial \theta} = r\cos\theta$ であって，定理 9.5 より

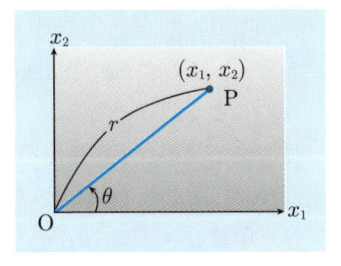

$$\frac{\partial f}{\partial r} = \frac{\partial f}{\partial x_1}\frac{\partial x_1}{\partial r} + \frac{\partial f}{\partial x_2}\frac{\partial x_2}{\partial r}, \quad \frac{\partial f}{\partial \theta} = \frac{\partial f}{\partial x_1}\frac{\partial x_1}{\partial \theta} + \frac{\partial f}{\partial x_2}\frac{\partial x_2}{\partial \theta}$$

であるので,

$$\begin{cases} \dfrac{\partial f}{\partial r} = \cos\theta \cdot \dfrac{\partial f}{\partial x_1} + \sin\theta \cdot \dfrac{\partial f}{\partial x_2}, \\ \dfrac{\partial f}{\partial \theta} = -r\sin\theta \cdot \dfrac{\partial f}{\partial x_1} + r\cos\theta \cdot \dfrac{\partial f}{\partial x_2}. \end{cases}$$

逆に $f = f(r,\theta)$ として r, θ をそれぞれ x_1, x_2 の関数とみて, f を x_1, x_2 の関数として偏微分を考えることができる. 計算の結果として 2 次元のラプラシアン $\Delta f = \dfrac{\partial^2 f}{\partial x_1^2} + \dfrac{\partial^2 f}{\partial x_2^2}$ を極座標で表示することができる:

$$\Delta f = \frac{\partial^2 f}{\partial r^2} + \frac{1}{r}\frac{\partial f}{\partial r} + \frac{1}{r^2}\frac{\partial^2 f}{\partial \theta^2}.$$

これは有用である.

注意 ここでも記号の節約をしている. 左辺では f は (x_1, x_2) の関数であり, 右辺では (x_1, x_2) が (r, θ) で決まるので f を (r, θ) の関数とみなしている.

3 次元極座標 2 次元の極座標と同様な考え方で 3 次元空間の点 $\mathrm{P}(x_1, x_2, x_3)$ を図のようにして (r, θ, ϕ) で表すことができる:

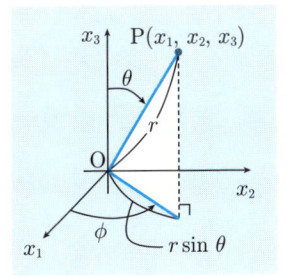

$x_1 = r\sin\theta\cos\phi, \quad x_2 = r\sin\theta\sin\phi, \quad x_3 = r\cos\theta.$
ここで
$$r \geq 0, \quad 0 \leq \theta \leq \pi, \quad 0 \leq \phi < 2\pi,$$
である. 特にベクトル $\overrightarrow{\mathrm{OP}}$ と x_3-軸のなす角 θ の範囲は $0 \leq \theta < 2\pi$ でなく, $0 \leq \theta \leq \pi$ であることに注意しよう. このとき, (r, θ, ϕ) を点 P の **3 次元極座標**とよぶ. 2 次元の場合と異なり 2 つの角 θ, ϕ の区別をはっきりさせておこう. $\partial f/\partial r$ を (r, θ, ϕ) で表してみると

$$\begin{aligned}\frac{\partial f}{\partial r} &= \frac{\partial f}{\partial x_1}\frac{\partial x_1}{\partial r} + \frac{\partial f}{\partial x_2}\frac{\partial x_2}{\partial r} + \frac{\partial f}{\partial x_3}\frac{\partial x_3}{\partial r} \\ &= \sin\theta\cos\phi\frac{\partial f}{\partial x_1} + \sin\theta\sin\phi\frac{\partial f}{\partial x_2} + \cos\theta\frac{\partial f}{\partial x_3}.\end{aligned}$$

$\partial f/\partial\theta$, $\partial f/\partial\phi$ についても同様である．

3次元ラプラシアン $\quad \Delta f = \dfrac{\partial^2 f}{\partial x_1^2} + \dfrac{\partial^2 f}{\partial x_2^2} + \dfrac{\partial^2 f}{\partial x_3^2}$

の極座標表示は有用である：

$$\Delta f = \frac{\partial^2 f}{\partial r^2} + \frac{2}{r}\frac{\partial f}{\partial r} + \frac{1}{r^2 \sin^2 \theta}\frac{\partial^2 f}{\partial \phi^2} + \frac{1}{r^2}\frac{\partial^2 f}{\partial \theta^2} + \frac{\cos\theta}{r^2 \sin\theta}\frac{\partial f}{\partial \theta}$$
$$= \frac{\partial^2 f}{\partial r^2} + \frac{2}{r}\frac{\partial f}{\partial r} + (\theta, \phi \text{ についての偏微分}).$$

少なくとも r についての微分の部分は記憶しておくこと．

最後に y が x の関数であるとして $f(x,y)=0$ であるとき $\dfrac{dy}{dx}$ を求める方法を説明しておこう．ここで $\dfrac{\partial f}{\partial y}(x,y) \neq 0$ とする．$f(x,y(x))=0$ なので合成関数の微分 (定理 4.4) の考え方によって両辺を x で微分する．$\dfrac{d}{dx}f(x,y(x))=0$, よって

$$\frac{\partial f}{\partial x}(x,y(x)) + \frac{\partial f}{\partial y}(x,y(x))\frac{dy}{dx} = 0$$

$\dfrac{\partial f}{\partial y} \neq 0$ より $\dfrac{dy}{dx} = -\dfrac{\partial f}{\partial x}(x,y(x)) \Big/ \dfrac{\partial f}{\partial y}(x,y(x))$ となる．

■ 9.5　テイラーの定理 ■

　この節では D は (3), (4) のような形をした $\mathbf{R}^n$ における領域であり，しかも D の任意の 2 点を結ぶ線分は常に D に含まれるとする (このとき，D は**凸領域**であるという)．図をみよ．

　$\boldsymbol{x} = (x_1, ..., x_n)$, $\boldsymbol{v} = (v_1, ..., v_n)$ などとおく．さらに，$f = f(x_1, ..., x_n)$ は必要なだけ微分できるとし，$t > 0$ に対して，$g(t) = f(\boldsymbol{x} + t\boldsymbol{v})$ とおくとこれは t だけの関数である．そこで 1 変数のテイラーの公式 (定理 8.12) を $x=1, a=0$ として適用することができる：

$$g(1) = g(0) + g'(0) + \frac{g^{(2)}(0)}{2!} + \cdots + \frac{g^{(m)}(0)}{m!} + \frac{g^{(m+1)}(\xi)}{(m+1)!}.$$

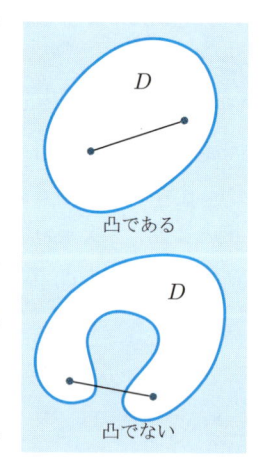

凸である

凸でない

ただし，ξ は 0 と 1 の間の適当な数である．さて，$g^{(m)}(0)$ を計算していこう．まず，$g(0) = f(\boldsymbol{x})$．

$$g'(t) = \frac{d}{dt}f(\boldsymbol{x}+t\boldsymbol{v}) = \sum_{i=1}^n \frac{\partial f}{\partial x_i}(\boldsymbol{x}+t\boldsymbol{v})v_i$$

ここで合成関数の微分 (定理 9.4) を用いた．

記述を簡単にするため次の記号を用いる：$\boldsymbol{v} \in \mathbf{R}^n$，$\neq \boldsymbol{0}$ に対して，

$$(\partial_{\boldsymbol{v}} f)(\boldsymbol{x}) = \lim_{t \to 0} \frac{f(\boldsymbol{x}+t\boldsymbol{v})-f(\boldsymbol{x})}{t} = \nabla f(\boldsymbol{x}) \cdot \boldsymbol{v}$$

とおき，f の $\boldsymbol{x}$ における $\boldsymbol{v}$ 方向の**方向微分係数**とよぶ．$\boldsymbol{e}_j$ を j 番目の成分のみが 1 であとの成分がすべて 0 であるベクトルとすると，$(\partial_{\boldsymbol{e}_j} f)(\boldsymbol{x}) = \dfrac{\partial f}{\partial x_j}(\boldsymbol{x})$ である．

$\partial_{\boldsymbol{v}} f$ を用いると，$g'(t) = (\partial_{\boldsymbol{v}} f)(\boldsymbol{x}+t\boldsymbol{v})$ とかくことができて，$g'(0) = (\partial_{\boldsymbol{v}} f)(\boldsymbol{x})$ と表すことができる．

さて，次に $g''(t)$ の計算に進もう．合成関数の微分を用いて

$$\begin{aligned}g''(t) &= \frac{d}{dt}g'(t) = \frac{d}{dt}(\partial_{\boldsymbol{v}} f)(\boldsymbol{x}+t\boldsymbol{v}) \\ &= \sum_{i=1}^n \frac{\partial \partial_{\boldsymbol{v}} f}{\partial x_i}\frac{d(x_i+tv_i)}{dt} = \sum_{i=1}^n v_i \frac{\partial \partial_{\boldsymbol{v}} f}{\partial x_i} = \nabla(\partial_{\boldsymbol{v}} f) \cdot \boldsymbol{v}.\end{aligned}$$

よって，$\partial_{\boldsymbol{v}} f$ の定義から

$$g''(t) = (\partial_{\boldsymbol{v}}(\partial_{\boldsymbol{v}} f))(\boldsymbol{x}+t\boldsymbol{v}).$$

以下，$\partial_{\boldsymbol{v}}^2 f = \partial_{\boldsymbol{v}}(\partial_{\boldsymbol{v}} f)$，$\partial_{\boldsymbol{v}}^3 f = \partial_{\boldsymbol{v}}(\partial_{\boldsymbol{v}}^2 f)$ などとおくと，$g''(0) = (\partial_{\boldsymbol{v}}^2 f)(\boldsymbol{x})$．これを続けていくと $g^{(k)}(0) = (\partial_{\boldsymbol{v}}^k f)(\boldsymbol{x})$ がわかる．

したがって，

定理 9.6 (テイラーの定理)

$$f(\boldsymbol{x}+\boldsymbol{v}) = f(\boldsymbol{x}) + (\partial_{\boldsymbol{v}} f)(\boldsymbol{x}) + \frac{(\partial_{\boldsymbol{v}}^2 f)(\boldsymbol{x})}{2!} + \cdots$$

$$+ \frac{(\partial_{\boldsymbol{v}}^m f)(\boldsymbol{x})}{m!} + \frac{(\partial_{\boldsymbol{v}}^{m+1} f)(\boldsymbol{y})}{(m+1)!}.$$

ただし，y は x と $x+v$ を結ぶ線分上のある点である．特に $m=0$ とおくと多変数関数の**平均値の定理**が導かれる：
$$f(x+v) = f(x) + \nabla f(y) \cdot v.$$

注意 ある $\xi \in (0,1)$ を用いて，$y = x + \xi v$ と表すことができる．

さて，$(\partial_v^2 f)(x)$ を具体的に計算してみよう：$g'(t) = (\partial_v f)(x+tv) = \sum_{i=1}^n \dfrac{\partial f}{\partial x_i}(x+tv) v_i$ なので

$$g''(t) = \frac{d}{dt}\left(\sum_{i=1}^n \frac{\partial f}{\partial x_i}(x+tv) v_i\right) = \sum_{i=1}^n v_i \frac{d}{dt}\left(\frac{\partial f}{\partial x_i}(x+tv)\right).$$

ここで合成関数の微分より

$$\frac{d}{dt}\left(\frac{\partial f}{\partial x_i}(x+tv)\right) = \sum_{j=1}^n \frac{\partial}{\partial x_j}\left(\frac{\partial f}{\partial x_i}\right)(x+tv) \frac{d(x_j+tv_j)}{dt}$$
$$= \sum_{j=1}^n v_j \frac{\partial^2 f}{\partial x_i \partial x_j}(x+tv).$$

よって
$$g''(t) = \sum_{i,j=1}^n v_i v_j \frac{\partial^2 f}{\partial x_i \partial x_j}(x+tv).$$

ここで行と列の数が共に n である行列

$$H_f(x) = \left[\frac{\partial^2 f}{\partial x_i \partial x_j}(x)\right]_{1 \le i,j \le n}$$
$$= \begin{bmatrix} \dfrac{\partial^2 f}{\partial x_1^2} & \dfrac{\partial^2 f}{\partial x_1 \partial x_2} & \cdots & \dfrac{\partial^2 f}{\partial x_1 \partial x_n} \\ & & \vdots & \\ \dfrac{\partial^2 f}{\partial x_n \partial x_1} & \dfrac{\partial^2 f}{\partial x_n \partial x_2} & \cdots & \dfrac{\partial^2 f}{\partial x_n^2} \end{bmatrix}$$

を**ヘッセ (Hesse) 行列**とよぶ．以下，縦ベクトル $\begin{bmatrix} v_1 \\ \vdots \\ v_n \end{bmatrix}$ と横ベクトル $[v_1 \cdots v_n]$ は区別せずに同じ文字 v で表すことにする．$H_f(x)v$ はベクトル

と行列の積を表すとすると，$H_f(\boldsymbol{x})\boldsymbol{v}$ の i-成分は

$$\sum_{j=1}^{n} \frac{\partial^2 f}{\partial x_i \partial x_j}(\boldsymbol{x}) v_j$$

と計算できるので，内積を用いて次のようにかくことができる．

$$(\partial_{\boldsymbol{v}}^2 f)(\boldsymbol{x}) = (H_f(\boldsymbol{x})\boldsymbol{v} \cdot \boldsymbol{v}).$$

したがって定理 9.6 で $m=1$ ととると

$$f(\boldsymbol{x}+\boldsymbol{v}) = f(\boldsymbol{x}) + \nabla f(\boldsymbol{x}) \cdot \boldsymbol{v} + \frac{(H_f(\boldsymbol{y})\boldsymbol{v} \cdot \boldsymbol{v})}{2!}. \tag{8}$$

注意 次を証明することもできる．

$$\left| \frac{(\partial_{\boldsymbol{v}}^{m+1} f)(\boldsymbol{y})}{(m+1)!} \right| = o(|\boldsymbol{v}|^m),$$

ここで $|\boldsymbol{v}| = \sqrt{v_1{}^2 + \cdots + v_n{}^2}$ とおいたことに注意．$|\boldsymbol{v}|$ が小さいとき定理 9.6 における等式の最後の項はそれ以外の項と較べて小さい．次はよい近似式である．

$$f(\boldsymbol{x}+\boldsymbol{v}) \cong f(\boldsymbol{x}) + (\partial_{\boldsymbol{v}} f)(\boldsymbol{x}) + \frac{(\partial_{\boldsymbol{v}}^2 f)(\boldsymbol{x})}{2!} + \cdots + \frac{(\partial_{\boldsymbol{v}}^m f)(\boldsymbol{x})}{m!}.$$

■ 9.6 極値問題

$D \subset \mathbf{R}^n$ を (3) や (4) のような形で表されるような領域とし，関数 $f : D \to \mathbf{R}$ を考える．

> **定義 9.2** $\boldsymbol{a} \in D$ で f が**極小値**をとるとは，$r>0$ を十分小さく選ぶと，$|\boldsymbol{x}-\boldsymbol{a}| \leq r \Longrightarrow f(\boldsymbol{x}) \geq f(\boldsymbol{a})$ となることであり，
> $\boldsymbol{a} \in D$ で f が**極大値**をとるとは，$r>0$ を十分小さく選ぶと，$|\boldsymbol{x}-\boldsymbol{a}| \leq r \Longrightarrow f(\boldsymbol{x}) \leq f(\boldsymbol{a})$ となることである．
> 極大値と極小値をあわせて**極値**という．

極小値とは局所的な "最小" 値のことで f を $\boldsymbol{a}$ の適当な近所で考えれば，$\boldsymbol{x}=\boldsymbol{a}$ で最小になることを意味している．近所に限定しないと f が $\boldsymbol{a}$ で最小値をとるかどうかはわからない．

> **定理 9.7** $a \in D$ で f が極値をとる. $\Longrightarrow (\nabla f)(a) = 0$. すなわち, $i = 1, 2, ..., n$ に対して $\dfrac{\partial f}{\partial x_i}(a) = 0$.

$(\nabla f)(x) = 0$ なる x を f の**停留点**とよぶ.

この定理は a で極値をとる $\Longrightarrow a$ は停留点であることを意味しているが, 次の例からわかるように逆は不成立.

例 9.4 $f(x_1, x_2) = x_1^2 - x_2^2$ を考えると $a = (0,0)$ は停留点であるが, そこで極値をとらない.

停留点で極値をとるための判定法としては

> **定理 9.8** $H_f(x) = \left(\dfrac{\partial f}{\partial x_i \partial x_j}(x) \right)_{1 \leq i, j \leq n}$ をヘッセ行列とする. さらに $a \in D$ で $(\nabla f)(a) = 0$ とする. このとき次が成り立つ.
> $x \neq 0$ となるすべての $x \in \mathbf{R}^n$ に対して
> $$(H_f(a)x \cdot x) > 0 \Longrightarrow f \text{ は } a \text{ で極小値をとる}.$$
> $x \neq 0$ となるすべての $x \in \mathbf{R}^n$ に対して
> $$(H_f(a)x \cdot x) < 0 \Longrightarrow f \text{ は } a \text{ で極大値をとる}.$$

この定理は $m = 1$ のときの定理 9.6 からわかる (8) を用いて証明される.
定理の条件が成り立たないときは停留点 a で極値をとるかどうかわからない.
特別な場合として $n = 2$ とすると,

$$H_f(a) = \begin{bmatrix} \dfrac{\partial^2 f}{\partial x_1^2}(a) & \dfrac{\partial^2 f}{\partial x_1 \partial x_2}(a) \\ \dfrac{\partial^2 f}{\partial x_1 \partial x_2}(a) & \dfrac{\partial^2 f}{\partial x_2^2}(a) \end{bmatrix}$$

であって, 極小値, 極大値をとる 1 つの条件は, それぞれ

$$\dfrac{\partial^2 f}{\partial x_1^2}(a) \dfrac{\partial^2 f}{\partial x_2^2}(a) - \left(\dfrac{\partial^2 f}{\partial x_1 \partial x_2}(a) \right)^2 > 0, \quad \dfrac{\partial^2 f}{\partial x_1^2}(a) + \dfrac{\partial^2 f}{\partial x_2^2}(a) > 0,$$

$$\dfrac{\partial^2 f}{\partial x_1^2}(a) \dfrac{\partial^2 f}{\partial x_2^2}(a) - \left(\dfrac{\partial^2 f}{\partial x_1 \partial x_2}(a) \right)^2 > 0, \quad \dfrac{\partial^2 f}{\partial x_1^2}(a) + \dfrac{\partial^2 f}{\partial x_2^2}(a) < 0$$

9.6 極 値 問 題

であることと同値である．

例 9.5 $f(x_1, x_2) = x_1^2 - x_2^2$ については，$H_f(\boldsymbol{a}) = \begin{bmatrix} 2 & 0 \\ 0 & -2 \end{bmatrix}$ で定理の条件はいずれも満たされていない．

D を有界集合とする．ここで D が **有界集合** であるとは，$\sup|x| < \infty$ となることをいう．定理 3.8 と対応して次の事実を証明することができる．

定理 9.9 D が有界な集合とする．f が 閉包 $\overline{D}$ で連続であれば $\overline{D}$ で最大値と最小値をとる．

最大値，最小値の求め方：その 1　　f の $\overline{D}$ での最小値，最大値を求める手順として次のように考えることができる．

(I) D での極値を求める．
(II) f を D の境界 ∂D 上で考える．
(I) と (II) で得られた値を較べて，一番大きな値が最大値であり，一番小さい値が最小値である．

例題 9.1 $D = \{(x_1, x_2); x^2 + y^2 < 1\}$ とし $\overline{D} = D \cup \partial D = \{(x_1, x_2); x^2 + y^2 \leq 1\}$ での $f(x_1, x_2) = x_1 x_2$ の最大値と最小値を求めよ．

解答　(I) D で考える．極値をとる点 $\boldsymbol{a} = (a_1, a_2)$ の候補として停留点を求める．$\nabla f(x_1, x_2) = \begin{bmatrix} x_2 \\ x_1 \end{bmatrix} = 0$ より $\boldsymbol{a} = (0, 0)$ でこのとき，$f(\boldsymbol{a}) = 0$．

(II) 次に ∂D 上で考える．∂D 上で $x_1^2 + x_2^2 = 1$ なので，これを x_2 について解いて，$f(x_1, x_2)$ に代入して 1 変数の関数を考えてもよいが，ここでは ∂D をパラメータで表そう (例 7.2 をみよ)：

$$x_1 = \cos\theta, \quad x_2 = \sin\theta, \quad 0 \leq \theta < 2\pi.$$

∂D では，$0 \leq \theta < 2\pi$ であって，倍角公式 (例題 3.1) も用いて $f(x_1, x_2) = \cos\theta \sin\theta = \frac{1}{2}\sin 2\theta$ なので $\theta = \frac{\pi}{4}, \frac{\pi}{4} + \pi$ のとき 最大値 $\frac{1}{2}$ をとり，さらに $\theta = \frac{3}{4}\pi, \frac{3}{4}\pi + \pi$ のとき最小値 $-\frac{1}{2}$ をとる．よって $f(0, 0) = 0$ と較べて最大値は $\frac{1}{2}$，最小値は $-\frac{1}{2}$．□

注意 相加相乗平均 (命題 5.6) を用いると $x_1 x_2 \leq \dfrac{x_1^2 + x_2^2}{2}$ がわかり最大値，最小値を簡単に求めることができるが，一般にはここで考えたようにして求める．

最大値，最小値の求め方：その 2

拘束条件付き最大最小問題　$M = \{\boldsymbol{x}\,;\,g(\boldsymbol{x}) = 0\}$ として，$f = f(\boldsymbol{x})$ の M 上での最大値，最小値を求める．

ただし，$g: \mathbf{R}^n \to \mathbf{R}$ は与えられた関数で $g(\boldsymbol{x}) = 0$ のとき，$\nabla g(\boldsymbol{x}) \neq 0$ であることを仮定する．

このような問題ではステップ (II) で一般には変数を簡単に消去できないので，**ラグランジュ(Lagrange) の未定乗数法**とよばれる方法を使う．

注意 このような問題では f を M で考えて極値を求めることになるが，いまの場合 M は (3), (4) のような形の領域 D にはならない ($n = 3$ のときは，一般に M は曲面になり，(3), (4) で $n = 3$ とした場合のように 3 次元的な広がりをもった領域にならない)．

このような拘束条件付き最大最小問題の場合，人工的に変数 λ を導入して

$$L(\boldsymbol{x}, \lambda) = f(\boldsymbol{x}) + \lambda g(\boldsymbol{x})$$

という $(n+1)$ 変数の関数 (**ラグランジュの補助関数**とよばれる) の最大値，最小値を求める問題に帰着させることができる．ここで λ を**ラグランジュの乗数**とよぶ．すなわち，定理 9.7 より

$$\nabla L(\boldsymbol{a}, \lambda) = 0, \qquad \frac{\partial L}{\partial \lambda}(\boldsymbol{a}, \lambda) = 0$$

となる $(\boldsymbol{a}, \lambda)$ を求める．

以下，M 上で考えている f が $\boldsymbol{a} \in M$ で極小値をとるとは $r > 0$ を小さく選ぶと $|\boldsymbol{x} - \boldsymbol{a}| \leq r$ かつ $\boldsymbol{x} \in M \Longrightarrow f(\boldsymbol{x}) \geq f(\boldsymbol{a})$ となることであり，極大値をとるとは $|\boldsymbol{x} - \boldsymbol{a}| \leq r$ かつ $\boldsymbol{x} \in M \Longrightarrow f(\boldsymbol{x}) \leq f(\boldsymbol{a})$ となることをいう．

まとめてかくと，

> **ラグランジュの未定乗数法**　M 上で考えている f が $\boldsymbol{x} = \boldsymbol{a}$ で極値をとる．$\Longrightarrow \lambda_0 \in \mathbf{R}$ があって，$(\nabla f)(\boldsymbol{a}) + \lambda_0 (\nabla g)(\boldsymbol{a}) = 0$ かつ $g(\boldsymbol{a}) = 0$．

9.6 極値問題

例題 9.2 $a,b,c>0$ とする．頂点が $\dfrac{x_1^2}{a^2}+\dfrac{x_2^2}{b^2}+\dfrac{x_3^2}{c^2}=1$ 上にあって，各辺が座標軸に平行な直方体の体積の最大値を求めよ．

解答 これは

$$g(x_1,x_2,x_3)=\frac{x_1^2}{a^2}+\frac{x_2^2}{b^2}+\frac{x_3^2}{c^2}-1=0$$

の下で，$f(x_1,x_2,x_3)=2x_1\times 2x_2\times 2x_3$ の最大値を求める問題である．

$$\nabla g(x_1,x_2,x_3)=\left(\frac{2x_1}{a^2},\frac{2x_2}{b^2},\frac{2x_3}{c^2}\right)^T \text{なので}$$

$g(\boldsymbol{x})=0$ の下で $\nabla g(\boldsymbol{x})\neq 0$ である．補助関数は

$$L(x_1,x_2,x_3,\lambda)=8x_1x_2x_3+\lambda\left(\frac{x_1^2}{a^2}+\frac{x_2^2}{b^2}+\frac{x_3^2}{c^2}-1\right).$$

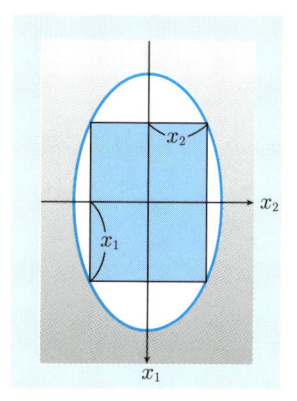

したがって，$\dfrac{\partial L}{\partial x_1}=8x_2x_3+\dfrac{2x_1}{a^2}\lambda$ などがわかるので

$$-4x_2x_3=\frac{x_1\lambda}{a^2},\quad -4x_1x_3=\frac{x_2\lambda}{b^2},\quad -4x_1x_2=\frac{x_3\lambda}{c^2}, \tag{9}$$

$$\frac{x_1^2}{a^2}+\frac{x_2^2}{b^2}+\frac{x_3^2}{c^2}-1=0.$$

それゆえ，$\lambda=0$ とすると $f(x_1,x_2,x_3)=0$ となる．考えている直方体の体積は 0 より大きくなることができるので 0 が最大値になることはない．次に $\lambda\neq 0$ の場合を考える．このとき，(9) の各式にそれぞれ x_1,x_2,x_3 をかけると $\dfrac{x_1^2}{a^2}=\dfrac{x_2^2}{b^2}=\dfrac{x_3^2}{c^2}$．したがって，$\dfrac{x_1^2}{a^2}+\dfrac{x_2^2}{b^2}+\dfrac{x_3^2}{c^2}=1$ より $\dfrac{x_1^2}{a^2}=\dfrac{x_2^2}{b^2}=\dfrac{x_3^2}{c^2}=\dfrac{1}{3}$．これを解くと，

$$x_1=\frac{a}{\sqrt{3}},\quad x_2=\frac{b}{\sqrt{3}},\quad x_3=\frac{c}{\sqrt{3}}.$$

よってこのとき，f は最大値 $\dfrac{8abc}{3\sqrt{3}}$ をとる．□

注意 最大値や最小値ではなく，極値を求める場合には注意が必要である．すなわち，ラグランジュの未定乗数法で求めることができるのは極値を与える点の候補であり，これが実際に極値を与えているかどうかは別に確かめなくてはならない（例 9.4 をみよ）．しかし，最大値や最小値を求める場合には，もし M が有界であるときには定理 9.9 よ

り最大値と最小値は確かに存在するのでラグランジュの未定乗数法で求めた候補から最大値と最小値を求めればよい．

もし拘束条件を与える g が $\nabla g = 0$ となることがある場合はこれも別に調べなくてはならない．

拘束条件が1つではなく，k 個の場合のラグランジュの未定乗数法も同様である：
$$M = \{\boldsymbol{x} \in \mathbf{R}^n; g_1(\boldsymbol{x}) = g_2(\boldsymbol{x}) = \cdots = g_k(\boldsymbol{x}) = 0\}$$
とおく．ただし $\nabla g_1(\boldsymbol{x})$, $\nabla g_2(\boldsymbol{x})$, ..., $\nabla g_k(\boldsymbol{x})$ は $\boldsymbol{x}$ を勝手に固定するたびに一次独立であるとする（すなわち，$\boldsymbol{x}$ を勝手に固定するとしてある定数 $a_1, ..., a_k$ に対して $a_1 \nabla g_1(\boldsymbol{x}) + a_2 \nabla g_2(\boldsymbol{x}) + \cdots + a_k \nabla g_k(\boldsymbol{x}) = 0$ となれば $a_1 = a_2 = \cdots = a_k = 0$）．このとき，$g_1(\boldsymbol{x}) = g_2(\boldsymbol{x}) = \cdots = g_k(\boldsymbol{x}) = 0$ という条件のもとで $f(\boldsymbol{x})$ の最大値，最小値を求めるという条件付き最大最小問題の解は $\boldsymbol{x}, \lambda_1, ..., \lambda_k$ の関数
$$L(\boldsymbol{x}, \lambda_1, ..., \lambda_k) = f(\boldsymbol{x}) + \lambda_1 g_1(\boldsymbol{x}) + \cdots + \lambda_k g_k(\boldsymbol{x})$$
の停留点の中から探せばよい．

■ 9.7 パラメータを含む関数の積分と微分の順序交換

ここで積分と微分の交換に関する性質を紹介する．応用がいろいろある大事な性質である．これ以降，(x_1, x_2) のかわりに文字 (x, y) を用いることにする．

> **定理 9.10** $D = \{(x,y); a < x < b, c < y < d\}$ とし，$f: \overline{D} \to \mathbf{R}$ が連続と仮定する．
> $$F(x) = \int_c^d f(x,y) dy, \quad a \leq x \leq b$$
> とおく．ここで右辺は x を固定したとして y について c から d まで定積分したものである．このとき，
> (i) $\int_a^b F(x) dx = \int_a^b \left(\int_c^d f(x,y) dy \right) dx = \int_c^d \left(\int_a^b f(x,y) dx \right) dy$.
> これをフビニ（**Fubini**）の定理という．

9.7 パラメータを含む関数の積分と微分の順序交換

(ii) (**積分記号下の微分**) さらに $y \in [c,d]$ を勝手に固定したとき，f が $\overline{D}$ 上で x に関して 1 回連続的微分可能ならば，F も微分可能で

$$F'(x) = \frac{d}{dx}\int_c^d f(x,y)dy = \int_c^d \frac{\partial f}{\partial x}(x,y)dy$$

である．

定理 9.10 を一般化した次も有用である．

定理 9.11 考えている範囲で f, p, q は 1 回連続的微分可能とする．そのとき，

$$\frac{d}{dx}\int_{p(x)}^{q(x)} f(x,y)dy$$

$$= \int_{p(x)}^{q(x)} \frac{\partial f}{\partial x}(x,y)dy + f(x,q(x))q'(x) - f(x,p(x))p'(x).$$

例 9.6 **畳み込み方程式**とよばれる積分を含む方程式

$$\int_0^x \alpha(x-y)f(y)dy = g(x), \quad 0 \le x \le l$$

を考える．これは画像の再構成などに関連して現れる方程式である．ここで $\alpha(x)$ は与えられた関数として，$g(x)$ に対して $f(x)$ を求める問題を考えよう．$\alpha \in C^1[0,l]$, $\alpha(0) \neq 0$ として，勝手に与えられた関数 $g \in C[0,l]$ に対して $f \in C^1[0,l]$ があるとすればただ 1 つしかないことを示そう．これは畳み込み方程式の解の一意性といわれる性質である．$f_1, f_2 \in C^1[0,l]$ が同一の g に対して畳み込み方程式を満たすとして $f_1 = f_2$ を証明すればよい．差をとる：

$$\int_0^x \alpha(x-y)h(y)dy = 0, \quad 0 \le x \le l$$

ここで $h(x) = f_1(x) - f_2(x)$ とおいた．x で微分して定理 9.11 を用いる：

$$\alpha(0)h(x) + \int_0^x \alpha'(x-y)h(y)dy = 0, \quad 0 \le x \le l.$$

$\alpha(0) \neq 0$ より，

$$h(x) = -\int_0^x \frac{\alpha'(x-y)}{\alpha(0)} h(y) dy, \quad 0 \leq x \leq l.$$

したがって，定理 7.1 (iii) より

$$|h(x)| \leq \int_0^x M|h(y)|dy, \qquad 0 \leq x \leq l$$

が得られる．ただし，$M = \dfrac{1}{|\alpha(0)|} \max_{0 \leq y \leq x \leq l} |\alpha'(x-y)|$ とおいた．グロンウォールの不等式（定理 7.9）を用いると $h(x) = 0, 0 \leq x \leq l$ となる．これは $f_1(x) = f_2(x), 0 \leq x \leq l$ を意味しているので g に対する解は存在するとすればただ 1 つしかない．

■ 9.8　2 重 積 分

以下，積分を考えるときは境界を含めた閉包 $\overline{D}$ で関数を考えるものとする．D としては (1)〜(4) のような形で表される領域を考えよう．(x, y) は (1), (2) などで表される領域 D の閉包 $\overline{D}$ を動くものとして，$\overline{D}$ で連続な 2 変数関数 $f(x, y)$ を考えよう．$\overline{D}$ を小さな領域 $D_1, ..., D_N$ に分割する：$|D|$ は D の面積を表すものとし，d_i は D_i に含まれる勝手な 2 点間の距離の最大値とし，$d = \max\limits_{1 \leq i \leq N} d_i$ とおく．それぞれの小領域 D_i から勝手に点 (ξ_i, η_i) を選んで和（**リーマン和**とよばれる）を作る：

$$\sum_{i=1}^N f(\xi_i, \eta_i)|D_i|.$$

領域の分割を限りなく細かくして $d \to 0$ としたとき，分割のやり方と点 (ξ_i, η_i) の選び方に無関係の一定の値にこの和が近づくことを証明することができる．この値を f の D における **2 重積分**といい，$\iint_D f(x,y) dxdy$ または $\iint_D f dxdy$ とかく：

$$\iint_D f(x,y) dxdy = \lim_{N \to \infty} \sum_{i=1}^N f(\xi_i, \eta_i)|D_i|.$$

この定義から次がわかる：

定理 9.12

(i) (**線形性**) $\iint_D (\alpha f + \beta g) dxdy = \alpha \iint_D f dxdy + \beta \iint_D g dxdy.$
ここで α, β は定数である.

(ii) (**単調性**) すべての $(x,y) \in D$ に対して $f(x,y) \leq g(x,y)$ ならば,

$$\iint_D f dxdy \leq \iint_D g dxdy$$

である.

(iii) (**加法性**) D を曲線 γ によって 2 つの領域 D_1, D_2 に分割したとき

$$\iint_D f dxdy = \iint_{D_1} f dxdy + \iint_{D_2} f dxdy$$

である.

(iv) D で $f \geq 0$ であって $D \supset D_1$ ならば

$$\iint_D f dxdy \geq \iint_{D_1} f dxdy.$$

注意 (iii) で分割に用いる曲線は "普通" の曲線であり,正確には区分的に正則な曲線といわれるものである:γ を有限個の部分 $\gamma_1, ..., \gamma_m$ に分けることができて,それぞれの γ_i はパラメータ表示 (7.4 節参照):

$$(x_i(t), y_i(t)), \quad a_i \leq t \leq b_i$$

とすることができて $x_i, y_i \in C^1[a_i, b_i]$ であってしかも $|x_i'(t)|^2 + |y_i'(t)|^2 \neq 0$ がすべての $t \in [a_i, b_i]$ に対して成り立つ.

2 重積分の実際の計算法としては次の**反復積分**がある.

定理 9.13

以下 p, q, r, s は考えている区間で C^1 級で,f は考えている範囲で連続とする.

(I) $\overline{D} = \{(x,y); a \leq y \leq b, p(x) \leq x \leq q(x)\}$ とおく.このとき,

$$\iint_D f(x,y) dxdy = \int_a^b \left(\int_{p(x)}^{q(x)} f(x,y) dy \right) dx.$$

(II) $\overline{D} = \{(x,y); c \leq y \leq d, r(y) \leq x \leq s(y)\}$ とおく．このとき，
$$\iint_D f(x,y)dxdy = \int_c^d \left(\int_{r(y)}^{s(y)} f(x,y)dx\right) dy.$$

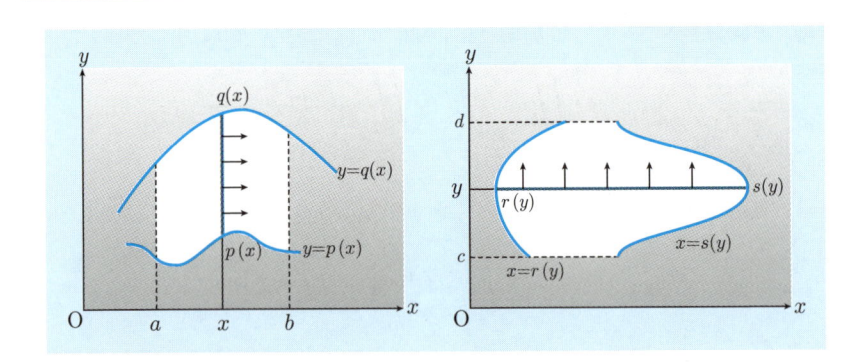

同じ D でも場合に応じて (I) のタイプか (II) のタイプのどちらで表現するかによって計算が複雑になったりするのでどちらのタイプを選ぶかについても考える必要がある．

また D 全体は (I), (II) のように表すことができなくても x-軸または y-軸に平行な直線によって部分 $D_1, ..., D_m$ に分けてそれぞれの部分ではタイプ (I) または (II) の形にできることもよくある．そのときは定理 9.12 (iii) を用いて各部分 $D_1, ..., D_m$ での 2 重積分を個別に計算してすべて足せばよい．

例題 9.3 D は $y = x, y = 1/x$ および $y = 2$ で囲まれているとして $\iint_D (x+y)dxdy$ を求めよ．

解答 タイプ (II) で表すと $D = \{(x,y); 1 \leq y \leq 2, 1/y \leq x \leq y\}$ なので
$$\int_1^2 \left(\int_{1/y}^y (x+y)dx\right) dy = \int_1^2 \left[\frac{x^2}{2} + xy\right]_{x=1/y}^{x=y} dy$$
$$= \int_1^2 \left(\frac{3}{2}y^2 - \frac{1}{2}\frac{1}{y^2} - 1\right) dy = \frac{9}{4}.$$

もし，D をタイプ (I) で計算しようとすると 2 つの部分に分割しなくてはならず手間がかかる．□

次は反復積分の順序交換である．直接確かめることができ，有用に使われることがある．

命題 9.1

$$\int_a^b \left(\int_a^x f(x,y) dy \right) dx$$
$$= \int_a^b \left(\int_y^b f(x,y) dx \right) dy.$$

ただし，$a < b$ で f は考えている領域の閉包で連続である．

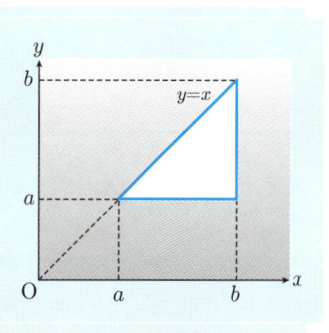

2 重積分の応用

(1) $\iint_D dxdy$ は D の面積を表す．

(2) $z = f(x,y), f(x,y) \geq 0$ として，これは 1 つの曲面を表す．このとき，$\iint_D f dxdy$ は xy-平面の D を底面として曲面 $z = f(x,y), (x,y) \in D$ を上面とする立体の体積を表す．

(3) $\rho(x,y)$ を板の (x,y) における単位面積当たりの重さ（＝質量）とすると，$\iint_D \rho(x,y) dxdy$ は板の全質量を表す．

2 重積分の変数変換 　　2 重積分を計算するとき，変数を変換したほうが簡単な場合がある．$x = x(u,v), y = y(u,v)$ として $(u,v) \to (x,y)$ という変数変換を考える．(u,v) が定理 9.13 で扱ったような領域の閉包 $\overline{E}$ 内を動くとき，対応する (x,y) が領域の閉包 $\overline{D}$ 内を動くとする．しかも以下を仮定する：

(i) $x(u,v), y(u,v)$ は u, v について E を含む広い領域で C^1 級．

(ii) E の有限個の点を除いて $(u,v) \to (x,y)$ は 1 対 1 である．詳しく述べると E の有限個の点からなる集合 $\mathcal{N}$ をとることができて，$x(u,v) = x(\tilde{u},\tilde{v}), y(u,v) = y(\tilde{u},\tilde{v})$ かつ $(u,v),(\tilde{u},\tilde{v}) \notin \mathcal{N}$ ならば $(u,v) = (\tilde{u},\tilde{v})$ である．

(iii) E の有限個の点を除くすべての (u,v) に対して

$$\frac{\partial(x,y)}{\partial(u,v)} \neq 0.$$

以下,

$$\frac{\partial(x,y)}{\partial(u,v)} = \det \begin{bmatrix} \dfrac{\partial x}{\partial u} & \dfrac{\partial x}{\partial v} \\ \dfrac{\partial y}{\partial u} & \dfrac{\partial y}{\partial v} \end{bmatrix}$$

とおき, (x,y) の (u,v) に関する**ヤコビアン**とよぶ. ただし

$$\det \begin{bmatrix} a & b \\ c & d \end{bmatrix} = ad - bc$$

は 2 行 2 列の行列の**行列式**である.

> **定理 9.14** (**変数変換公式**) $\overline{D}$ で連続な関数 $f(x,y)$ に対して
>
> $$\iint_D f(x,y)dxdy = \iint_E f(x(u,v),y(u,v)) \left|\frac{\partial(x,y)}{\partial(u,v)}\right| dudv.$$

ヤコビアンの絶対値をとることを忘れないこと.

変数変換公式適用にあたっての指針 $\iint_D f(x,y)dxdy$ で次のおきかえをすべて行う:

(i) (x,y) の関数 $f(x,y)$ を (u,v) の関数 $x(u,v), y(u,v)$ によって表示しておく (代入).

(ii)
$$dxdy = \left|\frac{\partial(x,y)}{\partial(u,v)}\right| dudv$$

で $dxdy$ もおきかえる. 右辺は $\dfrac{\partial(x,y)}{\partial(u,v)}$ の分母 $\partial(u,v)$ と $dudv$ が約分されて, $dxdy$ にあたる $\partial(x,y)$ だけが残ることになり, 左辺の $dxdy$ と辻褄があう (例えば分母と分子を間違えて $dxdy = \left|\dfrac{\partial(u,v)}{\partial(x,y)}\right| dudv$ としてしまうと, バランスがおかしくなる).

(iii) D を E でおきかえる.

2 次元極座標への変換 $x = r\cos\theta, y = r\sin\theta, r \geq 0, 0 \leq \theta < 2\pi$ として $(r,\theta) \to (x,y)$ という変数変換を考える. 直接計算できるように

$$\frac{\partial(x,y)}{\partial(r,\theta)} = r$$

であり，したがって，

$$\iint_D f(x,y)dxdy = \iint_E f(r\cos\theta, r\sin\theta)rdrd\theta.$$

例題 9.4 $D = \{(x,y); x^2+y^2 \leq 1\}$ として $\iint_D x^2 dxdy$ を計算せよ．

解答 極座標になおす．$E = \{(r,\theta); r \leq 1, 0 \leq \theta < 2\pi\}$．したがって，

$$\iint_D x^2 dxdy = \iint_E r^2\cos^2\theta \times rdrd\theta = \int_0^{2\pi} \cos^2\theta d\theta \int_0^1 r^3 dr = \frac{\pi}{4}. \quad \square$$

例 9.7
$$\int_0^\infty e^{-x^2} dx = \frac{\sqrt{\pi}}{2}$$

を示そう．
$S(R) = \int_0^R e^{-x^2} dx$ とおくと広義積分の定義（7.7節）より $\int_0^\infty e^{-x^2} dx = \lim_{R\to\infty} S(R)$．一方，

$$S(R)^2 = \int_0^R e^{-x^2} dx \int_0^R e^{-y^2} dy = \int_0^R \left(\int_0^R e^{-x^2-y^2} dx\right) dy$$
$$= \iint_{0\leq x,y\leq R} e^{-x^2-y^2} dxdy$$

である．図をかくとわかるように $\{(x,y); x,y \geq 0, x^2+y^2 \leq R^2\} \subset \{(x,y); 0 \leq x, y \leq R\} \subset \{(x,y); x,y \geq 0, x^2+y^2 \leq 2R^2\}$ なので定理 9.12 (iv) より

$$\iint_{x^2+y^2\leq R^2, x,y\geq 0} e^{-x^2-y^2} dxdy \leq S(R)^2 \leq \iint_{x^2+y^2\leq 2R^2, x,y\geq 0} e^{-x^2-y^2} dxdy$$

である．極座標へ変換すると

$$\iint_{x^2+y^2\leq R^2, x,y\geq 0} e^{-x^2-y^2} dxdy = \int_0^{\pi/2} \left(\int_0^R e^{-r^2} rdr\right) d\theta = \frac{\pi}{4}(1-e^{-R^2}),$$

$$\iint_{x^2+y^2\leq 2R^2, x,y\geq 0} e^{-x^2-y^2} dxdy = \int_0^{\pi/2} \left(\int_0^{\sqrt{2}R} e^{-r^2} r dr \right) d\theta = \frac{\pi}{4}(1-e^{-2R^2}).$$

ここで右辺の積分は $t=r^2$ という置換積分によって計算することができる. したがって,

$$\frac{\pi}{4}\left(1-e^{-R^2}\right) \leq S(R)^2 \leq \frac{\pi}{4}\left(1-e^{-2R^2}\right).$$

$R \to \infty$ としてはさみうちの原理から結論がわかる.

9.9 3 重 積 分

次のような領域の閉包 $\overline{D}$ で連続な 3 変数関数 $f(x,y,z)$ を考える:

$$\overline{D} = \{(x,y,z); (x,y) \in B, p(x,y) \leq z \leq q(x,y)\},$$

ただし, B は xy-平面内の (1) や (2) のような領域の閉包とし, p,q は B を含む広い領域で C^1 級とする.

D としては例えば底面が曲面 $z=p(x,y)$ で上面が $z=q(x,y)$ となる柱状の立体 (の内部) を考えることができる.

このとき 3 重積分

$$\iiint_D f(x,y,z)dxdydz$$

を 2 重積分と同じような考え方で D を小さな部分に分割して定めることができる.

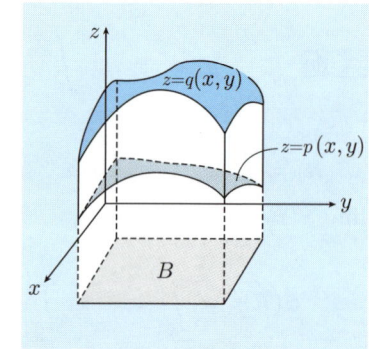

3 重積分に関しても定理 9.12 と同様な性質が成り立つ. ただし, 定理 9.12(iii) に対応する性質は次のようになる: D を C^1 級の曲面 Γ で D_1, D_2 に分割したとき,

$$\iiint_D f dxdydz = \iiint_{D_1} f dxdydz + \iiint_{D_2} f dxdydz$$

が成り立つ. ここで B を (1), (2) のような 2 次元空間の領域の閉包として Γ が C^1 級の曲面であるとは

$$(x,y,z) \in \varGamma \iff \begin{cases} x = x(u,v), \\ y = y(u,v), \quad (u,v) \in B \\ z = z(u,v), \end{cases}$$

とパラメータ表示され，しかも

(i) $x(u,v), y(u,v), z(u,v)$ は B を含む広い領域で C^1 級．

(ii) この対応は 1 対 1 である：$x(u,v) = x(\widetilde{u},\widetilde{v}), y(u,v) = y(\widetilde{u},\widetilde{v}), z(u,v) = z(\widetilde{u},\widetilde{v}) \Longrightarrow (u,v) = (\widetilde{u},\widetilde{v})$.

(iii) すべての $(u,v) \in B$ に対して

$$\begin{bmatrix} \partial x/\partial u \\ \partial y/\partial u \\ \partial z/\partial u \end{bmatrix} \times \begin{bmatrix} \partial x/\partial v \\ \partial y/\partial v \\ \partial z/\partial v \end{bmatrix} \ne \mathbf{0}.$$

ここで 3 次元ベクトル $\boldsymbol{a} = \begin{bmatrix} a_1 \\ a_2 \\ a_3 \end{bmatrix}, \boldsymbol{b} = \begin{bmatrix} b_1 \\ b_2 \\ b_3 \end{bmatrix}$ に対して

$$\boldsymbol{a} \times \boldsymbol{b} = \begin{bmatrix} a_2 b_3 - a_3 b_2 \\ a_3 b_1 - a_1 b_3 \\ a_1 b_2 - a_2 b_1 \end{bmatrix} \tag{10}$$

とおいて，$\boldsymbol{a}$ と $\boldsymbol{b}$ の**外積**という．外積の定義の記憶法としては $\boldsymbol{e}_1 = \begin{bmatrix} 1 \\ 0 \\ 0 \end{bmatrix}, \boldsymbol{e}_2 = \begin{bmatrix} 0 \\ 1 \\ 0 \end{bmatrix}, \boldsymbol{e}_3 = \begin{bmatrix} 0 \\ 0 \\ 1 \end{bmatrix}$ として（いわゆる 3 次元空間の基本ベクトル），

$$\boldsymbol{a} \times \boldsymbol{b} = \det \begin{bmatrix} \boldsymbol{e}_1 & \boldsymbol{e}_2 & \boldsymbol{e}_3 \\ a_1 & a_2 & a_3 \\ b_1 & b_2 & b_3 \end{bmatrix} \tag{11}$$

と形式的にかいておくとよい．3 行 3 列の行列の行列式は次のように覚えておくとよい：

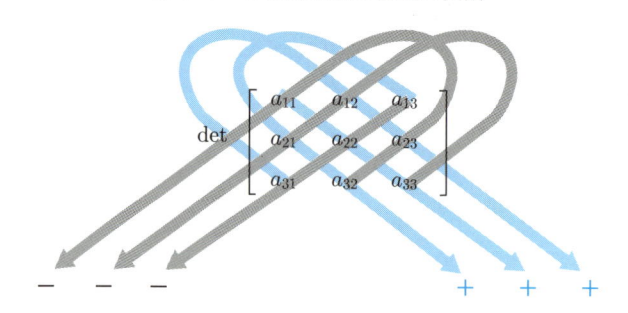

$$= a_{11}a_{22}a_{33} + a_{13}a_{21}a_{32} + a_{31}a_{12}a_{23} - a_{13}a_{22}a_{31} - a_{33}a_{12}a_{21} - a_{32}a_{23}a_{11}. \tag{12}$$

3 重積分の計算は反復積分によって 2 重積分に帰着させる．

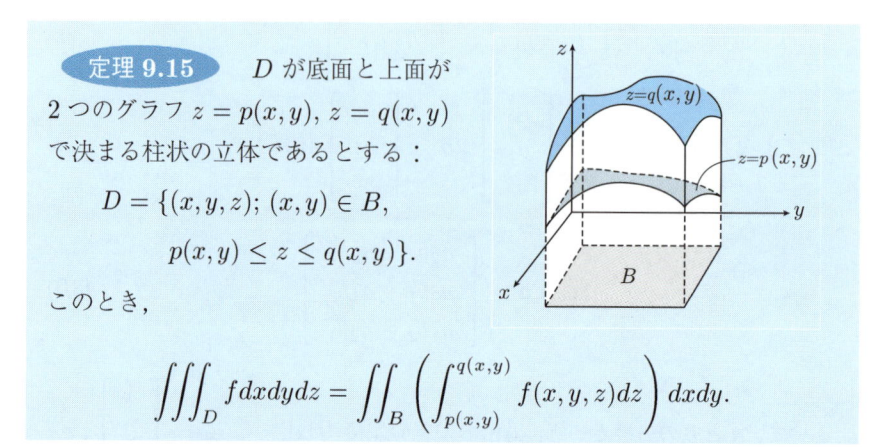

> **定理 9.15** D が底面と上面が 2 つのグラフ $z = p(x,y), z = q(x,y)$ で決まる柱状の立体であるとする：
> $$D = \{(x,y,z); (x,y) \in B, \ p(x,y) \leq z \leq q(x,y)\}.$$
> このとき，
> $$\iiint_D f dxdydz = \iint_B \left(\int_{p(x,y)}^{q(x,y)} f(x,y,z) dz \right) dxdy.$$

この定理によれば，まず 1 変数関数の積分 $\int_{p(x,y)}^{q(x,y)} f(x,y,z) dz$ を計算し，次に (x,y) について 2 重積分をすればよいということになる．

D の底面と上面が $y = p(x,z)$ や $x = p(y,z)$ などの関数のグラフで表示されている場合も同様に

$$\iiint_{p_1(x,z) \leq y \leq q_1(x,z), (x,z) \in B_1} f dxdydz = \iint_{B_1} \left(\int_{p_1(x,z)}^{q_1(x,z)} f(x,y,z) dy \right) dxdz$$

$$\iiint_{p_2(y,z) \leq x \leq q_2(y,z), (y,z) \in B_2} f dxdydz = \iint_{B_2} \left(\int_{p_2(y,z)}^{q_2(y,z)} f(x,y,z) dx \right) dydz.$$

9.9 3重積分

3重積分の変換公式　2重積分と同様にして $(x,y,z) \in D \leftrightarrow (u,v,w) \in E$ という変数変換を考える：$x = x(u,v,w), y = y(u,v,w), z = z(u,v,w)$.

以下

$$\frac{\partial(x,y,z)}{\partial(u,v,w)} = \det \begin{bmatrix} \partial x/\partial u & \partial x/\partial v & \partial x/\partial w \\ \partial y/\partial u & \partial y/\partial v & \partial y/\partial w \\ \partial z/\partial u & \partial z/\partial v & \partial z/\partial w \end{bmatrix}$$

とおき，(x,y,z) の (u,v,w) に関する**ヤコビアン**とよぶ．ここで行列式は (12) で定められている．次を仮定：

(i) $x = x(u,v,w), y = y(u,v,w), z = z(u,v,w)$ は (u,v,w) について E を含む広い領域で C^1 級．
(ii) E の有限個の点 (u,v,w) を除いて，この変数変換は 1 対 1 である．
(iii) 有限個の点を除くすべての $(u,v,w) \in E$ に対して

$$\frac{\partial(x,y,z)}{\partial(u,v,w)} \neq 0.$$

定理 9.16　(**変数変換公式**) $\overline{D}$ で連続な関数 $f(x,y,z)$ に対して

$$\iiint_D f(x,y,z)dxdydz$$
$$= \iiint_E f(x(u,v,w), y(u,v,w), z(u,v,w)) \left|\frac{\partial(x,y,z)}{\partial(u,v,w)}\right| dudvdw$$

が成り立つ．

3次元円筒座標への変換　$(r,\theta,z): x = r\cos\theta, y = r\sin\theta, z = z$ を円筒座標とよぶ．ここで $r \geq 0, 0 \leq \theta < 2\pi$. このとき，$\dfrac{\partial(x,y,z)}{\partial(r,\theta,z)} = r$ となり，$dxdydz = rdrd\theta dz$ である．よって

$$\iiint_D f(x,y,z)dxdydz = \iiint_E f(r\cos\theta, r\sin\theta, z) r dr d\theta dz.$$

3 次元極座標への変換　　$x = r\sin\theta\cos\phi, y = r\sin\theta\sin\phi, z = r\cos\theta, r \geq 0, 0 \leq \theta \leq \pi, 0 \leq \phi < 2\pi$ とする．

$$\frac{\partial(x,y,z)}{\partial(r,\theta,\phi)} = r^2 \sin\theta$$

となり，$dxdydz = r^2 \sin\theta dr d\theta d\phi$ である．したがって，

$$\iiint_D f(x,y,z)dxdydz = \iiint_E f(r,\theta,\phi)r^2\sin\theta dr d\theta d\phi.$$

3 次元極座標には 2 種の角度 θ, ϕ が必要であり，その意味を正確に理解した上で 3 次元極座標のヤコビアンを記憶しておくこと（積分の計算の都度求めるのは大変である！）．

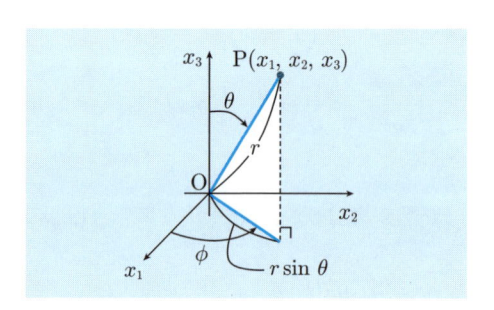

章 末 問 題

問題 1　次の関数は $(0,0)$ で連続かどうかを判定せよ．

(i) $f(x_1, x_2) = \begin{cases} \dfrac{x_1^2}{\sqrt{x_1^2 + x_2^2}}, & (x_1, x_2) \neq (0,0), \\ 0, & (x_1, x_2) = (0,0) \end{cases}$

(ii) $f(x_1, x_2) = \begin{cases} \dfrac{x_2}{x_1 + x_2}, & (x_1, x_2) \neq (0,0), \\ 0, & (x_1, x_2) = (0,0). \end{cases}$

問題 2　次の 2 つの関数について $\dfrac{\partial f}{\partial x_1}, \dfrac{\partial f}{\partial x_2}, \dfrac{\partial^2 f}{\partial x_1 \partial x_2}, \dfrac{\partial^2 f}{\partial x_1^2}, \dfrac{\partial^2 f}{\partial x_2^2}$ を求めよ．

(i) $f(x_1, x_2) = \dfrac{x_1 x_2}{x_1^2 + x_2^2}$　　(ii) $f(x_1, x_2) = e^{x_1}\sin x_2$.

問題 3　$y = x_1 x_2$ の $(x_1, x_2, y) = (1, 1, 1)$ における接平面の方程式と法線の方程式を求めよ．

問題 4 $y = f(x_1, x_2)$ とし, $x_1 = e^t \cos t$, $x_2 = e^t \sin t$ とおく. このとき, $\dfrac{\partial^2 f}{\partial x_1^2} + \dfrac{\partial^2 f}{\partial x_2^2}$ を t で表せ.

問題 5 $y = f(x_1, x_2, x_3)$ とし, $x_1 = r \sin\theta \cos\phi$, $x_2 = r \sin\theta \sin\phi$, $x_3 = r \cos\theta$ とおく. このとき,
$$\left(\frac{\partial f}{\partial x_1}\right)^2 + \left(\frac{\partial f}{\partial x_2}\right)^2 + \left(\frac{\partial f}{\partial x_3}\right)^2$$
を r, θ, ϕ で表せ.

問題 6 y と x についてそれぞれ次の関係式があるとき, $\dfrac{dy}{dx}$ を x, y の式で求めよ (途中の割り算で分母が 0 になる場合などは無視してよい).

(i) $y^3 - xy^2 - x + 1 = 0$ (ii) $y = x^y$.

問題 7 $f(x_1, x_2) = (x_1^2 + x_2^2 + 1)^{-1/2}$ に $(0,0)$ の近くでテイラーの定理を適用して 2 次までの項を求めよ.

問題 8 $f(x_1, x_2) = x_1^4 + x_2^4 - 10x_1^2 + 16x_1 x_2 - 10x_2^2$ の極値とそれを与える (x_1, x_2) を求めよ.

問題 9 $x_1^2 + x_2^2 = 1$ のとき $x_1^4 + x_2^4$ の最大値と最小値を求めよ.

問題 10 周囲の長さが一定であるような三角形のなかで面積が最大になる三角形を求めよ. (ヒント：三角形の三辺の長さを a, b, c とするとき面積は $\sqrt{l(l-a)(l-b)(l-c)}$, ただし $l = \dfrac{a+b+c}{2}$, となる. これをヘロン (Heron) の公式とよぶ.)

問題 11 (i) $\displaystyle\int e^{tx} \sin x \, dx$ を計算せよ.

(ii) (i) で得られた結果の両辺を t で微分することにより, $\displaystyle\int x^2 e^{tx} \cos x \, dx$ を求めよ.

問題 12 指定された領域 D で 2 重積分を計算せよ.

(i) $\displaystyle\iint_D (x^2 + y^2) dx dy, \ D = \{(x, y) ; x < y < 4x - x^2\}$

(ii) $\displaystyle\iint_D y \, dx dy, \ D = \{(x, y) ; \sqrt{x} + \sqrt{y} < 1\}$

(iii) $\displaystyle\iint_D \log(x^2 + y^2) dx dy, \ D = \{(x, y) ; 1 < x^2 + y^2 < 9\}$.

問題 13 指定された領域 D で 3 重積分を計算せよ.

(i) $\displaystyle\iiint_D (x + y) dx dy dz, \ D = \{(x, y, z) ; x + y + z < 1, x > 0, y > 0, z > 0\}$

(ii) $\displaystyle\iiint_D xyz \, dx dy dz, \ D = \{(x, y, z) ; x^2 + y^2 + z^2 < 1, x > 0, y > 0, z > 0\}$.

付録1　3次元空間におけるベクトル解析

この付録ではベクトル解析の範囲から特に重要で大学初年次の電磁気学や連続体の物理学などにおいて使われる定理をごく簡単に解説する．詳細については本ライブラリでベクトル解析の巻が予定されている．

もっぱら3次元空間を考え，点 $\boldsymbol{x}$ の座標を (x_1, x_2, x_3) とかき3変数の実数値関数 $f = f(x_1, x_2, x_3)$ やそれを3つ組にしたベクトル値関数 $\boldsymbol{f}(x_1, x_2, x_3) = \begin{bmatrix} f_1(x_1, x_2, x_3) \\ f_2(x_1, x_2, x_3) \\ f_3(x_1, x_2, x_3) \end{bmatrix}$ を考える．

さらに D としては第9章の (3), (4) のような適当な領域を考えるものとする．扱う関数は D を含む広い領域で必要な回数だけ微分できてすべての偏導関数もそこで連続であるとする．以下 $\boldsymbol{f}, \boldsymbol{u}, \boldsymbol{x}$ とかいたらベクトル値関数，f などとかいたら実数値関数を表すものとする．f をスカラー場，$\boldsymbol{f}$ をベクトル場とよぶこともある．

■ A.1　重要な偏微分演算子

$\nabla f = \begin{bmatrix} \partial f / \partial x_1 \\ \partial f / \partial x_2 \\ \partial f / \partial x_3 \end{bmatrix}$ 　　　　　　　　 : f の勾配, $\operatorname{grad} f$ ともかく．

$\Delta f = \dfrac{\partial^2 f}{\partial x_1^2} + \dfrac{\partial^2 f}{\partial x_2^2} + \dfrac{\partial^2 f}{\partial x_3^2}$ 　　　　 : f のラプラシアン．

$\operatorname{div} \boldsymbol{f} = \dfrac{\partial f_1}{\partial x_1} + \dfrac{\partial f_2}{\partial x_2} + \dfrac{\partial f_3}{\partial x_3}$ 　　　　 : $\boldsymbol{f}$ の発散, $\nabla \cdot \boldsymbol{f}$ ともかく．

$\operatorname{rot} \boldsymbol{f} = \begin{bmatrix} \partial f_3/\partial x_2 - \partial f_2/\partial x_3 \\ \partial f_1/\partial x_3 - \partial f_3/\partial x_1 \\ \partial f_2/\partial x_1 - \partial f_1/\partial x_2 \end{bmatrix}$ 　: $\boldsymbol{f}$ の回転, $\operatorname{curl} \boldsymbol{f}$ または $\nabla \times \boldsymbol{f}$ ともかく．

ここで $e_1 = \begin{bmatrix} 1 \\ 0 \\ 0 \end{bmatrix}, e_2 = \begin{bmatrix} 0 \\ 1 \\ 0 \end{bmatrix}, e_3 = \begin{bmatrix} 0 \\ 0 \\ 1 \end{bmatrix}$ とかいて

$$\operatorname{rot} \boldsymbol{f} = \det \begin{bmatrix} e_1 & e_2 & e_3 \\ \partial/\partial x_1 & \partial/\partial x_2 & \partial/\partial x_3 \\ f_1 & f_2 & f_3 \end{bmatrix}$$

とおいて，3行3列の行列式を第9章の (12) を用いて計算するようにしておくと記憶

に便利である．そこで例えば $e_1 \times \dfrac{\partial}{\partial x_2} \times f_3$ は

$$\frac{\partial f_3}{\partial x_2} e_1 = \begin{bmatrix} \partial f_3/\partial x_2 \\ 0 \\ 0 \end{bmatrix}$$

と解釈する．

次の公式はマックスウェル (Maxwell) の方程式やラメ (Lamé) の方程式や流体力学などにおいてよく使われる：

定理 A.1

(i) $\mathrm{rot}\,(\nabla f) = 0$. (ii) $\mathrm{div}\,(\nabla f) = \Delta f$.
(iii) $\mathrm{div}\,(\mathrm{rot}\,\boldsymbol{f}) = \boldsymbol{0}$. (iv) $\mathrm{div}\,(f\boldsymbol{u}) = \nabla f \cdot \boldsymbol{u} + f(\mathrm{div}\,\boldsymbol{u})$.
(v) $\mathrm{rot}\,(f\boldsymbol{u}) = \nabla f \times \boldsymbol{u} + f(\mathrm{rot}\,\boldsymbol{u})$.
(vi) $\mathrm{rot}\,(\mathrm{rot}\,\boldsymbol{u}) = -\Delta \boldsymbol{u} + \nabla(\mathrm{div}\,\boldsymbol{u})$.
(vii) $\mathrm{rot}\,(\boldsymbol{u} \times \boldsymbol{v}) = (\boldsymbol{v} \cdot \nabla)\boldsymbol{u} - (\boldsymbol{u} \cdot \nabla)\boldsymbol{v} + \boldsymbol{u}\,\mathrm{div}\,\boldsymbol{v} - \boldsymbol{v}\,\mathrm{div}\,\boldsymbol{u}$.

ただし，$\nabla f \times \boldsymbol{u}$ は 3 次元のベクトルの外積（第 9 章の (10) 式または (11) 式をみよ）であり，$\boldsymbol{u} = \begin{bmatrix} u_1 \\ u_2 \\ u_3 \end{bmatrix}$ に対して成分ごとにラプラシアンをとって $\Delta \boldsymbol{u} = \begin{bmatrix} \Delta u_1 \\ \Delta u_2 \\ \Delta u_3 \end{bmatrix}$ とおくものとする．さらに $(\boldsymbol{v} \cdot \nabla)\boldsymbol{u} = \displaystyle\sum_{j=1}^{3} v_j \frac{\partial \boldsymbol{u}}{\partial x_j}$ とする．

■ A.2 線 積 分

$\boldsymbol{x}(t) = \begin{bmatrix} x_1(t) \\ x_2(t) \\ x_3(t) \end{bmatrix}, a \leq t \leq b$ は 3 次元空間における 1 つの曲線 γ を一般に表す．$\boldsymbol{x}'(t) = \begin{bmatrix} x_1'(t) \\ x_2'(t) \\ x_3'(t) \end{bmatrix}$ とおく．$a \leq t \leq b$ なるすべての t に対して $|\boldsymbol{x}'(t)| \equiv \sqrt{|x_1'(t)|^2 + |x_2'(t)|^2 + |x_3'(t)|^2} \neq 0$ を仮定する．曲線 γ の向きは t が a から b まで変化するときに点 $\boldsymbol{x}(t)$ が動く向きであると約束する．

$$\int_\gamma f\,ds = \int_a^b f(\boldsymbol{x}(t))|\boldsymbol{x}'(t)|\,dt, \quad \int_\gamma \boldsymbol{f} \cdot d\boldsymbol{s} = \int_a^b \boldsymbol{f}(\boldsymbol{x}(t)) \cdot \boldsymbol{x}'(t)\,dt$$

をそれぞれ $f, \boldsymbol{f}$ の γ に沿う**線積分**とよぶ（左辺を右辺で定義する：いいかえれば左辺は単なる記号で，実際の意味づけや計算のためには右辺を用いる）．

ここで
$$ds = |\boldsymbol{x}'(t)|dt, \quad d\boldsymbol{s} = \boldsymbol{x}'(t)dt$$
と解釈する.

ここで $\boldsymbol{f}(\boldsymbol{x}(t)) \cdot \boldsymbol{x}'(t)$ は $\boldsymbol{f}(\boldsymbol{x}(t))$ と $\boldsymbol{x}'(t)$ との内積である. 線積分は曲線 γ の向きを決めておいて初めて定まる. 曲線の向きを逆にすると線積分の値は符号が変わる.

特に $f = 1$ のとき,
$$\int_\gamma ds = \int_a^b \sqrt{|x_1'(t)|^2 + |x_2'(t)|^2 + |x_3'(t)|^2}\, dt$$
は曲線 γ の長さである.

γ が閉曲線 ($\boldsymbol{x}(a) = \boldsymbol{x}(b)$) のときには $\int_\gamma fds$, $\int_\gamma \boldsymbol{f} \cdot d\boldsymbol{s}$ をそれぞれ $\oint_\gamma fds$, $\oint_\gamma \boldsymbol{f} \cdot d\boldsymbol{s}$ とかく.

■ A.3 面 積 分

$$\boldsymbol{x}(u,v) = (x_1(u,v), x_2(u,v), x_3(u,v)), \quad (u,v) \in B \tag{1}$$

を考える. ただし B は 2 次元空間内の適当な領域であるとする (例えば第 9 章の (1), (2)). 成分ごとに偏微分を考えて次のようにおく.

$$\frac{\partial \boldsymbol{x}}{\partial u} = \begin{bmatrix} \partial x_1/\partial u \\ \partial x_2/\partial u \\ \partial x_3/\partial u \end{bmatrix}, \quad \frac{\partial \boldsymbol{x}}{\partial v} = \begin{bmatrix} \partial x_1/\partial v \\ \partial x_2/\partial v \\ \partial x_3/\partial v \end{bmatrix}$$

ここで次を仮定する:

(i) $\boldsymbol{x}(u,v) \leftrightarrow (u,v)$ は 1 対 1 である.
(ii) すべての $(u,v) \in B_1$ に対して, $\dfrac{\partial \boldsymbol{x}}{\partial u} \times \dfrac{\partial \boldsymbol{x}}{\partial v} \neq 0$.

このとき, $\boldsymbol{x}(u,v)$, $(u,v) \in B$ は 1 つの曲面 Γ のパラメータ表示となっている.

$\dfrac{\partial \boldsymbol{x}}{\partial u}$, $\dfrac{\partial \boldsymbol{x}}{\partial v}$ は仮定 (ii) より平行ではないベクトルであることがわかり, $\boldsymbol{x}(u,v)$ において Γ に接するベクトルであり, **接ベクトル**とよばれる. さらに

$$\boldsymbol{n}(u,v) = \frac{\dfrac{\partial \boldsymbol{x}}{\partial u} \times \dfrac{\partial \boldsymbol{x}}{\partial v}}{\left|\dfrac{\partial \boldsymbol{x}}{\partial u} \times \dfrac{\partial \boldsymbol{x}}{\partial v}\right|} \tag{2}$$

は $\boldsymbol{x}(u,v)$ における Γ の**単位法線ベクトル**とよばれ, 2 つの接ベクトルと直交している. さて

$$\iint_\Gamma f dS = \iint_B f(\boldsymbol{x}(u,v)) \left| \frac{\partial \boldsymbol{x}}{\partial u} \times \frac{\partial \boldsymbol{x}}{\partial v} \right| du dv$$

とおき（左辺の意味を右辺で定める），f の Γ における**面積分**とよぶ．

$$\left|\frac{\partial \boldsymbol{x}}{\partial u} \times \frac{\partial \boldsymbol{x}}{\partial v}\right| dudv = \sqrt{\left|\frac{\partial(x_1,x_2)}{\partial(u,v)}\right|^2 + \left|\frac{\partial(x_2,x_3)}{\partial(u,v)}\right|^2 + \left|\frac{\partial(x_3,x_1)}{\partial(u,v)}\right|^2}\, dudv$$

となる．ただし，例えば

$$\frac{\partial(x_1,x_2)}{\partial(u,v)} = \det \begin{bmatrix} \partial x_1/\partial u & \partial x_1/\partial v \\ \partial x_2/\partial u & \partial x_2/\partial v \end{bmatrix}$$

（ヤコビアン）である．特に $f=1$ とおくと

$$\iint_B \sqrt{\left|\frac{\partial(x_1,x_2)}{\partial(u,v)}\right|^2 + \left|\frac{\partial(x_2,x_3)}{\partial(u,v)}\right|^2 + \left|\frac{\partial(x_3,x_1)}{\partial(u,v)}\right|^2}\, dudv$$

は Γ の曲面積である．

A.4　3重積分と面積分 (部分積分)

A.4, A.5 節で積分に関する定理を述べる．抽象的な記述もできるが具体的な計算や式変形といった実際上の応用のためには，ここで述べる形で十分である．

D を第 9 章の (3) や (4) のように表されるような 3 次元空間内の適当な領域とする．例えば，

$$D = \{(x_1,x_2,x_3);\ (x_1,x_2) \in B,\ p(x_1,x_2) < x_3 < q(x_1,x_2)\}$$

ただし，$p(x_1,x_2) \leq q(x_1,x_2), (x_1,x_2) \in B$ かつ $p(x_1,x_2) = q(x_1,x_2), (x_1,x_2) \in \partial B$ であって，B は第 9 章の (1) や (2) のように表される 2 次元空間の領域とする．このとき，D の境界 ∂D は $\Gamma_1 = \{(x_1,x_2,x_3);\ (x_1,x_2) \in \overline{B},\ x_3 = p(x_1,x_2)\}$（底面）と $\Gamma_2 = \{(x_1,x_2,x_3);\ (x_1,x_2) \in \overline{B},\ x_3 = q(x_1,x_2)\}$（上面）という 2 つの曲面からなっている．この場合，Γ_1 は $u=x_1, v=x_2$ とおいて A.3 節で導入した曲面のパラメータ表示になっている．

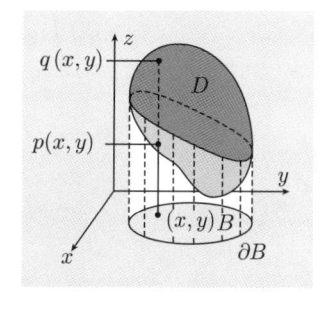

また $\boldsymbol{n} = \boldsymbol{n}(u,v) = \begin{bmatrix} n_1(u,v) \\ n_2(u,v) \\ n_3(u,v) \end{bmatrix}$ は ∂D の (u,v) に対応する点において D から

みて外部を向いている**外向き単位法線ベクトル**とする．外向き単位法線ベクトルは向きを除けば (2) で求めることができる（外向きかどうかは具体例ごとに判定できる）．このとき，微積分学の基本定理（定理 7.11）に相当する重要な定理として

定理 A.2

$$\iiint_D \frac{\partial f}{\partial x_1} dx_1 dx_2 dx_3 = \int_{\partial D} f n_1 dS.$$

$$\iiint_D \frac{\partial f}{\partial x_2} dx_1 dx_2 dx_3 = \int_{\partial D} f n_2 dS.$$

$$\iiint_D \frac{\partial f}{\partial x_3} dx_1 dx_2 dx_3 = \int_{\partial D} f n_3 dS.$$

f を fg とおきかえて定理 A.2 を当てはめると

定理 A.3

$$\iiint_D \frac{\partial f}{\partial x_1} g\, dx_1 dx_2 dx_3 = \int_{\partial D} fg n_1 dS - \iiint_D f \frac{\partial g}{\partial x_1} dx_1 dx_2 dx_3.$$

$$\iiint_D \frac{\partial f}{\partial x_2} g\, dx_1 dx_2 dx_3 = \int_{\partial D} fg n_2 dS - \iiint_D f \frac{\partial g}{\partial x_2} dx_1 dx_2 dx_3.$$

$$\iiint_D \frac{\partial f}{\partial x_3} g\, dx_1 dx_2 dx_3 = \int_{\partial D} fg n_3 dS - \iiint_D f \frac{\partial g}{\partial x_3} dx_1 dx_2 dx_3.$$

これは 3 重積分に関する部分積分であり，定理 A.3 からガウス (Gauss) の定理やグリーン (Green) の公式などの重要な事実を導き出すことができる．

定理 A.4 (ガウスの発散定理)

$$\iiint_D \operatorname{div} \boldsymbol{f}\, dx_1 dx_2 dx_3 = \iint_{\partial D} \boldsymbol{f} \cdot \boldsymbol{n}\, dS.$$

以下，$\partial f/\partial n = \nabla f \cdot \boldsymbol{n}$ とおき，**外向き法線微分**とよぶ．

定理 A.5 (グリーンの公式)

$$\iiint_D f \Delta g\, dx_1 dx_2 dx_3 = -\iiint_D \nabla f \cdot \nabla g\, dx_1 dx_2 dx_3 + \iint_{\partial D} f \frac{\partial g}{\partial n} dS.$$

$$\iiint_D (f \Delta g - g \Delta f) dx_1 dx_2 dx_3 = \iint_{\partial D} \left(f \frac{\partial g}{\partial n} - g \frac{\partial f}{\partial n} \right) dS.$$

■ A.5　面積分と線積分

(1) のようにパラメータ表示されている曲面 Γ を考えよう．ここで (2) によって Γ の単位法線ベクトル $\boldsymbol{n}$ が定まっているとする．さらに Γ の境界 $\partial\Gamma$ は交差しない閉曲線とする．Γ を左手にみながら右ねじを回したときに右ねじの進む向きが $\boldsymbol{n}$ の向きと一致するように $\partial\Gamma$ の向きを定めておく．

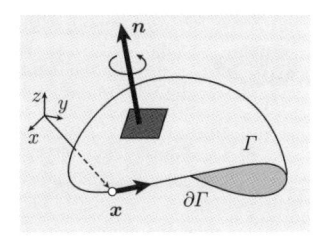

定理 A.6　(ストークス (Stokes) の定理)
$$\iint_\Gamma (\operatorname{rot} \boldsymbol{f} \cdot \boldsymbol{n}) dS = \oint_{\partial\Gamma} \boldsymbol{f} \cdot d\boldsymbol{s}.$$

付録2　簡単な微分方程式の解法

微分方程式については本ライブラリにも一巻が予定されているが，大学初年次のカリキュラムで現れるような微分方程式のうちでごく簡単なものに限って解法を解説する．すでに 5.3 節で述べたように導関数に関する方程式を微分方程式とよび，微分方程式を満たす関数を求めることを微分方程式を解くという．

ここでは次の 3 つのタイプの微分方程式の解き方を紹介する．

■ B.1　変数分離形

$$\frac{dy}{dx} = f(x)g(y).$$

ここで f, g は与えられた関数である．これは形式的に

$$\frac{dy}{g(y)} = f(x)dx$$

と変形して

$$\int \frac{1}{g(y)} dy = \int f(x) dx$$

で積分を実行すれば解くことができる．

例題 B.1
$$\frac{dy}{dx} = \frac{y-1}{x^2 y}.$$

解答 $\frac{y}{y-1}dy = \frac{1}{x^2}dx$ より

$$\int \frac{y}{y-1}dy = \int \frac{1}{x^2}dx. \quad \frac{y}{y-1} = 1 + \frac{1}{y-1}$$

なので

$$y + \log|y-1| = -\frac{1}{x} + C.$$

ただし，C は勝手な定数である．微分方程式の解としては y を x だけの式で表しておく必要はなく，解としてはこのままでもよい．□

B.2 同次形

$$\frac{dy}{dx} = f\left(\frac{y}{x}\right).$$

$u = \frac{y}{x}$ とおくと $y = xu$ で $\frac{dy}{dx} = x\frac{du}{dx} + u$ なのでもとの微分方程式は

$$\frac{du}{dx} = \frac{f(u) - u}{x}$$

と変形できるので変数分離形の解法を用いて

$$\int \frac{1}{f(u) - u}dx = \log|x| + C.$$

例題 B.2
$$(x^2 + y^2)\frac{dy}{dx} = xy.$$

解答
$$\frac{dy}{dx} = \frac{xy}{x^2 + y^2} = \frac{\frac{y}{x}}{1 + \left(\frac{y}{x}\right)^2}$$

より $f(u) = \frac{u}{1 + u^2}$ とおいて，$\int \frac{1 + u^2}{u^3}du = -\log|x| + C$. よって

$$-\frac{1}{2}\frac{1}{u^2} + \log|u| = -\log|x| + C.$$

$u = y/x$ を代入して $2\log|y| - \frac{x^2}{y^2} = C$ を得る．□

B.3　1階線形微分方程式

$$\frac{dy}{dx} + p(x)y = q(x)$$

の解は

$$y(x) = e^{-\int p(x)dx}\left(\int q(x)e^{\int p(x)dx}dx + C\right)$$

となる．C は勝手な定数である．

証明　$q=0$ のときは変数分離形の解法より v を定数として $y(x) = ve^{-\int p(x)dx}$ と解ける．ここで q が 0 でない場合に解くために v を定数ではなく関数と考えて

$$y(x) = v(x)e^{-\int p(x)dx}$$

の形で解を探してみる．このような解法を**定数変化法**とよぶ．

もとの微分方程式に代入して $\dfrac{dv}{dx} = q(x)e^{\int p(x)dx}$．したがって，

$$v(x) = \int q(x)e^{\int p(x)dx}dx + C. \quad \square$$

例題 B.3
$$\frac{dy}{dx} - y = x.$$

解答　$p(x) = -1, q(x) = x$ なので

$$y(x) = e^x\left(\int xe^{-x}dx + C\right).$$

ここで部分積分を行うと $y(x) = Ce^x - x - 1$ を得る．$\square$

参考文献

本書をかく際に参考にしたものや本書の内容を補うために便利と思われるものに最小限に限定して紹介する．

[1] 金子晃　『数理系のための 基礎と応用 微分積分 I, II』，サイエンス社，2000年，2001年．
本書で省いた理論的な部分が丁寧に解説されている．

[2] 笠原晧司　『微分積分学』，サイエンス社，1974年．
理論と計算が解析的なセンスでバランスよく解説してあり，便利である．

[3] 杉浦光夫　『解析入門 I, II』，東京大学出版会，1980年，1985年．
緻密な論理と厳密な記述で事典として使うと限りなく頼りになる．

[4] マイベルク，ファヘアウア；『工科系の数学』
　　1.『数，ベクトル，関数』（高見穎郎訳），1996年．
　　2.『微分積分』（高見穎郎，薩摩順吉共訳），1996年．
　　4.『多変数の微積分』（及川正行訳），1996年．
　　サイエンス社．
タイトルの通りに工学からの豊富な応用を含んでいる．これはコーシー以来フランスで伝統的な解析学教程の現代ドイツ版であり，全8巻で偏微分方程式までカバーしており，微積分学がいろいろな応用分野で活躍していることを学ぶことができる．

[5] 福田安蔵，鈴木七緒，安岡善則，黒崎千代子共編，
　　『詳解 微積分演習　I, II』，共立出版，1960年，1963年．
日本語による微積分の演習書としては古典．数多くの問題が集められている．

[6] 田島一郎，渡部隆一，宮崎浩　『演習・工科の数学 微分積分』，培風館，1972年．
[5] よりコンパクトな演習書．

[7] ハーン 『解析入門 I, II』（市村宗武，狩野覚，狩野秀子共訳），シュプリンガーフェアラーク東京，2001 年，2002 年．

現今の大学のカリキュラムからは異色の書き方であるが，微積分が物理学の発展と絡めて解説してあり，問題や例を考えながら微積分の歴史を追体験することができる．

索　引

あ　行

アーベルの定理　218
アルキメデスの螺旋　178
1対1　48
一様収束　208, 211
一様収束級数の判定　212
一様連続性　67
1階偏導関数　234
1回連続的微分可能　236
一般角　57
上に凸　109
上に有界　25
円筒座標　261
オイラーの定数　199

か　行

開区間　6
回転　264
回転角　175
回転体の体積　181
カヴァリエーリの定理　181
ガウスの記号　46
ガウスの発散定理　268
下界　24
各点収束　207
確率密度　195
下限　24
加法定理　58
関数の極限の比較定理　61
関数方程式　105

ガンマ関数　191, 192
奇関数　157
逆関数　48
逆三角関数　59
境界　232
狭義単調減少関数　47
狭義単調減少列　14
狭義単調増加関数　47
狭義単調増加列　14
共通部分　6
行列式　256
極限　10, 49
極座標　241
極小値　97, 245
極小点　97
曲線 K のパラメータ表示　169
曲線の長さ　172
極大値　97, 245
極大点　97
極値　97, 245
近似列　115
偶関数　157
区分的に連続　161
グリーンの公式　268
グロンウォールの不等式　201
原始関数　122
広義積分は収束　185
広義積分は発散　185
合成　47
合成関数の微分　81, 238

274

索　引

拘束条件付き最大最小問題　248
交代級数　42
勾配　236, 264
項別積分　212
項別微分　212
コーシーの収束判定条件　22, 29
コーシーの主値積分　186
コーシーの判定法　35
コーシー列　21
弧度法　56

さ　行

サイクロイド　174
最小上界　23
最大下界　24
三角関数　55
3次元極座標　241
3重積分　258
指数関数　52
指数法則　8
自然対数　54
自然対数の底　39
下に凸　109
下に有界　25
実数の完備性　22
実数の連続性の公理　25
重心　195
収束　10, 28
収束円　215
収束半径　214
従属変数　46
縮小写像　116
シュワルツの不等式　113, 200
上界　23
上限　23
初等関数　50

真数　54
振動　12, 28
数列　9
スカラー場　264
ストークスの定理　269
整級数　214
正弦関数　57
正項級数　31
正接関数　57
正則　171
積分可能　202
積分記号下の微分　251
積分定数　123
積分の平均値の定理　166
接線の方程式　74
接線ベクトル　172
絶対収束　39, 212
接平面　238
接ベクトル　172, 266
線形化　78
線形現象　80
全微分可能　237
相加相乗平均　112
双曲線関数　55
側面積　182
外向き単位法線ベクトル　267
外向き法線微分　268

た　行

第 n 階導関数　89
第 n 次導関数　89
第 N 部分和　28
対偶　15
対数関数　54
対数の底　54
対数微分法　87

楕円関数　126
多項式関数　51
畳み込み方程式　251
ダランベールの判定法　34
単位円　55
単調減少列　14
単調関数の極限　61
単調減少関数　47
単調増加関数　47
単調増加列　14
単調列　14
値域　46
置換積分　126
逐次近似法　115
中間値の定理　67
超越数　41
超幾何関数　228
定義域　46
定数変化法　271
定積分　153
底の変換公式　55
テイラー級数　221
テイラー展開　221
テイラー展開可能　221
テイラーの公式　220
テイラーの定理　243
停留点　98, 246
等加速度運動　194
導関数　75
等比数列の極限　15
独立変数　46
凸性の判定法　110
凸領域　242

な　行

2階偏導関数　235

二項級数　222
二項定理　7
(2次元)極座標　175
2次元極座標　240
2次元のグリーンの定理　179
2重積分　252
二分法　69
ニュートン法　119

は　行

倍角公式　58
はさみうちの原理　13, 61
発散　10, 12, 28, 264
波動方程式　240
半開区間　6
反復積分　253
比較原理　13
比較判定法　32
微積分学の基本定理　204
非線形現象　80
左側極限　49
左側微分係数　76
左側連続　65
微分可能　73
微分係数　73
微分方程式　105
ビュフォンの問題　196
不確定　12, 28
複素数　2
不定積分　122
不動点　114
フビニの定理　250
部分集合　6
部分積分　133
部分分数分解　30, 138
部分列　14

索　引　　**277**

分数関数　　51
閉曲線　　170
平均値　　193
平均値の定理　　94, 244
閉区間　　6
平方完成　　143
ベータ関数　　193
べき関数　　52
べき級数　　214
ベクトル場　　264
ヘッセ行列　　244
ヘルダーの不等式　　113, 201
ベルヌーイの不等式　　16
偏角　　175
変曲点　　111
変数変換公式　　256, 261
偏微分可能　　234
偏微分係数　　234
方向微分係数　　243
法線ベクトル　　172

ま　行

マクローリン展開　　221
右側極限　　49
右側微分係数　　76
右側連続　　65
無限回微分可能　　89
無限級数　　28
無限区間　　6
無限等比級数　　32
無理関数　　51
面積分　　267
モンテカルロ法　　197

や　行

ヤコビアン　　256, 261
有界　　25, 61, 161
有界集合　　247
有界数列　　11
優級数定理　　213
有限区間　　6
有理数の稠密性　　22
余弦関数　　57

ら　行

ラーベの判定法　　37
ライプニッツの定理　　91
ラグランジュの乗数　　248
ラグランジュの補助関数　　248
ラグランジュの未定乗数法　　248
ラプラシアン　　236
ラプラス変換　　191
ランダウの記号　　77
リーマン積分　　162
リーマン和　　162, 252
領域　　232
零集合　　202
零点　　69
連結　　232
連続　　65, 232
ロピタルの定理　　106
ロルの定理　　95

わ　行

ワイエルストラスの M-テスト　　213
和集合　　6

欧　字

$\binom{\alpha}{n}$　222
$B(p,q)$　192
C^1 級の曲面　258
$C^n(I)$　92
C^n 級　92
$C^\infty(I)$　92
C^∞ 級　92
Δf　264
div f　264
$\Gamma(x)$　191
∞ に発散　11

$-\infty$ に発散　12
k 回連続的微分可能　236
$n!!$　159
∇f　264
${}_n C_k$　7
n 回微分可能　89
$O(h^n)$　77
$o(h^n)$　77
rot f　264
V.P. $\int$　186
$[x]$　46

著者略歴

山本昌宏（やまもと まさひろ）

1981年　東京大学理学部数学科卒業
1983年　東京大学大学院修士課程修了
1990年　東京大学教養学部助教授
現　在　東京大学大学院数理科学研究科教授
　　　　理学博士

主要著訳書

「微分方程式と計算機演習」（共著，山海堂，1991年）
「逆問題の数理と解法」（共著，東京大学出版会，1999年）
「逆問題入門」（岩波書店，2002年）
「数理科学における逆問題」
　　（グロエッチュ著，共訳，サイエンス社，1996年）
「はじめての逆問題」
　　（グロエッチュ著，共訳，サイエンス社，2002年）

ライブラリ理工新数学 – T3

理工系のための 基礎と応用 微分積分
－計算を中心に－

2004年12月25日 ©　　　　初版発行
2016年 4月10日　　　　　初版第2刷発行

著　者　山本昌宏　　　　発行者　森平敏孝
　　　　　　　　　　　　印刷者　杉井康之
　　　　　　　　　　　　製本者　関川安博

発行所　株式会社 サイエンス社

〒151-0051　東京都渋谷区千駄ヶ谷1丁目3番25号
営業　☎(03) 5474-8500（代）　振替 00170-7-2387
編集　☎(03) 5474-8600（代）
FAX　☎(03) 5474-8900

印刷　（株）ディグ　　　　　製本　関川製本所

《検印省略》

本書の内容を無断で複写複製することは，著作者および
出版者の権利を侵害することがありますので，その場合
にはあらかじめ小社あて許諾をお求め下さい．

サイエンス社のホームページのご案内
http://www.saiensu.co.jp
ご意見・ご要望は
rikei@saiensu.co.jp　まで．

ISBN4-7819-1055-6

PRINTED IN JAPAN

━━━━━ 新版 演習数学ライブラリ ━━━━━

新版 演習線形代数
寺田文行著　2色刷・A5・本体1980円

新版 演習微分積分
寺田・坂田共著　2色刷・A5・本体1850円

新版 演習微分方程式
寺田・坂田共著　2色刷・A5・本体1900円

新版 演習ベクトル解析
寺田・坂田共著　2色刷・A5・本体1700円

＊表示価格は全て税抜きです．

━━━━━ サイエンス社 ━━━━━